"十四五"职业教育国家规划教材

江苏
高等

计算机应用情境教学
基础教程
（Windows 10+
WPS Office）

微课版｜第2版

Computer Application
Basic Tutorial of Situational Teaching

王竝｜主编

陈园园 王瑾 杨小英｜副主编

人民邮电出版社

北　京

图书在版编目（CIP）数据

计算机应用情境教学基础教程：Windows 10+WPS Office：微课版 / 王竝主编. -- 2版. -- 北京 : 人民邮电出版社, 2025. --（高等职业院校信息技术基础系列教材）. -- ISBN 978-7-115-65809-8

Ⅰ. TP316.7；TP317.1

中国国家版本馆 CIP 数据核字第 2024RT7047 号

内 容 提 要

　　本书以 Windows 10 操作系统中的 WPS Office 为平台，采用情境式教学模式，强调理论与实践的紧密结合，突出对计算机基本技能、实际操作能力及职业能力的培养。本书将 6 个常见的工作情境串成 6 幕，分别为初识计算机、进入 Windows 的世界、文档处理之 WPS 文字、数据管理之 WPS 表格、演示文稿之 WPS 演示，以及新一代信息技术等内容。

　　本书为操作性较强的内容添加了微课，读者可扫描二维码观看学习。

　　本书既可作为高等职业院校"计算机应用基础"及"信息技术基础"课程的教材，又可作为各类计算机应用基础、信息技术基础课程的培训教材或计算机初学者的自学用书。

◆ 主　　编　王　竝

　　副 主 编　陈园园　王　瑾　杨小英

　　责任编辑　郭　雯

　　责任印制　王　郁　焦志炜

◆ 人民邮电出版社出版发行　　北京市丰台区成寿寺路 11 号

　　邮编　100164　 电子邮件　315@ptpress.com.cn

　　网址　https://www.ptpress.com.cn

　　固安县铭成印刷有限公司印刷

◆ 开本：787×1092　1/16

　　印张：15.25　　　　　　　　　　2025 年 7 月第 2 版

　　字数：423 千字　　　　　　　　2025 年 7 月河北第 1 次印刷

定价：59.80 元

读者服务热线：(010)81055256　印装质量热线：(010)81055316

反盗版热线：(010)81055315

前　言

为加快推进党的二十大精神进教材、进课堂、进头脑，本书融入了体现计算机软件应用特点的"安全、规范、质量、创新"发展理念和"科技强国、技能报国的家国情怀；劳动光荣、技能宝贵的时代风尚；精益求精、追求卓越的工匠精神"等素质提升内容。

"嗨，大家好！我是小 C，很高兴认识大家，请各位跟随小 C 一起走进计算机的世界。"

我们的旅程即将开始，不管你以前对计算机了解到何种程度，都让我们重新开始，逐步认识和熟悉计算机，并熟练地使用它来完成工作。

本书的整个情节是围绕小 C 在校学习、校外实习、参加工作的成长过程展开的。每项学习内容都有故事情节，并设计有四格漫画，是不是很有趣？本书安排了初识计算机、进入 Windows 的世界、文档处理之 WPS 文字、数据管理之 WPS 表格、演示文稿之 WPS 演示，以及新一代信息技术等学习内容，注重和《全国计算机等级考试一级计算机基础及 WPS Office 应用考试大纲》以及《高等职业教育专科信息技术课程标准（2021 年版）》相结合。希望读者能通过项目训练打好基础，熟练掌握办公软件的使用，提高办公技能。此外，本书将提供一些电子版迁移训练（你学会了吗），旨在帮助读者巩固知识。

第 1、2、6 幕注重理论知识的讲解，在每一节（如 1.1 初识计算机的家庭成员）中，按如下思路安排学习内容。首先是"项目情境"（以文字和漫画的形式共同呈现），然后是"学习清单"（以关键词的形式罗列重点内容），接下来是"具体内容"（详细描述每节中的内容），必要位置配有"练习"。

第 3、4、5 幕注重实践操作的应用，在每一节（如 3.1 编辑科技小论文）中，学习内容安排主要是"项目情境"→"项目分析"→"技能目标"→"重点集锦"→"项目详解"（以完成项目为主线展开，穿插相关基础知识）→"拓展练习"。本书配有"重点内容档案"（见配套电子文件）帮助读者梳理所需掌握的内容。

本书为操作性较强的第 3、4、5 幕添加了微课，读者可通过扫描二维码的方式观看微课视频。

另外，为了提高大家的动手能力，本书还配备了拓展实训手册，以帮助学有余力的读者巩固提高。

本书中经常使用的几个图标介绍如下。

知识储备——完成某一项目所必需掌握的基本知识和操作方法。

提示——提醒容易出错的地方，或提示完成操作的其他方法等。

操作步骤——分步骤详细描述具体操作。

知识扩展——补充项目中未涉及的知识要点。

本书由苏州工业职业技术学院的王竝担任主编，陈园园、王瑾、杨小英担任副主编。参与编写的还有李良、吴咏涛、吴阅帆和苏州慧工云信息科技有限公司的张兵工程师等。在编写本书的过程中，编者还得到了蒋霞、胡慧、沈茜、顾丽萍等的帮助，在此表示感谢。同时，感谢郭敏、马小燕、刘向和杜玲玲等为本书提供了项目素材。欢迎大家对书中存在的不足提出宝贵意见，也希望大家能喜欢谭佳怀等一起设计和绘制的小 C 形象。

"世上无难事，只怕有心人"，只要认真去做并坚持下来，大家一定会圆满地完成学习任务。

编者

2024 年 12 月

目　录

PART 1

第 1 幕
初识计算机

1.1 初识计算机的家庭成员

 项目情境

小 C 踏入大学校园后就积极参加系部组织的各类活动。某日，他看到宣传海报中有一则关于计算机知识竞赛的通知，感到非常高兴，急忙去报了名。离竞赛的日子越来越近了，但小 C 胸有成竹，因为他已经做好了充足的准备，胜利在望。

下面我们一起来看看小 C 做了哪些准备吧。

 学习清单

埃尼阿克（ENIAC）、冯·诺依曼型计算机、CAD、CAM、CAT、CAI、AI、网络的定义、阿帕网（ARPANET）、OSI、网络的功能、Internet、IP、DNS、URL、HTTP、电子邮件（E-mail）、下载工具、信息检索、搜索引擎。

 具体内容

1.1.1 计算机的发展史及分类

在了解计算机的发展史之前，要先弄清楚什么是计算机。

（1）计算机的概念

计算机是一种能按照预先存储的程序，自动、快速、高效地对各种信息进行判断和处理的现代化智能电子设备。它是一种现代化信息处理工具，对信息进行处理并输出对应结果，具体结果（输出）取决于所接收的信息（输入），以及相应的程序。计算机概念图解如图 1-1 所示。

🎓 **知识扩展**

计算机的英文为 Computer，原是指从事数据计算的人，而这些人往往都需要借助某些机械式计算机或模拟计算机进行数据计算。即使在今天，还能在许多地方看到这些早期计算设备的"祖先"之一——算盘的身影。有人认为算盘是最早的计算机，而珠算口诀则是最早的体系化算法。

（2）计算机的发展

下面把时钟拨回到多年前，从计算机的源头谈起，从一个历史旁观者的角度去观察计算机的发展历程。

① 第零代：机械式计算机（1642 年～1945 年）。

a. 1642 年，齿轮式加减法器诞生。1642 年，法国数学家布莱士·帕斯卡（Blaise Pascal）采用与钟表类似的齿轮传动装置，研制出了世界上第一台齿轮式加减法器，如图 1-2 所示。这是人类历史上的第一台机械式计算机。此后，科学家在这个领域里继续研究能够完成各种计算的机器，想方设法地扩充和完善这些机械装置的功能。

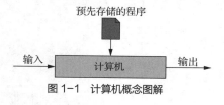

图 1-1　计算机概念图解

图 1-2　齿轮式加减法器

b. 1822 年，差分机诞生。1822 年，英国数学家查尔斯·巴贝奇（Charles Babbage）构想并设计了第一台完全可编程计算机——差分机，这是第一台可自动进行数学变换的机器。但由于技术条件、经费限制，以及巴贝奇无法忍受对设计的不停修补，这台计算机最终没有问世。

c. 1884 年，制表机诞生。1884 年，美国统计学家赫尔曼·何乐礼（Herman Hollerith）受到提花织机的启发，想到用穿孔卡片来表示数据，制造出了制表机，如图 1-3 所示，并获得了专利。制表机的发明是机械式计算机向电子技术转化的一个里程碑，标志着计算机作为一个产业开始初具雏形。

图 1-3　制表机

20 世纪初，电子技术飞速发展，其代表产物有真空二极管和真空晶体管，这些都促进了真正的电子计算机的产生。根据组成电子计算机基本逻辑组件的不同，可以把电子计算机的发展分为 4 个阶段，每一个阶段的电子计算机在技术上都是一次新的突破，在性能上都是一次质的飞跃。

② 第一代：电子管计算机（1946 年～20 世纪 50 年代后期）。

🎓 **知识扩展**

图 1-4 左侧所示为世界上第一只真空二极管，也就是人们常说的电子管。直到图 1-4 右侧所示的真空晶体管诞生后，电子管才成为实用的器件。后来，人们发现，电子管除了可以处于放大状态，还可充当开关器件，其速度是继电器的成千上万倍。于是，电子管

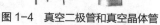

图 1-4　真空二极管和真空晶体管

很快受到计算机研制者的青睐，计算机的发展也由此跨进了电子的纪元。

第一代计算机采用电子管和继电器作为逻辑组件，构成处理器和存储器，并用绝缘导线将它们连接在一起。电子管计算机相比之前的机械式计算机，运算能力、运算速度和体积等都有了很大的改善。

🎓 知识扩展

现代计算机的"鼻祖"是电子数字积分计算机（Electronic Numerical Integrator And Computer，ENIAC，埃尼阿克），如图 1-5 所示。1946 年 2 月 14 日，为了满足对弹道研究的计算需要，世界上第一台电子计算机 ENIAC 问世。这个重达 30 吨，由约 18000 只电子管组成的庞然大物就是所有现代计算机的"鼻祖"。

图 1-5　ENIAC

ENIAC 的诞生宣告了人类从此进入电子计算机时代。从诞生那一天到现在的近 80 年里，随着电子器件的发展，计算机技术突飞猛进，造就了如 IBM、SUN、微软等大型计算机软硬件公司，计算机步入以电子科技为主导的新纪元。

③ 第二代：晶体管计算机（20 世纪 50 年代后期～20 世纪 60 年代中期）。

晶体管的发明标志着人类科技史进入了一个新的时代。第一支晶体管如图 1-6 所示。与电子管相比，晶体管具有体积小、重量轻、使用寿命长、发热少、功耗低、运行速度快等优点。晶体管的发明及对其实用性的研究为半导体和微电子产业的发展指明了方向，也为计算机的小型化和高速化奠定了基础。采用晶体管组件代替电子管成为第二代计算机的标志。

图 1-6　第一支晶体管

🎓 知识扩展

1955 年，贝尔实验室研制出世界上第一台全晶体管计算机（TRADIC），如图 1-7 所示，其装有约 800 只晶体管，但功率低于 100W，体积也只有约 3 立方英尺（1 英尺=30.48 厘米）。

④ 第三代：中、小规模集成电路计算机（20 世纪 60 年代中期～20 世纪 70 年代初）。

1958 年，美国物理学家杰克·基尔比（Jack Kilby）和罗伯特·诺伊斯（Robert Noyce）同时发明了集成电路，第一个集成电路如图 1-8 所示。集成电路的问世催生了微电子产业，采用集成电路作为逻辑组件成为第三代计算机的重要特征，微程序控制开始普及。

第三代计算机的杰出代表有 IBM 公司的 IBM 360，如图 1-9 所示，以及 CRAY 公司的巨型计算机 CRAY-1，如图 1-10 所示。

图 1-7　TRADIC　　　图 1-8　第一个集成电路　　　图 1-9　IBM 360　　　图 1-10　CRAY-1

🎓 **知识扩展**

1965 年，英特尔（Intel）创始人之一戈登·摩尔（Gordon Moore）以 3 页纸的短小篇幅发表了一个奇特的理论。他提出：集成电路上能被集成的晶体管数目每 18～24 个月会翻一番，并在今后数十年内保持着这种势头。

摩尔的这个理论，通过集成电路芯片的发展曲线得以证实，并在较长时期内保持着有效性，被人们称为"摩尔定律"。

⑤ 第四代：大规模、超大规模集成电路计算机（20 世纪 70 年代初至今）。

随着集成电路技术的迅速发展，采用大规模和超大规模集成电路及半导体存储器的第四代计算机开始进入社会的各个角落，计算机逐渐分化为通用大型机、巨型机、小型机和微型机。

1971 年，Intel 发布了世界上第一个商业微处理器 4004（第一个 4 表示它可以一次处理 4 位数据，第二个 4 代表它是这类芯片的第 4 种型号），其外观如图 1–11 所示，它每秒可执行 60000 次运算。一个小于 1/4 平方英寸（1 英寸=2.54 厘米）的大规模集成电路可包含超过 100 万个电路元器件，如图 1–12 所示。

图 1–11　Intel 4004 外观

图 1–12　大规模集成电路

🎓 **知识扩展**

近几年来，我国的芯片技术可谓发展迅速，在国家有关部门的支持下，出现了一系列"中国芯"。"中国芯"就是中国生产的芯片，具有我国自主知识产权。进行代号为"中国芯"的生产行动，将芯片摆在自主创新的首位，研发具有中国特色的芯片，是我国芯片行业的重中之重。芯片作为集成电路的载体，广泛应用在计算机、航天，以及民众日常生活等各个领域，代表了一个国家的工业水平。图 1-13 所示为"中国芯"。

图 1–13　"中国芯"

1.1.2　计算机的特点及应用领域

1. 计算机的特点

在人类社会的发展过程中，没有一种机器能像计算机那样具有如此强劲的渗透力，毫不夸张地说，人类现在已经离不开计算机。计算机之所以这么重要，与它的强大功能是分不开的，和以往的计算工具相比，它主要具有以下 7 个特点。

（1）运算速度快

运算速度是计算机的一个重要性能指标，计算机的运算速度通常用每秒执行定点加法的次数或每秒执行指令的条数来衡量。

世界上第一台计算机的运算速度为每秒 5000 次到 1 万次，目前世界上最快的计算机每秒可运算 10 吉比特（行业内称为万兆）次，普通计算机每秒也可以处理上百万条指令。计算机运算速度快不仅极大地提高了工作效率，还可以使时限性强的复杂处理在限定的时间内完成。

（2）运算精度高

计算机的运算精度随着数字运算设备技术的发展而提高，加上采用二进制数字进行计算的先进算法，可以实现很高的运算精度。

在计算机诞生前的 1500 多年里，即使人们不懈努力，也只能计算到小数点后 500 位，而使用计算机后，已可实现小数点后上亿位的运算精度。

（3）存储容量大，"记忆"能力强

计算机的存储器类似于人类的大脑，可以记忆大量的数据和存储计算机程序，随时提供信息查询、处理等服务，这使计算机具有了"记忆"功能。目前计算机的存储容量越来越大，已高达吉（千兆）数量级（10^9）。计算机具有"记忆"功能，这是其与传统计算工具的显著区别。

（4）具有逻辑判断能力

计算机不仅能进行算术运算，还能进行各种逻辑运算，具有逻辑判断能力，这是计算机的又一重要特点。布尔代数是建立计算机逻辑的基础，计算机的逻辑判断能力也是计算机智能化的基本条件，是计算机能实现信息处理自动化的重要因素。

冯·诺依曼型计算机的基本思想就是将程序预先存储在计算机中，在程序执行的过程中，计算机根据上一步的处理结果，运用逻辑判断能力自动决定下一步该执行哪一条指令。计算能力、逻辑判断能力和记忆能力三者结合，使得计算机的能力远远超过了任何一种工具，成为人类脑力延伸的有力助手。

（5）自动化程度高

只要预先把处理要求、处理步骤、处理对象等必备元素存储在计算机系统内，计算机在启动工作后就可以在无人参与的情况下自动完成预定的全部处理任务，这是计算机区别于其他工具的本质特点。其中，向计算机提交需处理的任务主要是通过程序、数据和控制信息的形式完成的。

在计算机中可以存储大量的程序和数据，这是计算机工作的一个重要前提，是计算机能够自动处理程序和数据的基础。

（6）支持人机交互

计算机具有多种输入和输出设备，安装适当的软件后，可支持用户进行人机交互。以广泛使用的鼠标为例，用户只需轻轻地单击鼠标，便可使计算机完成某种操作。

随着计算机多媒体技术的发展，人机交互设备的种类也越来越多，如手写板、扫描仪、触摸屏等。这些设备使计算机系统以更接近人类感知外部世界的方式输入和输出信息，使计算机更加人性化。

（7）通用性强

计算机能够在各行各业得到广泛应用，原因之一就是它具有很强的通用性。计算机采用了存储程序原理，其中的程序可以是各个领域的用户自己编写的应用程序，也可以是厂家提供的供多用户共享的程序。丰富的软件、多样的信息，使计算机具有相当强的通用性。

2. 计算机的应用领域

计算机的高速发展全面地促进了计算机的应用，在当今信息社会中，计算机的应用极其广泛，已经遍布社会的各个领域。计算机的具体应用领域可以归纳为以下几个方面。

（1）科学计算

科学计算又称为数值计算，是计算机最早的应用领域。和人工计算相比，计算机不仅速度更快，精度也更高。利用计算机的高速运算和大容量存储能力，可进行人工难以完成或根本无法完成的数值计算。

以天气预报为例，如果使用人工计算，得到一天的天气情况需要计算几个星期，这就损失了时效性。若改用高性能的计算机系统，取得 10 天的天气预报数据只需要计算几分钟，这就使得中、长期天气预报成为可能。

（2）数据处理

数据处理又称为信息处理，是目前计算机应用的主要领域。在信息社会中需要对大量的、以各种形式表示的信息资源进行处理，计算机因其具备的种种特点而成为人类处理信息的得力工具。

早在20世纪50年代，人们就开始把登记、统计账目等单调的事务工作交给计算机处理。20世纪60年代初期，大银行、大企业和政府机关纷纷用计算机来处理账册、管理仓库或统计报表，从数据的收集、存储、整理到检索统计，计算机应用的范围日益扩大，数据处理很快就超过了科学计算，成为最广泛的计算机应用领域之一。

数据处理应用范围的扩大，在硬件上推动着大容量存储器和高速度、高质量输入/输出设备的发展，此外，也在软件上推动了数据库管理系统、表格处理软件、绘图软件，以及用于分析和预测等应用的软件包的开发。

（3）自动控制

自动控制也被称为过程控制或实时控制，是指用计算机作为控制部件对生产设备或整个生产过程进行控制。其工作过程为先用传感器在现场采集被控制对象的数据，求出它们与设定数据的偏差，再由计算机按控制模型进行计算，最后产生相应的控制信号，驱动伺服装置对受控对象进行控制或调整。

（4）计算机辅助功能

计算机辅助功能是指能够全部或部分代替人类完成各项工作的计算机应用系统，目前主要包括计算机辅助设计、计算机辅助制造、计算机辅助测试和计算机辅助教学。

① 计算机辅助设计（Computer Aided Design，CAD）。CAD可以帮助设计人员进行工程或产品的设计工作，能够提高工作的自动化程度，缩短设计周期，达到最佳的设计效果。目前，CAD技术广泛应用于机械、电子、航空、船舶、汽车、纺织、服装、化工、建筑等行业，成为现代计算机应用中最活跃的领域之一。

② 计算机辅助制造（Computer Aided Manufacturing，CAM）。CAM是指用计算机来管理、计划和控制加工设备的操作。CAM可以提高产品质量、缩短生产周期、提高生产效率、降低劳动强度、改善生产人员的工作条件。

CAD和CAM相结合产生了CAD/CAM一体化生产系统，再进一步发展，形成了计算机集成制造系统（Computer Integrated Manufacturing System，CIMS），它是制造业未来的生产管理模式。

③ 计算机辅助测试（Computer Aided Test，CAT）。CAT是指利用计算机对学生的学习效果进行测试和对学习能力进行评估，一般分为脱机测试和联机测试两种方法。

脱机测试是由计算机从预置的题目库中按教师规定的要求挑选出一组适当的题目，将其打印成试卷，学生测试后，答题卡可通过"光电阅读机"送入计算机，由其进行阅卷和评分。标准答案早已存储在计算机中，以便计算机判断。联机测试是指教师从计算机的题目库中逐个选出题目，通过显示器或输出打印机等交互手段向学生提问，学生将自己的回答通过键盘等输入设备输入计算机，由计算机批阅并评分。

④ 计算机辅助教学（Computer Aided Instruction，CAI）。CAI是指利用计算机来辅助教学工作。CAI改变了传统的教学模式，它使用计算机作为教学工具，把教学内容编制成教学软件——课件。学生可根据自己的需要和爱好选择不同的内容，在计算机的帮助下进行学习，实现教学内容的多样化。

随着计算机网络技术的不断发展，特别是全球计算机网络——因特网（Internet）的实现，计算机辅助教学已成为当今计算机应用技术发展的主要方向之一，它有助于构建个人的终身教育体系，是现代教育中的一种教学模式。

（5）人工智能

人工智能（Artificial Intelligence，AI）是指用计算机来模拟人的智慧，代替人的部分脑力劳动。人工智能既是计算机当前的重要应用领域，又是今后计算机发展的主要方向。20多年来，围绕

AI 的应用主要表现在以下几个方面。

① 机器人。机器人可分为两类：一类为"工业机器人"，它由事先编写好的程序控制，只能完成规定的重复动作，通常用于车间的生产流水线；另一类为"智能机器人"，它具有一定的感知和识别能力，能回答一些简单的问题。

② 定理证明。借助计算机来证明数学猜想或定理，这是一项难度极大的人工智能应用，最著名的例子是四色猜想的证明。

知识扩展

四色猜想是图论中的一个世界级难题，它的内容是任意一张地图只需要用 4 种颜色来着色，就可以使地图上的相邻区域具有不同的颜色。换言之，用 4 种颜色就可以绘制任何地图。

这个猜想的证明过程不知难倒了多少数学家，虽然经过无数次的验证，但是一直无法在理论上给出证明。直到 1976 年，美国数学家沃尔夫冈·哈肯（Wolfgang Haken）和凯尼斯·阿佩尔（Kenneth Appel）用计算机进行了 100 亿次逻辑判断，成功地证明了四色猜想。

③ 专家系统。专家系统是一种含有专家的知识、经验、思想，模拟专家进行推理和判断，做出决策处理的人工智能软件。著名的"关幼波肝病诊疗程序"就是根据我国著名中医关幼波的经验研制成的一个医疗专家系统。

④ 模式识别。这是 AI 最早的应用领域之一，是通过抽取被识别对象的特征，将其与存放在计算机内的特征库中的信息进行比较和判别后得出结论的一种人工智能技术。公安机关的指纹识别、手写汉字识别、语音识别等都是模式识别的应用实例。

（6）网络应用

网络应用是计算机技术与通信技术结合的产物，计算机网络技术的发展将处在不同地域的计算机通信线路连接起来，配以相应的软件，达到资源共享的目的。

网络应用是当今乃至未来计算机应用的主要方向。目前 Internet 的用户遍布全球，计算机网络作为信息社会的重要基础设施，已成为人们日常生活中不可或缺的一部分。

总之，在现代生活中，计算机无处不在，其应用已渗透到社会的各个领域中，改变了人们传统的工作、生活方式，可以预见，它对人类的影响会越来越大。

1.1.3 计算机网络概述

1. 计算机网络的发展

计算机网络是计算机技术和通信技术相结合的产物，如今，计算机网络技术得到了飞速的发展和广泛的应用。

（1）计算机网络的定义

计算机网络就是将分布在不同地点的多个独立计算机系统通过通信线路和通信设备连接起来，由网络操作系统和协议软件进行管理，实现数据通信与资源共享的系统。简单来说，计算机网络就是通过电缆、电话线或无线通信连接起来的计算机集合。

（2）计算机网络的发展过程

计算机网络的发展过程是计算机与通信（Computer and Communication，C&C）的结合过程，其发展经历了一个从简单到复杂，又到简单（入网容易、使用简单、网络应用大众化）的过程，共经历了 4 个阶段。

① 面向终端的计算机网络（20 世纪 50 年代～20 世纪 60 年代）。将地理位置分散的多个终端通过通信线路连接到一台中心计算机上，用户可以在自己办公室内的终端输入程序，将信息通过通信线路传送到中心计算机上，分时访问和使用资源进行信息处理，处理结果再通过通信线路传回用户终端进行显示或打印。这种以单个计算机为中心的联机系统被称为面向终端的远程联机系

统，这是计算机网络发展的第一个阶段，被称为第一代计算机网络，如图 1-14 所示。

随着远程终端的增多，主机负荷加重，一台主机既要承担通信工作，又要承担数据处理任务。另外，通信线路的利用率较低，尤其在远距离时，每个分散的终端都要单独占用一条通信线路，所需费用较高。为了克服以上缺点，便设计出了前端处理机和终端控制器（集中器）。

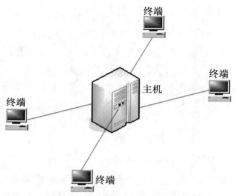

图 1-14　面向终端的计算机网络

在主机前增加一台功能简单的计算机，专门用于处理终端的通信信息和控制通信线路，并对用户的数据进行预处理，这样的计算机称为通信控制处理机（Communication Control Processor，CCP），也称前端处理机。在终端设备较集中的地方设置一台集中器（Concentrator），终端通过低速线路先连接到集中器上，再用高速线路将集中器连接到主机上。

第一代计算机网络的典型应用有美国飞机售票系统 SABRE-I。

20 世纪 60 年代初，美国建成了全国航空飞机订票系统 SABRE，用一台中央计算机连接了 2000 多个遍布全国各地的终端，用户可通过终端进行订票。这个应用系统的建立构成了计算机网络的雏形。

② 共享资源的计算机网络（20 世纪 60 年代～20 世纪 70 年代）。随着计算机技术和通信技术的发展，将分布在不同地点的计算机通过通信线路连接起来，使联网用户可以通过计算机使用本地计算机的软件、硬件与数据资源，也可以使用网络中其他计算机的软件、硬件与数据资源，即每台计算机都具有自主处理的能力，这样就形成了以共享资源为目的的第二代计算机网络，如图 1-15 所示。

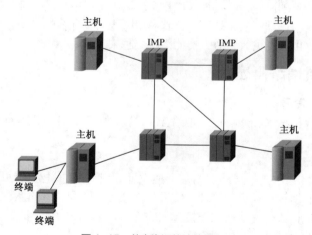

图 1-15　共享资源的计算机网络

> 提示：主机和主机之间不是直接用线路相连的，而是通过接口信息处理机（Interface Message Processor，IMP）转接后连接的。IMP 和它们之间连接的通信线路一起负责主机间的通信任务，构成了通信子网。由通信子网连接的主机负责运行程序，提供资源共享，组成了资源子网。

第二代计算机网络的典型代表是阿帕网（ARPANET，ARPA 网）。ARPA 网的建成标志着现代计算机网络的诞生。ARPA 网的试验成功使计算机网络的概念发生了根本变化，很多有关计算机网络的基本概念都与对 ARPA 网的研究成果有关，如分组交换、网络协议、资源共享等。

知识扩展

1969 年 12 月，由美国出资兴建的计算机网络 ARPA 网诞生。1969 年 ARPA 网只有 4 个节点，1973 年发展到 40 个节点，1983 年已经达到 100 多个节点。

ARPA 网通过有线、无线与卫星通信线路覆盖了从美国到欧洲的广阔地域，是计算机网络技术发展的重要里程碑。

③ 计算机网络标准化（20 世纪 70 年代～20 世纪 80 年代）。20 世纪 70 年代以后，局域网得到了迅速发展，人们对组网的技术、方法和理论的研究日趋成熟，为了促进网络产品的开发，各大计算机公司纷纷制定了自己的计算机网络技术标准，最终促成了国际标准的制定。

1984 年，国际标准化组织（International Standards Organization，ISO）正式颁布了一个使各种计算机互连成网络的标准框架——开放系统互连（Open System Interconnection，OSI）参考模型。OSI 参考模型确保了各厂家生产的计算机和网络产品之间的互连，推动了计算机网络技术的应用和发展。

知识扩展

OSI 参考模型将网络通信工作分为 7 层，由低到高依次为物理层、数据链路层、网络层、传输层、会话层、表示层和应用层，如图 1-16 所示。

OSI 参考模型的各层具有不同的作用。物理层、数据链路层、网络层属于 OSI 参考模型的低三层，负责创建网络通信连接的链路；传输层、会话层、表示层和应用层是 OSI 参考模型的高四层，负责端到端的数据通信。每层完成一定的功能，每层都直接为其上层提供服务且所有层都互相支持。网络通信则可以自上而下（在发送端）或者自下而上（在接收端）双向进行。

7	应用层
6	表示层
5	会话层
4	传输层
3	网络层
2	数据链路层
1	物理层

图 1-16　OSI 参考模型

OSI 参考模型的用途相当广泛，如交换机、集线器、路由器等很多网络设备是参考 OSI 参考模型设计的。

④ 网络互连阶段（20 世纪 80 年代以后）。从 20 世纪 80 年代末开始，各种网络进行互连，形成了更大规模的互联网。计算机网络发展成了全球性网络——Internet，网络技术和网络应用得到了迅速发展。

Internet 起源于 ARPA 网，由 ARPA 网研究而得到的一个非常重要的成果就是传输控制协议/网际协议（Transmission Control Protocol/Internet Protocol，TCP/IP），这使得连接到网络上的所有计算机能够相互交流信息。

计算机网络目前已成为当今世界上最热门的研究领域之一，其未来正朝着高速网络、多媒体网络、开放和高效安全的网络，以及智能化网络的方向发展。

2. 计算机网络的功能

不同的计算机网络是为人们不同的目的和需求设计并组建的，它们所提供的服务和功能也有所不同。计算机网络提供的功能如下。

（1）资源共享

用户之间可以共享计算机网络范围内的系统硬件、软件、数据、信息等资源。随着计算机网络覆盖区域的扩大，信息交流已越来越不受地理位置、时间的限制，大大提高了资源的利用率和对信息的处理能力。

（2）数据通信

网络终端与计算机、计算机与计算机之间能够进行通信，以交换各种数据和信息，从而方便地进行信息收集、处理、交换。银行财政系统、金融系统、电子购物系统、远程教育系统、线上会议系统、网络打印机系统等都具有数据通信的功能，如图1-17所示。

图1-17　资源共享与数据通信

（3）分布式数据处理

将一个大型复杂的计算任务分配给网络中的多台计算机协作完成，利用计算机网络技术可将多台计算机连接成高性能的分布式计算机系统，使它们具有解决复杂问题的能力。

（4）提高系统的可靠性和可用性

计算机网络可调度另一台计算机来完成出现故障的计算机的计算任务，借助冗余和备份的手段提高系统的可靠性和可用性。

3. 计算机网络的分类

计算机网络可按不同的分类标准进行划分。

（1）按网络的覆盖范围划分

根据计算机网络所覆盖的地理范围，计算机网络通常可以分为局域网、城域网和广域网，这也是目前较为普遍的一种分类方法。

① 局域网（Local Area Network，LAN）。局域网一般在几百米到十千米的范围之内，如一座办公大楼内、大学校园内、几座大楼之间等，它简单、灵活、组建方便，如图1-18所示。

② 城域网（Metropolitan Area Network，MAN）。城域网的覆盖范围在几十千米到上百千米，通常可以覆盖一个城市或地区，如城市银行的通存通兑网。

③ 广域网（Wide Area Network，WAN）。广域网是网络系统中最大型的网络，它是跨地域的网络系统，大多数的广域网是通过各种网络互连而形成的，Internet就是最典型的例子。广域网的连接距离可以是几百千米到几千千米或更多，如图1-19所示。

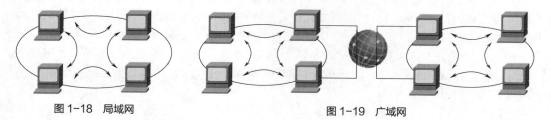

图1-18　局域网　　　　　　　　　　　　　图1-19　广域网

（2）按数据传输方式划分

根据数据传输方式的不同，计算机网络可以分为广播网络（Broadcasting Network）和点对点网络（Point to Point Network）两类。

① 广播网络。广播网络中的计算机或设备使用一种可共享资源的通信介质进行数据传播，该网络中的所有节点都能收到其他任意节点发出的数据信息。局域网大多是广播网络。

② 点对点网络。点对点网络中的计算机或设备以点对点的方式进行数据传输，任意两个节点间都可能有多条单独的链路。这种传播方式常应用于广域网中。

（3）按网络拓扑结构划分

网络拓扑结构是指网络中的计算机、通信线路和其他设备之间的连接方式，即网络的物理架设方式。计算机网络中常见的拓扑结构有总线结构、环形结构、星形结构、树状结构和网状结构等。除此之外，还有包含了两种以上基本拓扑结构的混合结构。

① 总线结构。总线结构的网络使用一根中心传输线作为主干网线，即总线（Bus），所有个人计算机（Personal Computer，PC）和其他共享设备都连接在这条总线上。其中一个节点发送信息后，该信息会通过总线传送到每一个节点上，这种方式属于广播方式的通信，如图 1-20 所示。

总线结构的优点：布局简单且便于安装，价格相对较低，该网络中的计算机可以轻易地增加或减少而不影响整个网络的运行，适用于小型、临时的网络。

总线结构的缺点：网络稳定性差，如果连接的电缆发生断裂，则整个网络将陷入瘫痪，不适用于大规模的网络。

② 环形结构。环形结构是将所有联网的 PC 用通信线路连接成一个闭合的环。在环形结构中，每台 PC 都要与另外两台 PC 相连，信号可以一圈一圈按照环形传播，如图 1-21 所示。

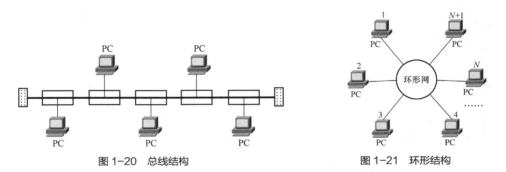

图 1-20　总线结构　　　　　　　　　　　图 1-21　环形结构

环形结构的优点：信息在网络中沿固定的方向流动，两个节点间只有唯一的通路，因此，这种结构的可靠性高、实时性强，安装简便，有利于进行故障排除。

环形结构的缺点：网络的吞吐能力差，仅适用于数据信息量小和节点少的情况。此外，因为整个网络构成闭合环，所以不方便进行网络扩张。

③ 星形结构。星形结构的每个节点都由一条点到点的链路与中心节点相连。信息的传输是通过中心节点的存储转发技术实现的，并且只能通过中心节点与其他站点通信，如图 1-22 所示。

星形结构的优点：系统稳定性好，故障率低，当增加新的工作站时成本低，一个工作站出现故障不会影响其他工作站的正常工作。

星形结构的缺点：与总线结构和环形结构相比，星形结构的电缆消耗量较大且只有一个中心节点（集线器（Hub）或交换机（Switch）），所以中心节点负担较重，必须具有较高的可靠性。

④ 树状结构。树状结构从总线结构演变而来，形状像一棵倒置的树，如图 1-23 所示。根节点接收各站点发送的数据，并广播到整个网络中。

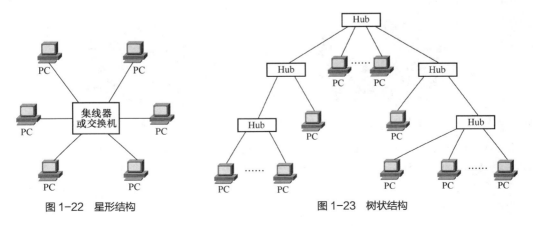

图 1-22　星形结构　　　　　　　　　　　图 1-23　树状结构

树状结构的优点：易于扩展，这种结构可以延伸出很多分支且新节点和新分支都能很容易地加入网络。此外，如果某一分支的节点或线路发生故障，则可以很容易地将故障分支与整个网络隔离开。

树状结构的缺点：各个节点对根节点的依赖性较强，如果根节点发生故障，则整个网络不能正常工作。树状结构对根节点的可靠性需求类似于星形结构。

⑤ 网状结构。网状结构中任意一个节点至少和其他两个节点相连，它是一种不规则的网络结构，如图1-24所示。

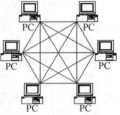

网状结构的优点：单个节点及链路的故障不会影响整个网络系统，可靠性最强，主要用于大型广域网。

网状结构的缺点：结构比较复杂，成本比较高，管理与维护不太方便。

图1-24　网状结构

⑥ 混合结构。混合结构泛指一个网络中结合了两种或两种以上标准拓扑形式的拓扑结构。混合结构比较灵活，适用于现实中的多种环境，广域网中通常采用混合结构。

（4）按使用网络的对象划分

按照使用网络的对象，计算机网络可分为专用网和公用网。专用网一般由某个单位或部门组建，属于单位或部门内部所有，如银行系统的网络。而公用网由相关的电信部门组建，网络内的传输和交换设备可提供给任何部门和单位使用，如Internet。

4. 计算机网络的组成

对于计算机网络的组成，一般从两个角度来讨论：一是按照计算机技术的标准，将计算机网络分为网络硬件和网络软件两部分；二是按照网络中各部分的功能，将网络分为通信子网和资源子网两部分。

（1）网络硬件

网络硬件是计算机网络系统的物质基础。要构建一个计算机网络系统，首先要将计算机及其附属的硬件设备与网络中的其他计算机系统连接起来。不同的计算机网络系统在硬件组成方面是有差别的。

网络硬件包括服务器、工作站、网络连接设备和传输介质等。随着计算机技术和网络技术的发展，网络硬件日趋多样化，功能更加强大、设备更加复杂。

① 服务器。服务器通常是指那些具有较高计算能力，能够提供给多个用户使用的计算机。服务器分为文件服务器、通信服务器、打印服务器和数据库服务器等，如图1-25所示。

② 工作站。工作站是连接在局域网中的供用户使用网络的微型机，它通过网卡和传输介质连接至文件服务器，每个工作站都有自己独立的操作系统及相应的网络软件。工作站可分为有盘工作站和无盘工作站。图1-26所示为一体化工作站。

图1-25　服务器

图1-26　一体化工作站

③ 网络连接设备。网络连接设备有网卡、调制解调器（Modem）、中继器（Repeater）、集线器、网桥（Bridge）、交换机、路由器（Router）、网关（Gateway）、防火墙（Firewall）等。

■　网卡也称网络适配器，是局域网中最基本的部件之一，它是连接计算机与网络的硬件设备。无论使用什么样的传输介质，都必须借助网卡才能实现数据的通信。

■ 调制解调器（俗称"猫"）如图 1-27 所示，它能把计算机的数字信号翻译成可沿普通电话线传送的脉冲信号，这一过程被称为**调制**。而这些脉冲信号又可被线路另一端的另一个调制解调器接收，并转译成计算机可识别的数字信号，这一过程被称为**解调**。通过这两个过程完成了两台计算机间的通信。

■ 中继器如图 1-28 所示，它是连接网络线路的一种装置，常用于两个网络节点之间物理信号的双向转发工作。中继器还是一种用来扩展局域网的硬件设备，它把两段局域网连接起来，并把一段局域网中的电信号增强后传输到另一段上，起到信号再生放大、延长网络距离的作用。

图 1-27 调制解调器

图 1-28 中继器

■ 集线器如图 1-29 所示，它是中继器的一种形式，能够提供多端口服务，也称为多口中继器，它对局域网交换机技术的发展产生了直接的影响。

■ 网桥如图 1-30 所示，又称桥接器，它工作在数据链路层，可将两个局域网连接起来，并根据物理地址转发帧。网桥通常用于连接数量不多的、同一类型的网段。

图 1-29 集线器

图 1-30 网桥

■ 交换机如图 1-31 所示，它是集线器升级换代后的产品。交换机的功能是按照通信两端传输信息的需要，用人工或设备自动完成的方法把传输的信息送到符合要求的路由上。简单来说，交换机就是一种在通信系统中完成信息交换功能的设备。

■ 路由器如图 1-32 所示，它的功能是在两个局域网之间接收并转发数据帧，转发时需要改变数据帧中的地址。路由器比网桥更复杂，也具有更强的灵活性，它的连接对象可以是局域网或广域网。

■ 网关如图 1-33 所示，它又被称为网间连接器或协议转换器。换言之，网关就是一个网络连接到另一个网络的"关口"。按照不同的分类标准，网关可以分成多种。其中，TCP/IP 中的网关是最常用的。

图 1-31 交换机

图 1-32 路由器

图 1-33 网关

■ 防火墙是一种访问控制技术，可以阻止保密信息从受保护的网络中被非法转出。换言之，防火墙是一道门，控制进出双方的通信。防火墙由软件和硬件两部分组成。防火墙技术是近些年发展起来的一种保护计算机网络安全的技术性措施。图 1-34 所示为硬件防火墙。

图 1-34 硬件防火墙

④ 传输介质。传输介质是指通信网络中发送方和接收方之间的物理通路。常用的传输介质有双绞线、同轴电缆、光缆和无线传输介质。

■ 双绞线如图 1-35 所示，它是现在最常用的传输介质之一，由两根以螺旋状扭合在一起的绝缘铜导线组成。将两根线扭合在一起，目的在于减少相互间的电磁干扰。双绞线分为两类：屏蔽双绞线（Shielded Twisted Pair，STP）和非屏蔽双绞线（Unshielded Twisted Pair，UTP）。

■ 同轴电缆如图 1-36 所示，它分为基带同轴电缆和宽带同轴电缆。基带同轴电缆的阻抗为 50Ω（指沿电缆导体各点的电压和电流之比），通常用于数字信号的传输，有粗缆和细缆之分；宽带同轴电缆的阻抗为 75Ω，用于宽带模拟信号的传输。

■ 光缆的出现是通信领域的重大突破，如图 1-37 所示。光缆的主要传输介质是光纤，它是软而细的、利用内部全反射原理传导光束的传输介质，有单模和多模之分。

图 1-35 双绞线	图 1-36 同轴电缆	图 1-37 光缆

与同轴电缆相比，光缆可提供极宽的频带且功率损耗小，传输距离长（2km 以上），传输效率高（可达数千兆比特/秒），抗干扰性强（不会受到电子监听），是构建安全网络的理想选择。

■ 无线传输因不需要架设线缆而得到了广泛应用。无线传输介质主要有微波、红外线和激光。微波通信主要使用的频率为 2 GHz～40 GHz，通信容量较大。红外线是频率比红光低的不可见光，无导向的红外线被广泛用于短距离通信。激光通信具有高速、大容量、低延迟等优点，适用于长距离、高带宽需求的通信场景。

（2）网络软件

网络软件是实现网络功能不可缺少的基础工具。网络软件通常包括网络操作系统和网络协议等。

① 网络操作系统（Network Operating System，NOS）。网络操作系统的作用是实现网络中各计算机之间的通信，对网络用户进行必要的管理，保障数据存储和访问的安全，提供对其他资源的共享和访问，以及其他的网络服务。

目前，UNIX、Linux、Netware、Windows NT/Server 2010/Server 2016 等网络操作系统都被广泛应用于各类网络环境中，并各自占有一定的市场份额。

② 网络协议。在计算机网络中，两台相互通信的计算机处在不同的地理位置，需要通过交换信息来协调它们的动作以达到同步，而信息的交换必须按照预先共同约定好的过程进行。网络协议就是为在计算机网络中进行数据交换而建立的规则、标准或约定的集合。

网络协议至少包括 3 个要素：语法、语义和时序。

■ 语法：用来定义数据及控制信息的格式、编码及信号电平等。

■ 语义：用来说明通信双方的通信方法和协调与处理差错的控制信息。

■ 时序：用来说明事件的先后顺序、指定通信速度等。

局域网中常用的 3 种网络协议：TCP/IP、NetBEUI 和 IPX/SPX。

■ TCP/IP 是这 3 种协议中最重要的一种，作为互联网的基础协议，没有它就不可能联网，任何和互联网有关的操作都离不开 TCP/IP。

■ NetBEUI 即 NetBIOS Enhanced User Interface，或 NetBIOS 增强用户接口。它是 NetBIOS 协议的增强版本，曾被许多操作系统采用，如 Windows for Workgroup、Windows 9x 系列、Windows NT 等。

■ 互联网数据包交换（Internet Packet Exchange，IPX）/序列分组交换协议（Sequenced Packet Exchange，SPX）协议本来是 Novell 开发的专用于 Netware 网络的协议，现在它的应用也非常普遍，大部分可以联机的游戏都支持 IPX/SPX 协议。

1.1.4 Internet 基础

1. Internet 的起源和发展

Internet 起源于 20 世纪 60 年代后期，是在 ARPA 网的基础上经过不断发展、变化而形成的。20 世纪 80 年代初，美国开始在 ARPA 网上全面推广 TCP/IP，1990 年，ARPA 网的试验任务完成，对互联网发展起着重要作用的 ARPA 网宣布关闭。

此后，其他发达国家相继建立了本国的 TCP/IP 网络，并连接到美国的 Internet。于是，一个覆盖全球的国际互联网迅速形成。

随着商业网络和大量商业公司进入 Internet，网络商业应用得到了高速的发展，Internet 开始为用户提供更多的服务，使 Internet 迅速在全球普及和发展起来。如今，互联网已经渗透到人类社会生活的方方面面，很大程度上改变了人们的生活和工作方式。可以说，互联网是近代人类在通信方面最大的成果。

📖 知识扩展

我国互联网发展大事记

（1）1987 年，北京大学的钱天白教授向德国发出第一封电子邮件，当时我国还未加入互联网。

（2）1994 年 3 月，我国加入互联网，并在同年 5 月完成全部的联网工作。

（3）1995 年 5 月，张树新创立了我国第一家互联网服务供应商——瀛海威，普通百姓开始进入互联网。

（4）2000 年 4～7 月，我国三大门户网站——搜狐、新浪、网易成功在美国纳斯达克挂牌上市。

（5）2012 年，政务微博发展迅速。2012 年 10 月底，新浪微博认证的政务微博数量达到 60064 个，较 2011 年同期增长 231%，同年 11 月 11 日，腾讯微博认证的政务微博达到 70084 个。

（6）中国互联网络信息中心《第 31 次中国互联网络发展状况统计报告》显示，截至 2012 年 12 月底，我国网民规模达到 5.64 亿，互联网普及率达到 42.1%，手机网民规模达到 4.2 亿，使用手机上网的网民规模超过了使用台式计算机上网的网民。

（7）2018 年 12 月 10 日，工业和信息化部向中国电信、中国移动、中国联通发放了 5G 系统中低频段试验频率许可，进一步推动了我国 5G 产业链的发展。

（8）2021 年，《中华人民共和国数据安全法》和《中华人民共和国个人信息保护法》分别于 9 月 1 日和 11 月 1 日正式实施，强化了对数据安全和个人信息的法律保护。

（9）2022 年 7 月 12 日，"世界互联网大会"作为一个国际组织正式成立，总部设在北京，其会员包括全球互联网领域相关国际组织、企业机构和专家学者。

（10）2023 年，ChatGPT 的全网火爆掀开了人工智能历史上崭新的一页。百度率先发布国内首个大语言模型——文心一言。之后，阿里巴巴、腾讯、华为等纷纷推出自己的大模型。

2. IP 地址和域名

（1）IP 地址

连接在网络中的两台计算机相互通信时，必须给每台计算机分配一个 IP 地址作为网络标识。为了不造成通信混乱，每台计算机的 IP 地址必须是唯一的，不能重复。

目前使用的 IP 地址由 32 位二进制数组成，为便于使用，常以×××.×××.×××.××× 的形式表现，每组××× 代表小于或等于 255 的十进制数，如 202.96.155.9。在 Internet 中，IP 地址是唯一的。目前可使用的 IP 地址最多有 42 亿个。

IP 地址由两部分组成：一部分为网络号；另一部分为主机号。

IP 地址分为 A、B、C、D、E 共 5 类，如图 1-38 所示，最常用的是 B 和 C 两类。

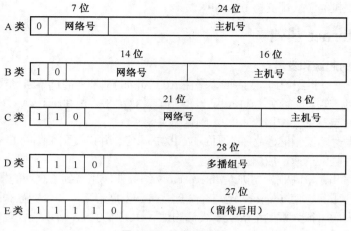

图 1-38 5 类 IP 地址

🎓 **知识扩展**

目前使用的互联网为第一代互联网，采用的是 IPv4 技术。下一代互联网需要使用 IPv6 技术，其地址空间将由 32 位扩展到 128 位，几乎可以给世界上每一样东西分配一个 IP 地址，真正让数字化生活变为现实。

（2）域名

域名和 IP 地址一样，都是用来表示一个单位、机构或个人在网络中的确定的名称或位置。不同的是，它与 IP 地址相比更有"亲和力"，容易被人们记住并使用。

互联网中域名的一般格式为主机名.[二级域名].一级域名（也称顶级域名），如域名 www.cctv.com（中国中央电视台的网站），其中，www.cctv 为主机名（www 表示提供超文本信息的服务器，cctv 表示中国中央电视台），com 为顶级域名（表示商业机构）。

💡 **提示：** 主机名和顶级域名之间可以根据实际情况进行默认设置或扩充。

顶级域名有国家、地区代码和组织、机构代码两种表示方法。常见的代码及对应含义如表 1-1 所示。

表 1-1 常见的代码及对应含义

国家、地区代码	含义	组织、机构代码	含义
.au	澳大利亚	.com	商业机构
.ca	加拿大	.edu	教育机构
.cn	中国	.gov	政府部门
.ru	俄罗斯	.int	国际组织
.fr	法国	.mil	美国军事部门
.it	意大利	.net	网络组织
.jp	日本	.org	非营利组织
.uk	英国	.info	网络信息服务组织
.sg	新加坡	.pro	用于具有特定资质的专业人士和组织

（3）DNS

域名比 IP 地址更直观，更方便人们的使用，但不能被计算机直接读取和识别，必须将域名翻译成 IP 地址，计算机才能访问互联网。域名系统（Domain Name System，DNS）就是为解决这一问题而诞生的，它是互联网的一项核心服务，将域名和 IP 地址相互映射为一个分布式数据库，能使人们更方便地访问互联网，而不用记住只能够被机器直接读取的 IP 地址。

3. URL 地址和 HTTP

（1）URL

统一资源定位符（Uniform Resource Locator，URL）用来指示某一信息资源所在的位置及存取的方法，它从左到右分别由以下部分组成。

① 服务类型：服务器提供的服务类型，如 "http://" 表示万维网（World Wide Web，WWW）服务器，"ftp://" 表示 FTP 服务器。

② 服务器地址：要访问的网页所在的服务器域名。

③ 端口：访问某些资源时，需给出相应的服务器提供的端口号，但并非必需。

④ 路径：服务器上某资源的位置（其格式与文件路径一样，通常为目录/子目录/文件名）。与端口一样，路径并非必需。

URL 的一般格式为服务类型://服务器地址(或 IP 地址).[端口].[路径]。例如，http://www.cctv.com 就是一个典型的 URL 地址。

提示：WWW 上的服务器地址都是区分大小写字母的，输入 URL 时需注意。

（2）HTTP

当人们想浏览一个网站的时候，只要在浏览器的地址栏中输入该网站的地址即可，如 www.cctv.com，但是在浏览器的地址栏中出现的是 http://www.cctv.com，为什么会多出一个 "http://" 呢？

Internet 的基本协议是 TCP/IP，然而，在 TCP/IP 参考模型中，最上层是应用层，它包含所有高层的协议。高层协议有文件传输协议（File Transfer Protocol, FTP）、简单邮件传输协议（Simple Mail Transfer Protocol，SMTP）、域名系统、网络新闻传输协议 NNTP 和 HTTP 等。

超文本传输协议（Hypertext Transfer Protocol，HTTP）是用于从 WWW 服务器传输超文本到本地浏览器的传输协议。它可以使浏览器的工作更加高效，使网络传输减少，不仅能保证计算机正确快速地传输超文本文档，还能决定传输文档中的哪部分内容优先显示（如文本先于图形）等。这就是为什么在浏览器中看到的网页地址都是以 http://开头的。

4. Internet 接入

互联网接入技术的发展非常迅速，《中国宽带发展白皮书（2023 年）》显示，光纤到房间（Fiber to The Room，FTTR）用户规模已超过 800 万户。下面具体介绍如何在 Windows 操作系统中设置宽带连接。

 操作步骤

【步骤1】 单击 "开始" 按钮，选择 "设置" 选项，在 "设置" 窗口中选择 "网络和 Internet" 选项，在右侧 "高级网络设置" 区域中选择 "网络和共享中心" 选项，打开 "网络和共享中心" 窗口，如图 1-39 所示。

【步骤2】 在 "更改网络设置" 区域中选择 "设置新的连接或网络" 选项，弹出图 1-40 所示的 "设置连接或网络" 对话框，选择 "连接到 Internet" 选项，单击 "下一步" 按钮。

【步骤3】 弹出 "连接到 Internet" 对话框，如图 1-41 所示，选择 "宽带（PPPoE）" 选项。

图 1-39 "网络和共享中心"窗口

图 1-40 "设置连接或网络"对话框

图 1-41 "连接到 Internet"对话框

【步骤 4】 单击"下一步"按钮，输入互联网服务提供商（Internet Service Provider，ISP）提供的信息（用户名和密码），如图 1-42 所示。

在"连接名称"文本框中输入名称，这里的名称只是一个用于连接的名称，可以任意输入，如"ADSL"，单击"连接"按钮。成功连接后，即可使用浏览器上网。

图 1-42 输入 ISP 提供的信息

1.1.5 计算机网络应用

1. 信息浏览与获取

信息浏览与获取通常是指 WWW 服务，它是 Internet 信息服务的核心，也是目前 Internet 中使用最广泛的信息服务之一。WWW 是一种基于超文本文件的交互式多媒体信息检索工具。使用 WWW 即可在 Internet 中通过浏览器浏览世界各地的信息资源。

下面就以 Microsoft Edge 浏览器为例，介绍如何使用浏览器来进行信息的浏览与获取。

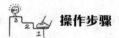 **操作步骤**

【步骤 1】 单击"开始"按钮，选择"Microsoft Edge"选项，打开 Microsoft Edge 浏览器。

【步骤 2】 以访问光明网为例，在浏览器的地址栏中输入相应的网址 www.gmw.cn，并按 <Enter>键，即可进入该网站进行浏览，如图 1-43 所示。

【步骤 3】 浏览区中显示的是超文本网页，当鼠标指针指向有超链接的位置时，会变为"🖑"

状态，单击即可实现页面之间的跳转。例如，单击"教育"超链接，就可以使浏览器自动跳转到相应页面，如图 1-44 所示。

图 1-43　使用浏览器访问光明网

图 1-44　页面之间的跳转

【步骤 4】　如果要返回上一个页面，则可以通过单击工具栏中的"←（后退）"按钮来实现。

【步骤 5】　使用收藏夹，可以将经常访问的 Web 站点放在便于访问的位置。这样，不必输入网址即可访问相应站点。打开要访问的页面，单击工具栏中的"☆（将此页面添加到收藏夹）"按钮，弹出"已添加到收藏夹"对话框（见图 1-45），单击"完成"按钮。下次访问该网站时，只需在"新建标签页"中单击收藏夹中对应的名称即可，如图 1-46 所示。

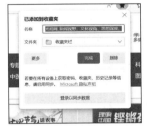
图 1-45　"已添加到收藏夹"对话框

图 1-46　使用收藏夹打开常用网站

🎓 **知识扩展**

如果希望将网页中的文本保存起来，则可以利用剪贴板来实现。选中网页的全部或部分内容后单击鼠标右键，在弹出的快捷菜单中选择"复制"命令，将所选内容放在 Windows 剪贴板中，通过"粘贴"命令将其复制到 Windows 的其他应用程序中即可。

【步骤 6】　如果想保存网页中的图片，则可直接在该图片上单击鼠标右键，在弹出的快捷菜单中选择"将图片另存为"命令，在弹出的"另存为"对话框中填好各项内容后，单击"保存"按钮保存图片至本地。

2. 电子邮件

电子邮件（Electronic mail，E-mail）是互联网中使用非常广泛的一种服务，是一种使用电子手段提供信息交换服务的通信方式，通过连接全世界的 Internet 实现各类信号的传送、接收、存储等处理，将电子邮件传送到世界的各个角落。E-mail 不只用于信件的传递，还可用于传递文件、声音、图形和图像等不同类型的信息。

E-mail 像普通的邮件一样，也需要寄送地址，其与普通邮件的区别在于它使用的是电子地址。所有在 Internet 中有信箱的用户都至少有自己的一个电子邮箱地址，这些电子邮箱的地址都是唯一的，电子邮件服务器会根据这些地址将每封电子邮件传送到每个用户的信箱中。Internet 中的电子邮件的邮箱地址格式为用户账号@主机地址，如 jsjyyjc@126.com。

电子邮箱地址格式中的"@"符号表示"at"，用户账号需向邮箱服务商申请，主机地址为提供电子邮件服务的服务器名。例如，某用户申请了一个电子邮件账号 jsjyyjc，若该账号是建立在电子邮件服务器 qq.com 上的，则电子邮件地址为 jsjyyjc@qq.com。

> 💡 **提示**：填写电子邮箱地址时，不要输入任何空格，不要随便使用大写字符，不要漏掉分隔主机地址各部分的圆点符号。

在 Internet 中，除了可以从 ISP 申请电子邮箱，还可以申请免费的电子邮箱。一般的免费电子邮箱要到所在站点登记注册后才可使用，例如，在 163 网站申请免费的电子邮箱时，可在 163 网站的首页（见图 1-47）单击"注册新账号"按钮，在注册页面（见图 1-48）中可以用手机号码快速注册，注册成功后便拥有了"用户名@163.com"的电子邮箱地址。

图 1-47　163 网站的首页　　　　　　　图 1-48　注册页面

登录注册过的电子邮箱，根据页面提供的使用说明即可收发电子邮件。

🎓 **知识扩展**

如果要发送文件，则可在 Outlook 2016 中单击工具栏中的"📎（附加文件）"按钮，在弹出的"插入文件"对话框中选择要发送的文件。

如果要发送多个文件，则需要将多个文件压缩后再单击"📎（附加文件）"按钮进行发送。

常用的压缩软件有 WinZip、WinRAR。

下面以 WinRAR 为例，简单讲述压缩与解压缩的步骤。

压缩的步骤：选择要压缩的文件（文件夹）并单击鼠标右键，在弹出的快捷菜单中选择"添加到文件名.rar"命令即可完成压缩。

解压缩的步骤：选择已压缩的文件并单击鼠标右键，在弹出的快捷菜单中选择"解压到当前文件夹"命令，单击"确定"按钮即可完成解压缩（如需设置解压路径，则可选择"解压文件…"命令进行具体路径的设置）。

3. 下载工具的使用

下载就是通过网络进行文件传输并将文件保存到本地计算机上的一种网络活动。随着网络技术的迅速发展，下载已经成为网络生活的一个重要的组成部分。提供下载功能的软件也越来越丰富，常用下载工具及其特点如表 1-2 所示。

表 1-2　常用下载工具及其特点

常用下载工具	特点
🔽（迅雷）	新型的基于点对服务器和点（Peer to Server & Peer，P2SP）技术的下载软件
🌐（QQ 旋风）	占用内存小，支持 HTTP、比特流（Bit Torrent，BT）等多种下载方式

下面就以"迅雷"下载软件为例，介绍如何下载文件。

操作步骤

图 1-49 "建立新的下载任务"对话框

【步骤1】 打开网页上的下载页面，在下载超链接上单击鼠标右键，在弹出的快捷菜单中选择"使用迅雷下载"命令，弹出图 1-49 所示的"建立新的下载任务"对话框。

【步骤2】 单击"浏览"按钮，选择文件存储路径，如果不对其进行设置，则文件将会下载到默认路径中。选择好文件存储路径后，单击"立即下载"按钮即可进行文件下载。

1.1.6 信息检索

互联网是一片信息的海洋，各网页之间相互连接，错综复杂，所以掌握信息检索知识非常必要。这些知识可以帮助人们从复杂的资源库中迅速找到所需的网站和信息，从而大大地提高查找效率，节约时间。

1. 信息检索基础知识

（1）信息检索的概念

信息检索可以定义如下：从信息集合中迅速、准确地查找出所需信息的程序和方法。

（2）信息检索的步骤

信息检索一般分为 5 个步骤：明确信息需求、选择检索工具、制定检索策略、执行检索和评价检索结果。

2. 搜索引擎的使用方法

搜索引擎（Search Engine）是某些站点提供的用于在网络中查询信息的程序。搜索引擎为用户查找信息提供了极大的方便，用户只需输入几个关键词，需要的资料就会从世界的各个角落汇集到屏幕上。

下面以百度搜索引擎为例，介绍搜索引擎的使用方法。

操作步骤

【步骤1】 在浏览器的地址栏中输入网址"www.baidu.com"，按<Enter>键进入百度搜索引擎首页，如图 1-50 所示。

图 1-50 百度搜索引擎首页

1.2 "庖丁解牛"之新篇——解剖计算机

 项目情境

小C有一个学财务会计的高中同学小D，小D最近想自己动手做（Do It Yourself，DIY）一台适合自己使用的计算机，于是向小C求助，小C表示很乐意帮忙。为了帮同学组装一台满意的计算机，小C还真下了不少工夫，仔细学习了装机必备的所有知识。

下面就看看小C学到了什么吧！

 学习清单

计算机硬件、主板、CPU、内存条、ROM、RAM、Cache、显卡、声卡、网卡、硬盘、光盘、移动硬盘、U盘、输入设备、输出设备、系统软件、应用软件、工作原理。

 具体内容

计算机系统是由硬件与软件组成的，有了这两部分，计算机才能正常地开机并运行。硬件是计算机系统工作的物理实体，而软件则控制硬件的运行。

1.2.1 计算机解剖图——硬件

计算机硬件是指构成计算机系统的物理元器件、部件、设备。也就是说，凡是看得到、摸得着的计算机设备都是硬件部分。例如，计算机主机（中央处理器、内存、网卡、声卡等）及外部设备（键盘、鼠标、显示器、打印机等），它们是计算机硬件系统的主要组件。

硬件是计算机的"躯体"，是计算机的物理体现，其发展对计算机的更新换代产生了巨大影响。下面先来看已经组装好的计算机，如图1-51所示。

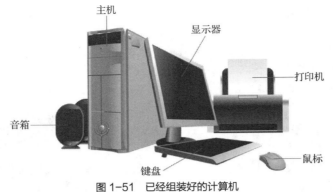

图 1-51 已经组装好的计算机

为了更深入地了解计算机硬件，下面充当一下"庖丁"来"解牛"，一起分析计算机的硬件组成吧。

1. 主板

主板又称主机板（Mainboard）、系统板（Systemboard）和母板（Motherboard），它安装在机箱内，是计算机最基本的也是最重要的部件之一。主板一般为矩形电路板，上面安装了组成计算机的主要电路系统，一般有 BIOS 芯片、I/O 控制芯片、键盘和面板控制开关接口、指示灯接插件、扩充插槽、主板及插卡的直流电源供电接插件等组件。

简单来说，主板就是一个承载中央处理器（Central Processing Unit，CPU）、显卡、内存、硬盘等全部物理设备的平台，负责数据的传输、电源的供应等。主板在计算机中的位置如图 1-52 所示。

图 1-52 主板在计算机中的位置

🎓 **知识扩展**

机箱是计算机配件中的一部分，用于放置和固定各种计算机的物理配件，起到了承托和保护的作用，还能屏蔽电磁辐射。由于机箱不像 CPU、显卡、主板等配件那样能迅速提高整机性能，所以在 DIY 时一般不被列为重点考虑对象。但是机箱也并不是毫无作用的，若机箱损坏，则会出现主板和机箱形成回路而导致短路，使系统变得不稳定的情况。

主板详解如图 1-53 所示。

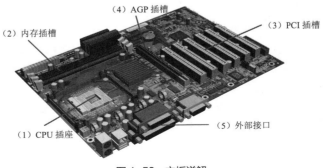

图 1-53 主板详解

2．主板所承载的对象

（1）CPU

CPU 主要由控制器和运算器组成。它只有火柴盒那么小，却是一台计算机的运算核心和控制核心，可以说是计算机的"心脏"。CPU 被集成在一片超大规模的集成电路芯片上，插在主板的 CPU 插座中。CPU 的正面和 CPU 的反面分别如图 1-54 和图 1-55 所示。

图 1-54　CPU 的正面

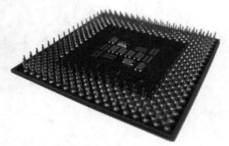

图 1-55　CPU 的反面

CPU 包括运算器部件、寄存器部件和控制器部件。

① 运算器部件可以执行定点或浮点的算术运算操作、移位操作及逻辑操作，也可以执行地址的运算和转换。

② 寄存器部件包括通用寄存器、专用寄存器和控制寄存器。

③ 控制器部件主要负责对指令进行译码，发出每条指令所要执行的各个操作的控制信号。

由于集成化程度和制造工艺的不断提升，越来越多的功能被集成到 CPU 中，使 CPU 管脚数量不断增加，因此 CPU 插座的尺寸也越来越大。

知识扩展

双核 CPU：在 CPU 内部封装两个处理器内核，如图 1-56 所示。双核和多核 CPU 是今后 CPU 的发展方向。

（2）内存条

内存条是连接 CPU 和其他设备的通道，起到了缓冲和数据交换的作用，是计算机工作的基础。在现代计算机的主板上设有若干个内存插槽，只要插入相应的内存条即可方便地构成所需容量的内存储器，如图 1-57 所示。

图 1-56　双核 CPU

图 1-57　内存条

（3）显卡、声卡、网卡

① 显卡。显卡（又称显示适配器）主要用于主机与显示器数据格式的转换，是体现计算机显示效果的必备设备。它不仅把显示器与主机连接起来，还起到了处理图形数据、加速图形显示等作用，如图 1-58 所示。

② 声卡。声卡是多媒体技术中最基本的组成部件，是实现声波/数字信号相互转换的一种硬件。声卡的基本功能是对来自话筒、磁带和光盘的原始声音信号加以转换，输出到耳机、扬声器、扩音机和录音机等音响设备，或通过音乐设备数字接口使乐器发出美妙的声音，如图 1-59 所示。

图 1-58　显卡

图 1-59　声卡

③ 网卡。网卡又称网络适配器（Network Interface Adapter，NIA），用于实现联网计算机和网络电缆之间的物理连接，为计算机之间相互通信提供了一条物理通道，并通过这条通道进行高速数据传输，如图 1-60 所示。

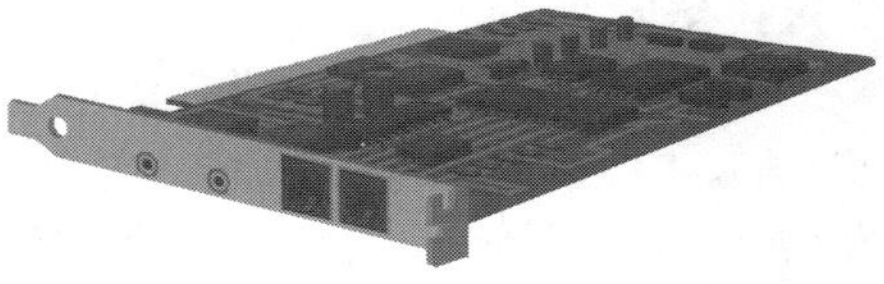

图 1-60　网卡

（4）USB 接口、音频接口、网线接口

① USB 接口用来连接 U 盘、鼠标、键盘等设备。

② 音频接口用来连接音箱、麦克风等输入/输出设备接口。

③ 网线接口用来接入网线使计算机联网。

3. 存储器

（1）内存储器

计算机的内存储器从使用功能上分为随机存储器（Random Access Memory，RAM，又称读写存储器）、只读存储器（Read Only Memory，ROM）和高速缓冲存储器（Cache，又称缓存）3 种。

① RAM。RAM 是计算机工作的存储区，一切要执行的程序和数据都要先装入该存储器。RAM 有以下特点：可以读出，也可以写入，读出时并不损坏原来存储的内容，只有写入时才会修改原来存储的内容；断电后，存储内容立即消失，即具有易失性。

提示：RAM 是计算机处理数据的临时存储区，要想长期保存数据，必须将数据保存在外存储器中。

---

② ROM。ROM 的特点是只能读出原有的内容，不能由用户写入新的内容。ROM 中的数据是由设计者和制造商事先编写好的，并固化其中的一些程序，使用者不能随意更改。它一般用来存放专用且固定的程序和数据，不会因断电而丢失。

ROM 中的程序主要用于检查计算机系统的配置情况，并提供最基本的输入/输出控制程序，如存储 BIOS 参数的 CMOS 芯片。

③ Cache。Cache 是位于 CPU 与 RAM 间的一种容量较小但存取速度很快的存储器，它主要用于解决 CPU 运算速度与内存读写速度不匹配的矛盾。在 CPU 中加入 Cache 是一种高效的解决方案，这样整个内存储器（Cache +内存）就变成了既有 Cache 的高速度，又有内存的大容量的存储器了。其作用示意如图 1-61 所示。

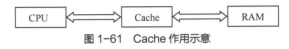

图 1-61　Cache 作用示意

知识扩展

计算机内、外存储器的容量是用字节（B）来表示的，除 B 外，常用单位还有 KB、MB、GB 等，其换算关系如下。

B（字节）　　　　　　1B=1 个英文字符，1 个中文字符占 2 字节。

KB（千字节）	1KB=1024B。
MB（兆字节）	1MB=1024KB=1048576B。
GB（吉字节）	1GB=1024MB=1073741824B。
TB（太字节）	1TB=1024GB，目前个人的微型机存储容量也能达到这个级别。

此外，存储容量的最小单位为位（bit），1B=8bit。

（2）外存储器

外存储器属于计算机外部设备的范畴，它的特点是容量大、存取速度慢，具有永久存储的功能。常用的外存储器有硬盘、光盘、可移动存储器等。

① 硬盘。硬盘一般被固定在机箱内，如图1-62所示。它是计算机主要的存储介质，由一个或者多个铝制或玻璃制的盘片组成，这些盘片外涂有铁磁性材料。硬盘的特点是存储容量大、工作速度快。绝大多数硬盘是固定硬盘，被永久地密封固定在硬盘驱动器中。

图1-62　硬盘

 知识扩展

硬盘的保养与维护

硬盘虽然被密闭在机箱内，但是使用计算机不当时也可能使硬盘受到严重的损坏，尤其是进行存取操作时，千万不能移动计算机或将计算机电源关掉，否则磁道十分容易受损。

② 光盘。光盘是一种利用激光将信息写入或读出的高密度存储介质，如图1-63所示。能独立地在光盘上进行信息读、写的装置被称为光盘存储器或光盘驱动器。光盘的特点是存储密度高、容量大、成本低廉、便于携带、保存时间长。衡量光盘驱动器传输数据速率的指标为倍速，1倍速的传输速率为150KB/s。

常见光盘的类型：只读型光盘CD-ROM、一次性可写入光盘CD-R（需要光盘刻录机完成数据的写入）和可重复刻录的光盘CD-RW。

③ 可移动存储器。目前，比较常见的可移动存储器有U盘和移动硬盘两种。

U盘采用的存储介质为闪存芯片（Flash Memory），将驱动器及存储介质合二为一。U盘在使用时不需要额外的驱动器，只需接至计算机的USB接口即可独立地读、写数据，它可擦写的次数在10万次以上。U盘体积很小、重量极轻，特别适合随身携带，如图1-64所示。虽然U盘具有性能高、体积小等优点，但在有较大数据量需要存储的情况下需要使用移动硬盘，如图1-65所示。

移动硬盘由计算机硬盘改装而成，采用USB接口，其使用方法与U盘类似。

图1-63　光盘　　　　　　　　图1-64　U盘　　　　　　　图1-65　移动硬盘

 知识扩展

关于U盘的使用

将U盘直接插在机箱的USB接口上，系统便会自动识别。打开"此电脑"文件夹，会看到一个名为"可移动磁盘"的图标，同时在屏幕的右下角会有一个"USB设备"的小图标。

接下来，可以像平时操作文件一样，在U盘上保存、删除文件。注意，U盘使用完毕，关闭一切窗口后，在拔下U盘前，要选择右下角的"USB设备"图标并单击鼠标右键，在弹出的快捷菜单中选择"安全删除硬件"命令，单击"停止"按钮，当右下角出现"你现在可以安全地移除驱动器了"提示信息后，才能将U盘从机箱上拔下。

4. 输入设备

输入设备是将系统文件、用户程序、文档和运行程序所需的数据等信息输入计算机内存储器中以备使用的设备。常用的输入设备有键盘（Keyboard）、鼠标（Mouse）、操纵杆、扫描仪（Scanner）等。

（1）键盘

键盘是计算机中最常用也是最主要的输入设备之一，如图1-66所示。通过键盘，可以将英文字母、数字、标点符号等信息输入计算机，从而向计算机发出命令、输入数据等。

图1-66　键盘

键盘由一组按阵列方式装配在一起的按键开关组成，每按下一个键就相当于接通了相应的开关电路，所按键的代码通过接口电路送入计算机。

随着技术的发展，市面上出现了很多符合人体工程学的键盘。此外，USB接口的键盘、无线键盘、多媒体键盘也极大地满足了人们多方面的需要。

（2）鼠标、操纵杆

① 鼠标。鼠标是用于图形界面操作系统和应用系统的快速输入设备，其主要功能是通过移动显示器上的鼠标指针选择选项或单击按钮向主机发出各种操作命令，不能输入字符和数据，如图1-67所示。

鼠标的类型有很多，根据结构可分为机械鼠标和光电式鼠标两类；根据按钮的数目不同可分为两键鼠标、三键鼠标和多键鼠标（目前普遍使用的是滚轮式鼠标，在原有鼠标的两个按键中加了一个滚轮以方便浏览网页）；根据接口可以分为COM接口鼠标、PS/2接口鼠标和USB接口鼠标3类；根据连接方式可以分为有线鼠标和无线鼠标两类。

② 操纵杆。操纵杆将纯粹的物理动作（手部的运动）完完全全地转换成数学形式（0和1所组成的计算机语言），优秀的操纵杆可以完美地实现这种转换。当用户使用操纵杆玩游戏时，会觉得自己完全置身于虚拟世界，如图1-68所示。

（3）扫描仪

扫描仪是一种高精度光电一体化高科技产品，它是将各种形式的图像信息输入计算机的重要工具，是继键盘和鼠标之后的第三代计算机输入设备，如图1-69所示。

图1-67　鼠标

图1-68　操纵杆

图1-69　扫描仪

人们通常使用扫描仪进行计算机图像信息的输入。从图片、照片、胶片到各类图纸，以及文稿都可以用扫描仪输入计算机，进而实现对这些图像信息的处理。

5. 输出设备

输出设备用于输出计算机处理过的结果、用户文档、程序及数据等信息。常用的输出设备有显示器、打印机（Printer）等。

（1）显示器

显示器是计算机的主要输出设备之一，用来将系统信息、计算机处理结果、用户程序及文档等信息显示在屏幕上，是人机对话的一种重要工具。

显示器按结构分为两类：CRT 显示器（见图 1-70）和 LCD（见图 1-71）。阴极射线管（Cathode Ray Tube，CRT）显示器是一种使用阴极射线管的显示器。液晶显示器（Liquid Crystal Display，LCD）具有体积小、重量轻、只需要低压直流电源便可使用等特点。

图 1-70 CRT 显示器

图 1-71 LCD

衡量显示器好坏的主要指标有显示器的屏幕大小、显示器的分辨率等。屏幕越大，显示的信息就越多；显示器的分辨率越高，显示的图像就越清晰。

 提示：显示器与主机相连时必须配置适当的显示适配器，即显卡。

（2）打印机

打印机也是计算机系统中的标准输出设备之一，它与显示器最大的区别是将信息输出到纸上而非显示屏上。它是使用频率仅次于显示器的输出设备，用户经常需要用打印机将在计算机中创建的文稿、数据信息打印出来，如图 1-72 所示。

图 1-72 打印机

衡量打印机好坏的指标有 3 个：打印分辨率、打印速度和噪声。

提示：将打印机与计算机连接后，必须在计算机中安装相应的打印机驱动程序才可以使用打印机。

1.2.2 计算机的"灵魂"——软件

一个完整的计算机系统是硬件和软件的有机结合，如果将硬件比作计算机系统的"躯体"，那么软件就是计算机系统的"灵魂"。

1. 软件的概念

计算机软件是指计算机系统中的程序及其文档。软件是用户与硬件之间的接口工具，用户主要通过软件与计算机进行交流。

程序是计算机需要遵照执行的一系列指令，文档是帮助用户了解程序的说明性资料，程序必须装入计算机内部才能工作，文档则不一定要装入计算机。

2. 硬件与软件的关系

硬件和软件是在一个完整的计算机系统中互相依存的两部分，它们的关系主要体现在以下几个方面。

（1）硬件和软件互相依存

硬件是软件工作的物质基础，同时，软件的正常工作是硬件发挥作用的必要条件。计算机系统必须配备完善的软件系统才能正常工作，并充分发挥其硬件的各种功能。

（2）硬件和软件无严格界限

随着计算机技术的发展，在许多情况下，计算机的某些功能既可以由硬件实现，又可以由软件实现。因此，硬件和软件在一定意义上没有绝对严格的界线。

（3）硬件和软件协同发展

计算机软件随硬件技术的迅速发展而发展，同时，软件的不断发展与完善又促进了硬件的进一步发展。

3. 软件的分类

软件的种类繁多，通常可以根据软件的用途将其分为系统软件和应用软件两类，这些软件都是用程序设计语言编写的程序。系统软件是计算机工作的核心，应用软件的应用是以系统软件为基础进行的。

（1）系统软件

系统软件是指控制计算机的运行、管理计算机的各种资源、为计算机的使用提供支持和帮助的软件，分为操作系统（Operating System，OS）、语言处理程序、数据库管理系统等，其中操作系统是最基本的系统软件。

① 操作系统。操作系统是管理计算机硬件与软件资源的程序，是计算机系统的内核与基石。它的功能包括对硬件的直接监管、对各种计算机资源（如内存、CPU 时间等）的管理，以及提供诸如作业管理之类的面向应用程序的服务等。

操作系统是对计算机硬件的第一级扩充，是对硬件的接口、对其他软件的接口、对用户的接口，以及对网络的接口。

目前常用的操作系统有 Windows 和 Linux 等。

② 语言处理程序。因为计算机只认识机器语言，所以使用其他语言编写的程序都必须先经过语言处理（也称翻译）程序的翻译，才能被计算机接收并执行。不同的语言有不同的翻译程序。

■ 汇编语言的翻译。用汇编语言编写的程序称为汇编语言源程序。必须用汇编程序将汇编语言源程序翻译成计算机能够执行的目标程序，这个翻译过程叫作汇编。源程序的汇编运行过程如图 1-73 所示。

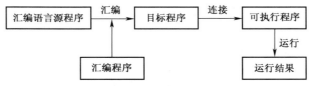

图 1-73　源程序的汇编运行过程

■ 高级语言的翻译。用高级语言编写的程序称为高级语言源程序，高级语言源程序也必须翻译成目标程序后才能被计算机识别并执行。高级语言的翻译执行方式有编译方式和解释方式两种。

编译方式指先用高级语言的编译程序将源程序翻译成目标程序，再用连接程序将目标程序与函数库相连，最终得到可执行程序。源程序的编译运行过程如图 1-74 所示。

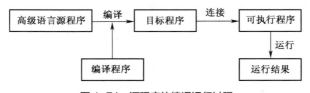

图 1-74　源程序的编译运行过程

解释方式是通过相应的解释程序将源程序逐句翻译成机器指令，并且每翻译一句就执行一句。解释程序不产生目标程序，如果执行过程中不出现错误，则会一直进行直到完成，否则将在错误处停止执行。其解释执行过程如图 1-75 所示。

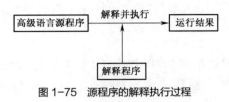

图 1-75　源程序的解释执行过程

> 提示：对于同一个程序，如果是用解释方式执行的，那么它的运行速度通常比以编译方式的运行速度慢一些。因此，目前大部分高级语言采用编译方式。

③ 数据库管理系统。数据处理是计算机应用的重要方面之一，为了有效地利用、保存和管理大量数据，人们于 20 世纪 60 年代末开发出了数据库系统（Database System，DBS）。

一个完整的数据库系统是由数据库（Database，DB）、数据库管理系统（Database Management System，DBMS）和用户应用程序 3 个部分组成的。

数据库管理系统有大小之分，大型数据库管理系统有 SQL Server、Oracle 和 DB2 等，中小型数据库管理系统有 Access 和 MySQL。

（2）应用软件

计算机之所以能迅速普及，除了其硬件性能不断提高、价格不断降低，大量实用应用软件的出现满足了各类用户的需求也是重要原因之一。

除系统软件以外的所有软件都被称为应用软件，它们是由计算机生产厂家或软件公司为支持某一应用领域、解决某个实际问题而专门研制的应用程序，如文字处理软件、辅助设计软件、图形处理软件、解压缩软件、杀毒软件等。

用户可以通过这些应用软件完成自己的目标。例如，利用文字处理软件创建文档，利用杀毒软件清理计算机病毒，利用解压缩软件解压缩文件，利用电子邮箱收发电子邮件，利用图形处理软件绘制图形等。

常见的应用软件如下。

- 文字处理软件：Microsoft Office、WPS Office 等。
- 辅助设计软件：AutoCAD、Photoshop 等。
- 媒体播放软件：暴风影音、Windows Media Player 等。
- 图形图像软件：CorelDRAW、Painter、3ds Max、Maya 等。
- 网络聊天软件：QQ、微信等。
- 音乐播放软件：酷我音乐、酷狗音乐等。
- 下载管理软件：迅雷、QQ 旋风等。
- 杀毒软件：腾讯电脑管家、360 安全卫士等。

1.2.3　计算机系统的主要技术指标

对计算机进行系统配置时，首先要了解计算机系统的主要技术指标。衡量计算机性能的指标主要有以下几个。

① 字长：CPU 能够直接处理的二进制数的位数，它直接关系到计算机的计算精度、处理能力和运算速度。字长越长，处理能力就越强，精度就越高，运算速度也就越快。

② 运算速度：计算机每秒执行的指令条数，一般以每秒百万条指令（Million Instructions Per Second，MIPS）为单位。

③ 主频：计算机的时钟频率，单位用兆赫兹（MHz）或吉赫兹（GHz）表示。

④ 内存容量：内存储器中能够存储信息的总字节数，一般以 MB 或 GB 为单位。

1.2.4　计算机的基本工作原理

计算机之所以能高速、自动地进行各种操作，一个重要的原因就是采用了冯·诺依曼提出的存储程序和过程控制的思想。虽然计算机的制造技术从计算机出现到现在已经发生了翻天覆地的变化，但迄今为止所有进入市场的计算机都是按冯·诺依曼提出的结构体系和工作原理设计制造的，所以现代计算机又称为"冯·诺依曼型计算机"。

存储程序用于事先把计算机的执行步骤（程序）及运行中所需的数据通过输入设备输入并存储在计算机的存储器中。过程控制是指计算机运行时能自动地逐一取出程序中的第一条指令，加以分析并执行规定的操作。

根据存储程序和过程控制的设计思想，在计算机运行的过程中，实际上有两种信息在流动。一种是数据流，其中包括原始数据和指令，它们在程序运行前就已经预先送至存储器中且都是以二进制形式编码的。在运行程序时，数据被送往运算器参与运算，指令被送往控制器。另一种是控制信号，它是由控制器根据指令的内容发出的信号，指挥计算机各部件执行指令规定的各种操作或运算，并对执行流程进行控制。计算机各部分的工作过程如图 1-76 所示。

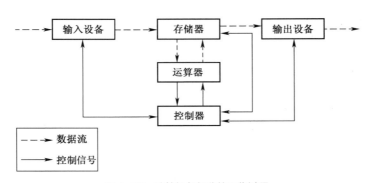

图 1-76　计算机各部分的工作过程

计算机的基本工作原理可以简单概括为输入、处理、输出和存储 4 个步骤。用户可以利用输入设备（键盘或鼠标等）将数据或指令"输入"计算机，再由 CPU 发出命令进行数据的"处理"工作，最后计算机会把处理的结果"输出"至显示器、音箱或打印机等输出设备。由 CPU 处理的结果也可送到存储设备中进行"存储"，以便日后再次使用。这 4 个步骤组成一个循环过程，但输入、处理、输出和存储并不一定按照上述顺序操作。在程序的指挥下，计算机会根据需要决定进行哪一个步骤。

1.3　维护安全，防治病毒

 项目情境

小 D 面对刚刚配置好的计算机兴奋不已，每天都花很长时间从网站上下载各式各样好玩的程序。可好景不长，不到一个月时间，计算机就"罢工"了，小 D 又得找小 C 帮忙了。小 C 通过看书、在网上看求助帖，终于帮小 D 修好了计算机。小 C 语重心长地对小 D 说："一定要注意防范计算机病毒，网络安全很重要！"他还列了一份学习清单让小 D 好好研究。

 学习清单

网络安全，个人网络信息安全措施，计算机病毒的概念、特点、分类及防治，常见的计算机病毒，信息素养与社会责任。

 具体内容

1.3.1 计算机网络安全

1. 网络安全

当用户的利益在网络中遭到侵害时，网络安全问题就变成了无论如何强调都不为过的大问题。在网络应用多样化的今天，了解网络安全，掌握抵御病毒入侵的基本知识，具有非常重要的现实意义。

网络安全主要分为以下几个方面。

（1）网络运行系统安全，包括系统处理安全和传输系统安全。系统处理安全指避免因系统崩溃或损坏对系统存储、处理和传输的信息造成破坏及损失。传输系统安全指避免因电磁泄漏而产生信息泄露。

（2）网络系统信息安全，包括身份验证、用户存取权限控制、数据访问权限和方式控制、计算机病毒防治和数据加密等。

（3）网络信息传播安全，指网络中信息传播的安全，包括信息过滤、防止大量自由传输的信息失控、非法窃听等。

（4）网络信息内容安全，指保证信息的保密性、真实性和完整性，本质上是保护用户的利益和隐私。

任何网络信息安全系统都必须实质性地解决以上4个方面的技术实现问题，只有这样，其安全解决方案才是可行的。

2. 网络安全实用技术

网络信息安全系统的解决方案必须综合考虑网络安全、数据安全、数据传输安全、安全服务和安全目标等问题，包括政策上的措施、物理上的措施和逻辑上的措施。常用的网络安全实用技术有以下几种。

（1）网络隔离技术

网络隔离（Network Isolation）技术主要指对两个或两个以上可路由的网络（如 TCP/IP 通过不可路由的协议（如 IPX/SPX 和 NetBEUI 等）进行数据交换而达到隔离的目的。因为其原理主要是采用了不同的协议，所以这种方法通常也称为协议隔离（Protocol Isolation）。

（2）防火墙技术

防火墙就是在可信网络（用户的内部网）和非可信网络（Internet 和外部网）之间建立及实施特定的访问控制策略的系统。

防火墙可以由一个硬件和一个软件组成，也可以由一组硬件和一组软件组成。防火墙是阻止网络"黑客"攻击的一种有效手段。

（3）身份验证技术

网络系统的安全依赖于终端对用户身份的正确识别与检验，防止终端用户的欺诈行为。身份验证技术一般包括两个方面：一方面是识别；另一方面是验证。其中，识别是指对系统中的每个合法用户都有识别的能力；验证是指系统对访问者的身份进行验证，以防假冒。

（4）数据加密技术

采用数据加密技术对通信数据进行加密，包括节点加密、链路加密和端对端加密。

（5）数字签名技术

如要求系统在通信双方发生伪造、冒充、否认和篡改等情况时仍能保证网络安全，则可在计算机信息系统中采用一种电子形式的签名——数字签名。

数字签名有两种方法，分别为利用传统密码签名和利用公开密钥签名。

3. 个人网络信息安全措施

采取下列安全措施能解决一些个人网络信息安全的问题。

（1）定期备份个人信息，避免损失有用信息。

（2）谨防病毒攻击，不要轻易下载来路不明的软件；安装的杀毒软件要定期进行升级。

（3）上网过程中发现任何异常情况时，应立即断开网络，并对系统进行杀毒处理。

（4）借助防火墙功能，在专业技术人员的帮助下安装并设置合适参数，以达到维护网络安全的目的。

（5）关闭"共享"功能。

（6）及时安装程序补丁，使系统在防范恶意攻击方面的功能保持完善。

1.3.2　计算机病毒及其防治

几乎所有用户都感受过在网上冲浪的喜悦，也经受过病毒袭击的烦恼：辛苦完成的电子稿件顷刻之间全没有了；刚才还好端端的计算机突然就不能正常运行了；程序正运行在关键时刻，系统莫名其妙地重新启动了……这些意想不到的情况很可能就是计算机病毒造成的。

1. 计算机病毒的概念

计算机病毒是人为编写的一种计算机程序，能够在计算机系统中生存并通过自我复制进行传播，在一定条件下激活、发作，从而给计算机系统造成一定的破坏。

知识扩展

《中华人民共和国计算机信息系统安全保护条例》中明确将计算机病毒定义为"编制或者在计算机程序中插入的破坏计算机功能或者毁坏数据，影响计算机使用，并能自我复制的一组计算机指令或者程序代码"。

2. 计算机病毒的特点

计算机病毒的特点有很多，可以归纳为以下 7 个。

（1）潜伏性

计算机病毒具有依附于其他介质寄生的能力，依靠其寄生能力，计算机病毒传染给合法程序和系统后，不会立即发作，而是悄悄地潜伏起来，在用户不知不觉的情况下进行传播。病毒的潜伏性越好，它在系统中存活的时间就越长，传染的范围就越广，危害性也就越大。

（2）隐藏性

隐藏性是计算机病毒的本能特性，为了避免被察觉，计算机病毒制作者总是想方设法地使用各种隐藏技术。计算机病毒通常依附于其他可执行的程序或隐藏在磁盘中比较隐蔽的地方，因此，用户很难发现它们，而发现它们的时候往往已经是计算机病毒发作的时候。

（3）传染性

传染性是计算机病毒的重要特点之一，计算机病毒为了继续生存，唯一的方法就是不断地感染其他文件。计算机病毒传播的速度极快，范围很广，一旦入侵计算机系统即可通过自我复制的方式迅速传播。

（4）可触发性

当计算机病毒被触发时，就会以各种方式对计算机系统发起攻击。计算机病毒的触发机制和条件有很多种，如指定的日期或时间、文件类型、指定文件名或病毒内置的计数器达到一定次数等，例如，CIH病毒V1.2发作的日期就是每年的4月26日。

（5）破坏性

无论何种计算机病毒程序，一旦入侵计算机系统就会对其操作系统的运行造成不同程度的影响。而其破坏程度主要取决于病毒制作者的目的，常见的目的有删除文件、破坏数据、格式化磁盘和破坏主板等。

（6）主动攻击性

计算机病毒对系统的攻击是主动的，计算机系统无论采取多么严密的保护措施都不可能彻底地排除计算机病毒对其系统的威胁，保护措施只是一种预防的手段而已。

（7）不可预见性

从计算机病毒的检测来看，它还有不可预见性，计算机病毒对杀毒软件来说往往是超前的。

3. 计算机病毒的分类

计算机病毒可以分为不同的种类。

（1）根据计算机病毒产生的后果划分

① 良性病毒：仅减少计算机磁盘的可用空间，但不影响计算机系统的使用，入侵的目的不是破坏计算机系统，只是发出某种声音或提示。

② 恶性病毒：对计算机造成干扰，但不会造成数据丢失和硬件损坏，只对软件系统造成干扰，窃取或修改系统信息。

③ 极恶性病毒：造成计算机系统崩溃或数据丢失，感染后的计算机系统彻底崩溃，根本无法正常启动，磁盘中的数据被损坏。

④ 灾难性病毒：感染后的计算机系统很难恢复，数据完全丢失，计算机病毒会破坏磁盘的引导扇区，修改文件分配表和硬盘分区表，造成计算机系统无法启动。

（2）根据计算机病毒入侵计算机系统的途径划分

① 源码型病毒：主要入侵高级语言的源程序，计算机病毒在源程序编译之前插入病毒代码，最后随源程序一起被编译成可执行程序。

② 入侵型病毒：主要利用自身的病毒代码取代某个被入侵程序的整个或部分模块，攻击特定的程序，这类病毒针对性强且不易被发现，清除起来比较困难。

③ 操作型病毒：主要用自身程序覆盖或修改计算机系统中的某些文件来调用或替代计算机操作系统中的部分功能，从而直接感染系统，会造成较大危害，此类计算机病毒多为文件型病毒。

（3）根据计算机病毒的传染方式划分

① 引导型病毒：该计算机病毒通过攻击计算机磁盘的引导扇区，达到控制整个计算机系统的目的，如"石头"病毒。

② 文件型病毒：该计算机病毒一般会感染扩展名为.exe 或.com 等的执行文件，如 CIH 病毒。

③ 网络型病毒：该计算机病毒感染的对象不再局限于单一的模式和可执行文件，而是综合的，这类病毒也更隐蔽，如 Worm.Blaster 病毒。

④ 混合型病毒：该计算机病毒同时具备了引导型病毒和文件型病毒的一些特点。

（4）根据病毒激活的时间划分

根据病毒激活的时间，可分为定时的计算机病毒和随机的计算机病毒。

 知识扩展

常见的计算机病毒

① 欢乐时光。"欢乐时光"是一种 VB 源程序病毒，专门感染扩展名为.htm、.html、.vbs、.asp和.htt 的文件。它作为电子邮件的附件，利用 Outlook Express 软件的缺陷把自己传播出去，可以在用户没有打开任何附件时就自动运行。此外，它会利用 Outlook Express 的信纸功能，自我复制在信纸的 HTML 模板上，以便传播。只要用户在 Outlook Express 上预览了隐藏有这种病毒的HTML 文件，甚至不用打开文件，"欢乐时光"就能感染用户的计算机。

② 冲击波。"冲击波"是一种利用 Windows 操作系统的远程过程调用（Remote Procedure Call，RPC）漏洞进行传播、随机发作、破坏力强的病毒。它不需要通过电子邮件（或附件）来传播，这使其更隐蔽，更不易被察觉。它使用 IP 扫描技术来查找网络中操作系统为 Windows2000/XP/2003 的计算机，一旦找到有漏洞的计算机，就会利用分布式对象模型（Distributed Component Object Model，DCOM，能够使软件组件通过网络直接进行通信）在 RPC 缓冲区的漏洞中植入计算机病毒，以控制和攻击该计算机系统。

③ 熊猫烧香。"熊猫烧香"是蠕虫病毒经过多次变种而来的。由于感染该计算机病毒的计算机的可执行文件会出现熊猫烧香的图案，所以被称为"熊猫烧香"病毒。用户计算机在感染病毒后可能会出现蓝屏、频繁重启，以及系统硬盘中数据文件被破坏等现象。此外，该计算机病毒的某些变种可以通过局域网进行传播，进而感染局域网中的所有计算机系统，最终导致企业局域网瘫痪，无法正常使用。它能感染系统中扩展名为.exe、.com、.pif、.src、.html、.asp 等的文件，还能中止大量的杀毒软件的进程并删除扩展名为.gho 的文件（该文件是系统备份工具 GHOST 的备份文件），使用户的系统备份文件丢失。在感染该病毒的计算机系统中，所有扩展名为.exe 的可执行文件全部被改成熊猫举着三炷香的模样。

④ 勒索病毒。"勒索病毒"主要以邮件、程序木马、网页挂马的形式进行传播。该计算机病毒性质恶劣、危害极大，一旦感染，将给用户带来无法估量的损失。这种计算机病毒利用各种加密算法对文件进行加密，被感染者一般无法解密，必须拿到解密的私钥才有可能破解。

4. 防治计算机病毒

由于计算机病毒的隐蔽性和主动攻击性，要杜绝计算机病毒的传染，特别是对网络系统和开放式系统而言，几乎是不可能的。因此，要采用"预防为主，防治结合"的策略，尽量降低病毒感染、传播的概率。

（1）计算机病毒的预防

使用技术手段预防计算机病毒主要包括以下措施。

① 安装、设置防火墙，对内部网络实行安全保护。

② 安装实时监测的杀毒软件，定期更新软件版本。

③ 不要随意下载来路不明的可执行文件（*.exe 等）或 E-mail 附件中的可执行文件。

④ 使用聊天软件时，不要轻易打开陌生人发送的页面超链接，以防受到网页陷阱的攻击。

⑤ 不使用盗版软件和来历不明的磁盘。

⑥ 经常对系统和重要的数据进行备份。

⑦ 保存一份磁盘的主引导记录文档。

（2）计算机病毒的清除

在检测出计算机系统感染了计算机病毒或确定了计算机病毒的种类后，就要设法清除该病毒。清除计算机病毒可采用自动清除计算机病毒的方法，即使用杀毒软件来清除计算机病毒。杀毒软件操作简单，用户按照菜单提示和联机帮助操作即可。

1.3.3　信息素养与社会责任

1. 信息素养概述

（1）信息素养的概念

信息素养的概念是由美国信息产业协会主席保罗·泽考斯基（Paul ZurKowaski）于 1974 年提出的，是一种对信息社会的适应能力，包括文化素养、信息意识和信息技能 3 个层面。

（2）信息素养的要素

信息素养由信息意识、信息知识、信息能力和信息道德 4 个要素共同构成，是一个不可分割的统一整体。

① 信息意识是信息素养的前提，是指对信息敏锐的感知力、持久的注意力，以及对信息价值的洞察力、判断力等。

② 信息知识是信息素养的基础，包括信息基础知识和信息技术知识。

③ 信息能力是信息素养的核心，包括获取、处理、交流、应用、创造信息的能力。

④ 信息道德是信息素养的保证，在组织和利用信息时要树立正确的法治观念，增强信息安全意识，准确合理地使用信息资源。

2. 信息安全行为守则及法律法规

Internet 把全世界连接成了一个"地球村"，互联网中的网民就是这个"地球村"的村民，他们共同拥有这个数字空间。为维护每个网民的合法权益，必须由网络公共行为规范来约束其行为。

（1）行为守则

① 不发送垃圾邮件。

② 不在网上进行人身攻击。

③ 不能未经许可就进入非开放的信息服务器。

④ 不可以企图入侵他人的计算机系统。

⑤ 不应将私人信件用 E-mail 发送给所有人。

⑥ 不在网上任意修改不属于自己的信息。

⑦ 不在网上结识身份不详的朋友。

（2）计算机软件的法律保护

① 计算机软件受著作权保护。

计算机软件作为作品形式之一，受国家颁布的软件著作权法规的保护。软件具有开发工作量大、开发投资高、复制容易、复制费用极低的特点，为了保护软件开发者的合法权益，鼓励软件的开发与流通，广泛持久地推动计算机的应用发展，对软件实施法律保护是有必要的，能减少未经软件著作权人的许可而擅自复制、销售其软件的行为出现。许多国家都制定了保护计算机软件著作权的法规。

② 软件著作权人享有的权利。

发表权，即决定软件是否公之于众的权利。

署名权，即表明开发者身份，在软件上署名的权利。

修改权，即对软件进行增补、删减，或者改变指令、语句顺序的权利。

复制权，即将软件制作一份或者多份的权利。

发行权，即以出售或赠予的方式向公众提供软件的原件或者复制件的权利。

出租权，即有偿许可他人临时使用软件的权利。

信息网络传播权，即以有线或者无线的方式向公众提供软件，使公众可以在其选定的时间或地点获得软件的权利。

翻译权，即将原软件从一种自然语言文字转换成另一种自然语言文字的权利。

（3）相关法律法规

① 《中华人民共和国计算机信息系统安全保护条例》。

② 《计算机软件著作权登记办法》。

③ 《计算机软件保护条例》。

④ 《中华人民共和国保守国家秘密法》。

⑤ 《计算机信息系统国际联网保密管理规定》。

⑥ 《网络信息内容生态治理规定》。

3. 信息伦理与职业行为自律

（1）信息伦理

信息伦理又称信息道德，是指在信息领域中用以规范人们行为的思想观念与准则。

在我国，对信息伦理的研究已经有了较长的历史。早在1995年，中国信息协会就通过了《中国信息咨询服务工作者的职业道德准则的倡议书》，提出了我国信息咨询服务工作者应当遵循的道德准则，包括信息咨询服务的基本指导思想、咨询服务中的职业道德等诸多方面。

（2）职业行为自律

职业行为自律是指在职业生涯中，从业人员根据相关的职业道德、规范和法律法规，自觉约束自身行为，坚守职业道德底线，积极维护职业形象和信誉的行为准则。

职业行为自律的培养途径主要有以下3个。

① 明确个人价值观和职业道德观，认识自律对于职业生涯的重要性。

② 建立有益于职业发展的良好习惯，如准时、守信、专注等。

③ 接受行业监管机构、行业协会及社会公众的监督，积极参与各类评价体系和认证项目，不断提升职业道德修养。

1.4 计算机的语言

 项目情境

小C所在的系部组织了各种各样的培训班，作为计算机爱好者，小C希望好好学习编程语言方面的相关内容，可他一看培训班的名称，什么C语言、Java、Python，这些名称可把小C搞糊涂了，不知道该学哪一种语言。这些语言到底是什么呢？

 学习清单

机器语言、汇编语言、高级语言、数制、基数、位权、二进制（B）、八进制（O 或 Q）、十六进制（H）、ASCII、国标码、机外码、机内码、字形码。

 具体内容

1.4.1　计算机语言发展史

和人类语言发展史一样，计算机语言也经历了一个不断演化的过程，从最开始的机器语言到汇编语言，再到高级语言。

1. 机器语言

20 世纪 40 年代，计算机问世的时候，程序员必须使用打孔卡编程，但这项工作过于复杂，很少有人能掌握，加上当时的计算机十分昂贵，使用范围并不广。

随着计算机价格的大幅度下跌，为了让更多人控制计算机，科学家发明了机器语言，即用 0 和 1 组成的一组代码符号替代人工拨动开关控制计算机。

2. 汇编语言

由于机器语言枯燥且难以理解，人们便用英文字母代替特定的 0、1 代码，这就形成了汇编语言。相比于机器语言，人们更容易学习汇编语言。

汇编语言的实质和机器语言是相同的，都是直接对硬件进行操作，只不过汇编语言的指令采用了英文缩写的标识符，更容易识别和记忆。能通过汇编语言完成的操作不是一般高级语言能实现的，而且源程序经汇编生成的可执行文件不仅体积小，执行速度还很快。

3. 高级语言

虽然汇编语言有机器语言无法比拟的优点，但它的逻辑不符合人们的思维习惯。为了让编程更容易，人们发明了高级语言，用英语单词和符合人们思维习惯的逻辑进行编程。

高级语言是相对于机器语言和汇编语言而言的，并不是特指某一种具体的语言，它包括了很多编程语言，如常用的 C++、Java、Python 等，这些语言的语法、命令格式各不相同。

用高级语言所编写的程序不能被计算机直接识别，必须经过转换才能执行，按转换方式可将它们分为两类：解释型和编译型。

随着计算机程序的复杂度越来越高，新的集成、可视的开发环境越来越流行，它们减少了用户付出的时间、精力和金钱，只要轻敲几个键，一整段代码就可以使用了。

4. 计算机语言的发展趋势

面向对象程序设计及数据抽象在现代程序设计思想中占有很重要的地位，未来计算机语言将不再是一种单纯的语言标准，而是完全面向对象，更易于表达现实世界，也更易于编写。

未来的计算机语言将是用户只需要告诉程序需要干什么，程序就能自动生成算法，自动进行处理，这就是非过程化的程序语言。

知识扩展

计算机语言之父——克利斯登·奈加特（Kristen Nygaard）于1926年在挪威的奥斯陆出生，1956年毕业于奥斯陆大学并取得数学硕士学位，致力于计算机计算与编程的研究。他因发明了 Simula 编程语言，为 MS－DOS 和 Internet 打下了基础而享誉国际。

1961 年~1967 年，克利斯登·奈加特在挪威计算机中心工作，期间他参与开发了面向对象的编程语言。因为他的出色表现，他和同事奥利-约翰·达尔（Ole-Johan Dahl）获得了 2001 年的图灵奖和其他多个奖项。克利斯登·奈加特因其卓越的贡献而被誉为"计算机语言之父"，他对计算机语言发展趋势的掌握和认识，以及投身于计算机语言事业的精神都将激励人们向着计算机语言无比灿烂的明天前进。

1.4.2 计算机中数据的表示

1. 数制的基本概念

按进位的原则进行计数称为进位计数制，简称数制，其特点有两个。

（1）逢 N 进 1

N 是指数制中所需要的字符的总个数，称为基数。例如，人们日常生活中常用 0、1、2、3、4、5、6、7、8、9 这 10 个不同的数字符号来表示十进制数值，即字符的总个数有 10 个，基数为 10，逢十进一。二进制数是由 0、1 两个数字符号组成的，基数为 2，逢二进一。

（2）采用位权表示法

处在不同位置上的数字代表的值不同，一个数字在某个固定位置上代表的值是确定的，这个固定位置上的值称为位权，简称权。

位权与基数的关系：各进制中位权的值是基数的若干次幂，任何一种数制表示的数都可以写成按位权展开的多项式之和。

例如，人们习惯使用的十进制数是由 0、1、2、3、4、5、6、7、8、9 这 10 个不同的数字符号组成的，基数为 10。当每一个数字处于十进制数中不同的位置时，它所代表的实际数值是不一样的，这就是经常所说的个位、十位、百位、千位等的意思。

【例 1.1】 十进制数 2009.7 可表示如下。

$$2 \times 1000 + 0 \times 100 + 0 \times 10 + 9 \times 1 + 7 \times 0.1$$
$$= 2 \times 10^3 + 0 \times 10^2 + 0 \times 10^1 + 9 \times 10^0 + 7 \times 10^{-1}$$

提示：位权的值是基数的若干次幂，其排列方式是以小数点为界，整数自右向左为 0 次幂、1 次幂、2 次幂，以此类推；小数自左向右为-1 次幂、-2 次幂、-3 次幂，以此类推。

2. 计算机中采用的数制

所有信息在计算机中都是使用二进制的形式来表示的，这是由计算机使用的逻辑器件决定的。这种逻辑器件是具有两种状态的电路（触发器），其好处是运算简单、实现方便、成本低。二进制数只有0和1两个基本数字，很容易表示电路中器件的电平高低。

计算机采用二进制数进行运算，可通过进制的转换将二进制数转换成人们熟悉的十进制数，在常用的转换中，还会用到八进制和十六进制的计数方法。

一般人们用"（ ）$_{下标}$"的形式来表示不同进制的数。例如，十进制数用"（ ）$_{10}$"表示，二进制数用"（ ）$_2$"表示，还可以在数字的后面以特定的字母表示该数的进制，不同的字母代表不同的进制，具体如下。

D——十进制（D可省略）　　B——二进制　　　O或Q——八进制　　　H——十六进制

（1）十进制数

日常生活中人们普遍采用十进制数，十进制数的特点如下。

① 有10个字符：0、1、2、3、4、5、6、7、8、9。

② 以10为基数的计数体制，"逢十进一、借一当十"，利用0到9这10个数字来表示数据。例如，$(169.6)_{10}=1×10^2+6×10^1+9×10^0+6×10^{-1}$。

（2）二进制数

计算机内部采用二进制数进行运算、存储和控制，二进制数的特点如下。

① 只有两个不同的数字符号，即0和1。

② 以2为基数的计数体制，"逢二进一、借一当二"，只利用0和1这两个数字来表示数据。例如，$(1010.1)_2=1×2^3+0×2^2+1×2^1+0×2^0+1×2^{-1}$。

（3）八进制数

八进制数的特点如下。

① 有8个字符：0、1、2、3、4、5、6、7。

② 以8为基数的计数体制，"逢八进一、借一当八"，只利用0到7这8个数字来表示数据。例如，$(133.3)_8=1×8^2+3×8^1+3×8^0+3×8^{-1}$。

（4）十六进制数

十六进制数的特点如下。

① 有16个字符：0、1、2、3、4、5、6、7、8、9、A、B、C、D、E、F。

② 以16为基数的计数体制，"逢十六进一、借一当十六"，除利用0到9这10个数字之外，还要用A、B、C、D、E、F代表10、11、12、13、14、15。

例如，$(2A3.F)_{16}=2×16^2+10×16^1+3×16^0+15×16^{-1}$。

若计算机采用二进制数，则在书写时位数较多，容易出错，所以计算机常用八进制数、十六进制数来书写。表1-3所示为常用整数各数制间的对应关系。

表1-3　常用整数各数制间的对应关系

十进制	二进制	八进制	十六进制	十进制	二进制	八进制	十六进制
0	0000	0	0	8	1000	10	8
1	0001	1	1	9	1001	11	9
2	0010	2	2	10	1010	12	A
3	0011	3	3	11	1011	13	B
4	0100	4	4	12	1100	14	C
5	0101	5	5	13	1101	15	D
6	0110	6	6	14	1110	16	E
7	0111	7	7	15	1111	17	F

3. 常用进制数之间的转换

（1）十进制数转换成二进制数

当将十进制整数转换成二进制整数时，将它一次一次地除以 2，得到的余数由下而上排列好即可。

【例1.2】 将十进制整数（109）$_{10}$转换成二进制整数的方法如下。

```
            余数   低位
2 109        1    ↑
 2 54        0
  2 27       1
   2 13      1
    2 6      0
     2 3     1
      2 1    1    高位
       0
```

余数由下而上排列得到 1101101，所以（109）$_{10}$ =（1101101）$_2$。

若转换的十进制数有小数部分，则将十进制的小数部分乘以目标进制的基数并取整数，直到小数部分的值为 0 或者满足精度要求为止，将每次取得的整数由上而下排列好即可得到二进制数的小数部分。

【例1.3】 将十进制数（109.6875）$_{10}$转换成二进制数。

先对整数部分进行转换，整数部分（109）$_{10}$转换成二进制数的方法与例 1.2 一样，得到（1101101）$_2$。

再对小数部分进行转换，小数部分（0.6875）$_{10}$转换成二进制数的方法如下。

```
      0.6875      取整数
    ×      2
      ————————
      1.3750        1      高位
      0.3750
    ×      2
      ————————
      0.7500        0
    ×      2
      ————————
      1.5000        1
      0.5000
    ×      2
      ————————
      1.0000        1      低位
```

每次取得的整数由上而下排列得到 1011，于是，（0.6875）$_{10}$ =（0.1011）$_2$。

整数、小数两部分分别转换后，将得到的两部分合并即可得到（109.6875）$_{10}$ =（1101101.1011）$_2$。

 练习

将十进制数转换成二进制数：（15）$_{10}$ =（   ）$_2$；（13.3）$_{10}$ =（   ）$_2$。

（2）二进制数转换成十进制数

将一个二进制整数转换成十进制整数时，只要将它的最后一位乘以 2^0，倒数第二位乘以 2^1，以此类推，并将各项相加，得到的数就是由二进制数转换成的十进制数。针对其小数部分，小数点后的第一位乘以 2^{-1}，第二位乘以 2^{-2}，以此类推，再将各项相加即可。

【例 1.4】 将二进制数（1101）$_2$转换成十进制数的方法如下。

$$（1101）_2$$
$$= 1 \times 2^3 + 1 \times 2^2 + 0 \times 2^1 + 1 \times 2^0$$
$$= 8 + 4 + 0 + 1$$
$$= 13$$

【例 1.5】 将二进制数（1101.1）$_2$转换成十进制数的方法如下。

$$（1101.1）_2$$
$$= 1 \times 2^3 + 1 \times 2^2 + 0 \times 2^1 + 1 \times 2^0 + 1 \times 2^{-1}$$
$$= 8 + 4 + 0 + 1 + 0.5$$
$$= 13.5$$

 练习

将二进制数转换成十进制数：（11010）$_2$=（　　　　）$_{10}$；（10101.11）$_2$=（　　　　）$_{10}$。

（3）八进制数/十六进制数与十进制数之间的转换

八进制数/十六进制数与十进制数之间的转换方法与二进制数类似，唯一不同的是除数或乘数要换成相应的基数：8 或 16。

此外，十六进制数与十进制数之间转换时，要注意 A、B、C、D、E、F 使用 10、11、12、13、14、15 进行计算；反之，得到 10、11、12、13、14、15 时，也要用 A、B、C、D、E、F 表示。

下面以一个具体的例子进行详细说明。

【例 1.6】 将十六进制数（AE.9）$_{16}$转换成十进制数的方法如下。

$$（AE.9）_{16}$$
$$= A \times 16^1 + E \times 16^0 + 9 \times 16^{-1}$$
$$= 10 \times 16^1 + 14 \times 16^0 + 9 \times 16^{-1}$$
$$= 160 + 14 + 0.5625$$
$$= 174.5625$$

（4）二进制数与八进制数之间的转换

由于二进制数和八进制数之间存在特殊关系，即 8=2^3，因此转换比较容易。二进制数转换成八进制数时，从小数点位置开始，向左或向右，每 3 位二进制数划分为一组（不足 3 位时用 0 补足），然后写出每一组二进制数所对应的八进制数即可。

【例 1.7】 将二进制数（10110001.111）$_2$转换成八进制数。

向左划分　　　向右划分

$$\xleftarrow{\hspace{2cm}}\xrightarrow{\hspace{2cm}}$$

010 110 001 . 111
　2　6　1　　7

二进制数（10110001.111）$_2$转换为八进制数后，得到（261.7）$_8$。

反之，将八进制数（237.4）$_8$的每位分别用 3 位二进制数表示，即可将八进制数转换为二进制数。

【例 1.8】 将八进制数（237.4）$_8$转换成二进制数。

2　3　7　.　4
010 011 111 . 100

八进制数（237.4）$_8$转换为二进制数后，得到（10011111.1）$_2$。

提示： 二进制数转换成八进制数时，不足 3 位用 0 补足时要注意补 0 的位置，对于整数部分，当最左边的一组不足 3 位时，补 0 是从最高位开始的；对于小数部分，当最右边的一组不足 3 位时，补 0 是从最低位开始的。反之，八进制数转换成二进制数时，整数部分的最高位或小数部分的最低位有 0 时可以省略不写。

（5）二进制数与十六进制数之间的转换

二进制数转换成十六进制数时，只要将二进制数从小数点位置开始，向左或向右每 4 位（$2^4=16$）划分为一组（不足四位时可补 0），并写出每一组二进制数所对应的十六进制数即可。

【例 1.9】 将二进制数（11011100110.1101）$_2$转换为十六进制数。

0110 1110 0110. 1101

6   E   6 . D

二进制数（11011100110.1101）$_2$转换成十六进制数是（6E6.D）$_{16}$；反之，将十六进制数的每位分别用 4 位二进制数表示，即可将十六进制数转换为二进制数。

（6）八进制数与十六进制数之间的转换

这两者转换时，可把二进制数（或十进制数）作为媒介，先把待转换的数转换成二进制（或十进制）数，再将二进制（或十进制）数转换成要求转换的数制形式。

1.4.3 字符与汉字编码

1. 字符编码

计算机不能直接存储英文字母或其他字符，要将字符存放到计算机中，就必须用二进制代码存储，即需要将字符和二进制内码对应起来，这种对应关系就是字符编码（Character Encoding）。因为这些字符编码涉及全世界范围内有关信息之间的表示、交换、存储的基本问题，所以必须有一个标准。

目前，计算机中使用最广泛的字符编码是由美国国家标准学会（American National Standards Institute，ANSI）制定的美国信息交换标准码（American Standard Code for Information Interchange Code，ASCII Code），它已被国际标准化组织定为国际标准，有 7 位码和 8 位码两种形式。

7 位 ASCII 一共可以表示 128 个字符，具体包括 10 个阿拉伯数字 0~9、52 个大小写英文字母、32 个标点符号和运算符，以及 34 个控制符。其中，0~9 的 ASCII 码为 48~57，A~Z 的 ASCII 码为 65~90，a~z 的 ASCII 码为 97~122。

在计算机的存储单元中，一个 ASCII 码占一字节（8 个二进制位），其最高位（b_7）用作奇偶校验位，如图 1-77 所示。所谓奇偶校验，是指在代码传送过程中用来检验是否出现错误的一种方法，一般分为奇校验和偶校验两种。

图 1-77 ASCII 编码位

ASCII 的字符编码表一共有 $2^4=16$ 行，$2^3=8$ 列。其低 4 位编码 $b_3b_2b_1b_0$ 用作行编码，而高 3 位 $b_6b_5b_4$ 用作列编码，如表 1-4 所示。

表 1-4　ASCII 的字符编码表

$b_3b_2b_1b_0$ ＼ $b_6b_5b_4$	000	001	010	011	100	101	110	111
0000	NUL	DLE	Space	0	@	P	`	p
0001	SOH	DC1	!	1	A	Q	a	q
0010	STX	DC2	"	2	B	R	b	r
0011	ETX	DC3	#	3	C	S	c	s
0100	EOT	DC4	$	4	D	T	d	t
0101	ENQ	NAK	%	5	E	U	e	u
0110	ACK	SYN	&	6	F	V	f	v
0111	BEL	ETB	'	7	G	W	g	w
1000	BS	CAN	(	8	H	X	h	x
1001	HT	EM	)	9	I	Y	i	y
1010	LF	SUB	*	:	J	Z	j	z
1011	VT	ESC	+	;	K	[	k	{
1100	FF	FS	,	<	L	\	l	|
1101	CR	GS	−	=	M	]	m	}
1110	SO	RS	.	>	N	^	n	~
1111	SI	US	/	?	O		o	DEL

2. 汉字编码

汉字编码是指将汉字转换成二进制代码的过程。根据应用目的的不同，汉字编码分为国标码（交换码）、机外码（输入码）、机内码和字形码。

（1）国标码

1980 年颁布的国家标准 GB/T 2312—1980，即《信息交换用汉字编码字符集 基本集》，简称国标码，是汉字信息交换的标准编码。国标码中共收录一、二级汉字和图形符号 7445 个。一级常用汉字按汉语拼音规律排列，二级次常用汉字按偏旁部首规律排列。国标码中的每个字符用两字节表示，第一字节为"区"，第二字节为"位"，共可以表示的字符（汉字）有 94 × 94 = 8836 个。为表示更多的汉字及少数民族的文字，国标码于 2000 年进行了扩充，共收录了 27000 多个汉字字符，采用单、双、四字节混合编码表示。

（2）机外码

机外码是指汉字通过键盘输入的汉字信息编码，即人们常说的汉字输入法。常用的汉字输入法有五笔输入法、全拼输入法、双拼输入法、智能 ABC 输入法、紫光拼音输入法、微软拼音输入法、区位码和自然码等。

> **提示：** 区位码与国标码完全对应，没有重码，其他汉字输入法都有重码，通过数字选择。
> 当汉字的区位号都为十六进制数时，汉字的国标码=汉字的区位码+2020H。

（3）机内码

计算机内部用于存储、处理汉字用的编码会通过汉字操作系统转换为机内码。每个汉字的机内码用两字节表示，为了与 ASCII 码有所区分，汉字的机内码采用了变形国标码，即将两字节的最高位由"0"改为"1"，其余 7 位不变，该方式可表示 16000 多个汉字。尽管每个汉字的输入法不同，但其机内码是一致的。

提示：汉字的机内码=汉字的国标码+8080H。

（4）字形码

汉字经过字形编码才能够正确显示。字形码是表示汉字字形信息的编码，一般采用点阵形式，由"0"和"1"组成的点阵数据为位代码，每一个点用"1"或"0"表示，"1"表示有，"0"表示无。一个汉字可以由 16×16、24×24、32×32、128×128 等点阵表示。点阵越大，汉字显示得就越清楚。

字形码所占内存比其汉字的机内码大得多，如 16×16 点阵的汉字需要占用 16×16/8=32 字节的内存，如图 1-78 所示。

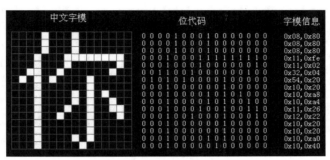

图 1-78　点阵形式

计算机在处理汉字的整个过程中都离不开汉字编码，输入汉字通过输入汉字的机外码（即各种输入法）来实现。存储汉字是将各种汉字的机外码统一转换成汉字的机内码进行存储，以便于计算机内部对汉字进行处理。输出汉字是利用汉字库将汉字的机内码转换成对应的字形码，再输出至输出设备中。

机外码、机内码与字形码三者之间的关系如图 1-79 所示。

图 1-79　机外码、机内码与字形码三者之间的关系

PART 2 第 2 幕
进入 Windows 的世界

2.1 新手上路——Windows 10

 项目情境

为了丰富寒假生活，学校组织学生参加社区服务，分配给小 C 的任务是为社区里的老年居民进行计算机入门培训。面对爷爷奶奶辈的学生，小 C 要讲些什么内容，做些什么准备呢？

 学习清单

操作系统桌面、鼠标操作、窗口、菜单、对话框、计算机重启、英文打字。

 具体内容

2.1.1 Windows 10 初识

1. 操作系统的概念

操作系统是现代计算机必须配备的系统软件，是计算机正常运行的指挥中心，是人与计算机之间通信的"桥梁"。它能有效管理计算机系统的所有软硬件资源，能合理组织整个计算机的工作流程，为用户提供高效、方便、灵活的使用环境，用户可以通过操作系统提供的命令和交互功能实现各种访问计算机的操作。操作系统包括 5 个管理功能：处理器管理、存储管理、设备管理、文件管理、作业管理。操作系统中的重要概念有进程、线程、内核态和用户态。

（1）进程。进程是一个程序与其数据一起在计算机上顺利执行时所产生的活动，一个程序被加载到内存中，系统就创建了一个进程。在 Windows、UNIX、Linux 等操作系统中，用户可以看到当前正在执行的进程。

（2）线程。线程是进程中某个单一顺序的控制流，一个线程可以创建和撤销另一个线程，同一个进程中的多个线程可以并发执行。

（3）内核态和用户态。计算机的特权态即内核态，拥有计算机中所有的软硬件资源；普通态即用户态，其访问资源的数量和权限均受到限制。

2. 操作系统的功能

操作系统的功能主要是管理，即管理计算机的所有资源（软件和硬件）。一般认为操作系统具有管理处理器、内存、信息设备和提供用户接口等功能。它是计算机硬件与用户之间的接口，使用户能方便地操作计算机。

（1）处理器管理。处理器就是 CPU，如何管理好 CPU，如何调度和分配 CPU，就是处理器管理要解决的问题。管理 CPU 的目的是提高 CPU 的使用效率，从而使之更有效地执行程序。

（2）内存管理。内存管理主要包括内存空间的分配、保护和扩充。

（3）信息管理。在计算机的外存上存储着大量的信息，包括程序和数据。如何组织和管理好这些信息，并方便用户的使用，就是操作系统信息管理的内容。信息的共享和保护也是文件系统所要解决的问题，尤其是在多用户系统中，磁盘上存储着大量的文件，至于哪些文件可以全体用户共享，哪些文件只能为部分用户使用，取决于系统管理员利用操作系统提供的权限管理功能为文件设定的访问权限。

（4）设备管理。设备管理的任务是根据预定的分配策略，将设备接口及外设分配给请求输入/输出的程序，并启动设备完成输入/输出操作。为了尽可能地使设备和主机进行并行工作，设备管理采用了通道和缓冲技术。

（5）提供用户接口。操作系统的主要功能是为用户提供一个友好的用户接口。用户接口有两种类型（两个层次）。一种是程序级的接口，即系统提供了一组"体系调用"供用户在编程时使用；通过这些系统调用，用户可以在程序中访问系统的一些资源，或要求系统完成一些特定的功能。另一种是作业级的接口，也就是人们熟悉的操作系统用户界面，如 Windows 界面、DOS 界面、UNIX 操作系统的 shell 界面等。

3. 操作系统的分类

操作系统种类繁多，按照使用环境、功能及作业处理方式的不同，可以分为单用户操作系统、批处理操作系统、分时操作系统、实时操作系统和网络操作系统。

（1）单用户操作系统。单用户操作系统是指计算机系统一次只能运行一个用户程序。这类系统的最大缺点是计算机系统的资源不能充分被利用，如 DOS、Windows 操作系统。

（2）批处理操作系统。批处理操作系统可以支持多个程序或多个作业同时存在和运行，也称多任务操作系统，如 IBM 的 DOS/VSE 操作系统。

（3）分时操作系统。分时操作系统具有如下特征：在一台计算机周围挂上若干台近程或远程终端，每个用户可以在各自的终端上以交互的方式控制作业运行。分时操作系统的多个用户可以通过文件系统彼此交流数据和共享各种文件，在各自的终端上协同完成任务。

（4）实时操作系统。在某些领域中，要求计算机对数据进行迅速反馈和处理，这种有相应时间要求的快速处理过程叫作实时处理过程，由此产生的操作系统叫作实时操作系统。

（5）网络操作系统。网络操作系统能向网络计算机提供网络通信和网络资源共享功能。它是负责管理整个网络资源和方便网络用户的软件的集合。因为网络操作系统是运行在服务器之上的，所以有时也称为服务器操作系统。

目前，常用的微机操作系统有 DOS 操作系统、Windows 操作系统、OS/2 操作系统等。Windows 操作系统是微机上最为流行的操作系统之一，它采用了图形用户界面，提供了多种窗口，最常用的是"文件资源管理器"窗口和对话框，用户可利用鼠标和键盘通过窗口完成对文件、文件夹、磁盘的操作，以及对系统的设置等。

图 2-1　Windows 10 的标志

4. Windows 10 操作系统

Windows 10 是微软公司推出的新一代操作系统平台，于 2015 年 7 月正式发布并投入市场。图 2-1 所示为 Windows 10 的标志。它继承了 Windows 系列操作系统的优点，在易用性和安全性方面有了极大的提升，除了针对云服务、智能移动设备、自然人机交互等新技术进行了融合，还对固态硬盘、生物识别设备、高分辨率屏幕等硬件进行了优化与支持，加上全新的界面冲击和操作体验，给用户眼前一亮的感觉。从基于 DOS 的 Windows 1 到基于 NT 的 Windows 10，Windows 已经经历了 16 个版本，具体如表 2-1 所示。

表 2-1　Windows 历代版本

基于 DOS 的 Windows 版本	核心版本号
Windows 1	1.0
Windows 2	2.0
Windows 3	3.0
Windows 95	4.0
Windows 98	4.0.1998
Windows 98 SE	4.0.2222
Windows Me	4.90.3000
基于 NT 的 Windows 版本	核心版本号
Windows NT 3.5	3.5
Windows NT 3.51	3.51
Windows NT 4	4.0
Windows 2000	5.0
Windows XP	5.1
Windows Vista	6.0
Windows 7	6.1
Windows 8	6.2
Windows 10	10.0

在 Windows 8 之后，按照以往的规律，下一版本应该命名为 Windows 9，跳过 Windows 9 直接发布 Windows 10 意味着 Windows 10 相比 Windows 8 有较大的改变。Windows 10 融合了 Windows 8 漂亮的操作界面，并且保持了 Windows 7 的良好操作特性，是 Windows 7 和 Windows 8 精华的结合体。

Windows 10 与以往版本相比，增加了许多新的功能，如进化的"开始"菜单、功能强大的语音助手 Cortana、全新的 Edge 浏览器、虚拟的多桌面环境、生物识别功能等，这些新功能带给了用户全新的视觉冲击和操作体验。

（1）进化的"开始"菜单

微软在 Windows 10 中带回了用户期盼已久的"开始"菜单功能，并将其与 Windows 8"开始"屏幕的特色相结合，改进的传统风格与新的现代风格有机结合在一起。单击屏幕左下角的"开始"按钮，打开"开始"菜单之后，不仅会看到包含系统关键设置和应用的列表，标志性的动态磁贴也会出现，同时照顾了 Windows 7 和 Windows 8 两类用户的使用习惯，两代系统用户切换到 Windows 10 后不会有太多不适应。

（2）功能强大的语音助手 Cortana

Windows Phone 的语音助手 Cortana 也加入了 Windows 10 操作系统。Cortana 的功能非常强大，能够帮助用户查找文件、应用、互联网中的信息；可以根据用户的个人习惯给出个性化建议；帮助用户设置提醒，避免用户忘记重要事件；可以跟踪用户的出行计划，提前算好出发时间，分析交通状况，让用户有充分时间抵达目的地。

（3）全新的 Edge 浏览器

为了追赶 Chrome 和 Firefox 等热门浏览器，微软带来了 Edge 浏览器。不同于以往的 IE 浏览器，Edge 浏览器采用了全新渲染引擎，在整体内存占用及运行速度上均有大幅改善。作为一款全新的浏览器，Edge 浏览器带来了诸多便捷功能，如快速分享功能、无干扰的阅读模式，以及内置数字助理 Cortana 等。

（4）虚拟的多桌面环境

微软新增了 Multiple Desktops 功能，可以让用户在同一操作系统下使用多桌面环境，根据自己的需要，在不同桌面环境间切换。用户在没有多显示器配置的情况下，可以对大量的窗口进行重新排列，只需将窗口放进不同的虚拟桌面中，即可在其中进行轻松切换，这样一来，原本杂乱无章的桌面也会变得整洁。

（5）生物识别功能

Windows 10 所新增的 Windows Hello 功能带来了一系列对于生物识别技术的支持。除了常见的指纹扫描，系统还能通过面部或虹膜扫描来完成用户登录。当然，用户需要使用新的 3D 红外摄像头来实现这些新功能。

（6）改进的任务切换器

不少用户习惯于使用<Alt+Tab>组合键在开启的应用当中进行切换，微软对该功能也进行了改进。在 Windows 10 中，任务切换器不再仅显示应用图标，而是会通过大尺寸缩略图让用户对其中的内容进行预览。

（7）升级的命令提示符窗口

Windows 的命令提示符（CMD）窗口已经十几年都未曾有过任何变化了，而 Windows 10 终于带来了针对它的升级，用户不仅可以对 CMD 窗口的大小进行调整，还能使用复制、粘贴等功能的相应快捷键进行操作。

（8）节能模式

Windows 10 中的节能模式源自移动设备，这是一个用于提升电池续航时间的特定模式。该模式会在设备低于一定的电量后自动开启（默认是电量低于 20%时），然后系统将尽可能限制后台活动来节省用电量，大大提升了设备的整体续航能力。

2.1.2 Windows 10 的使用

1. Windows 10 的启动和退出

Windows 10 的启动和退出操作比较简单，主要步骤如下。

（1）启动 Windows 10。对于安装了 Windows 10 的计算机，只要按下电源开关，经过一段时间的启动过程，系统就会显示用户登录界面。对于没有设置密码的用户，只需要单击相应的用户图标，即可顺利登录；对于设置了密码的用户，单击相应的用户图标后，会弹出密码框，输入正确密码后按<Enter>键确认，即可登录系统。

登录后，将进入 Windows 桌面。

（2）退出 Windows 10。

① 关闭所有正在运行的应用程序。

② 单击"开始"按钮，在"开始"菜单中单击"电源"按钮，在弹出的下拉列表中选择"关机"选项，即可安全关闭计算机。如果有文件尚未保存，则系统会提示用户保存文件后再进行关机操作。

③ 如果用户在使用计算机过程中出现"死机""蓝屏""花屏"等情况，则可按住主机电源开关不放，直至计算机关闭主机。

（3）切换用户。Windows 10 支持多用户管理，如果要从当前用户切换到另一个用户，则可以单击"开始"按钮，单击账户名称后，在弹出的用户账户下拉列表中选择其他用户。

提示：在电源选项列表中有一个"睡眠"选项。选择该选项能够以最小的能耗保证计算机处于锁定状态，但应用会一直保持打开状态；当计算机被唤醒后，可以立即恢复到锁定前的状态。

2. Windows 10 桌面布局

启动 Windows 10 后，其桌面如图 2-2 所示。Windows 的屏幕被形象地称为桌面，就像办公桌的桌面一样，启动一个应用程序就好像从抽屉中把文件取出来放在桌面上。

初次启动 Windows 10 时，桌面的左上角只有一个"回收站"图标，以后根据用户的使用习惯和需要，也可以将一些常用应用的图标放在桌面上，以便快速启动相应的程序或打开常用文件。

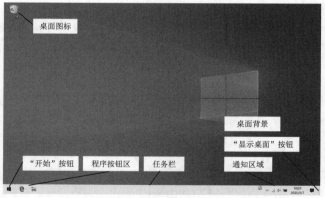

图 2-2　Windows 10 的桌面

（1）桌面背景。桌面背景是指 Windows 10 桌面的背景图案，又称为桌布或壁纸，用户可以根据自己的喜好对其进行更改。

（2）桌面图标。桌面图标是由一个形象的图标和说明文字组成的，图标作为它的标识，说明文字则表示它的名称或功能。在 Windows 10 中，各种程序、文件、文件夹及应用程序的快捷方式等都用图标来形象地表示，双击这些图标就可以快速地打开文件、文件夹或者应用程序。

（3）任务栏。任务栏是桌面最下方的水平长条，它主要由"开始"按钮、程序按钮区、通知区域和"显示桌面"按钮 4 部分组成。

① "开始"按钮。单击任务栏最左侧的"开始"按钮可以弹出"开始"菜单。"开始"菜单是 Windows 操作系统中最常用的组件之一，如图 2-3 所示。"开始"菜单中几乎包含了计算机中所有的应用程序，是启动程序的快捷通道。

② 程序按钮区。程序按钮区主要放置的是已打开窗口的程序按钮，单击这些程序按钮就可以在不同窗口间进行切换。用户还可以根据需要，通过拖曳操作重新排列任务栏中的程序按钮。

③ 通知区域。通知区域位于任务栏的右侧，除了包括系统时钟、音量、网络和操作中心等一组系统按钮，还包括一些正在运行的程序按钮。

④ "显示桌面"按钮。"显示桌面"按钮位于任务栏的最右侧，单击该按钮可以将所有打开的窗口最小化到程序按钮区中。如果希望恢复显示打开的窗口，则再次单击"显示桌面"按钮即可。

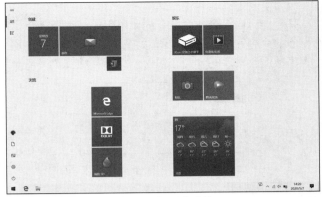

图 2-3 "开始"菜单

3. 鼠标操作

鼠标是计算机的输入设备，它的基本操作方式可以配合起来使用，以完成一些特定的操作，基本的鼠标操作方式有以下几种，如图 2-4 所示。

（1）移动：不按键，仅移动鼠标。作用：指向将要操作的对象。

（2）单击：按一下左键。作用：选定对象或进行操作确认。

移动　单击　双击　拖曳　右击

图 2-4　基本的鼠标操作方式

（3）双击：快速连续地按两下左键。作用：启动程序或打开窗口。

（4）拖曳：按住左键或右键不放的同时移动鼠标。作用：移动对象的位置或弹出对象的快捷菜单以供选择操作。

（5）右击：按一下右键。作用：弹出对象的快捷菜单。

4. 窗口组成及操作

当用户启动应用程序或打开文档时，屏幕上将出现已定义的工作区，即窗口，每个应用程序都有一个窗口，每个窗口都有很多类似的元素。下面以"此电脑"窗口为例介绍窗口组成，如图 2-5 所示。

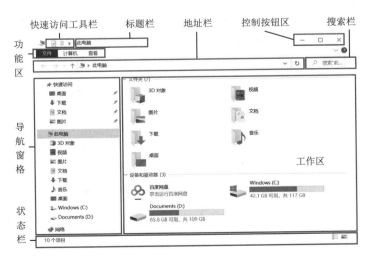

图 2-5　窗口组成

（1）功能区

功能区由多个包含命令的菜单组成，选择某个菜单便会展开相应的内容，用户可以从中选择相应的命令完成需要的操作，如图 2-6 所示。这一区域在之前的 Windows 操作系统中叫作菜单栏，大多数应用程序的功能区包含"文件""编辑""帮助"等菜单。

图 2-6　选择菜单后展开相应内容

（2）地址栏

地址栏可显示文件和文件夹所在的路径，通过它还可以访问 Internet 中的资源。

（3）搜索栏

在搜索栏中，用户可将所要查找的目标名称输入"搜索"文本框，按<Enter>键或者单击"搜索"按钮进行查找。

（4）控制按钮区

控制按钮区有 3 个控制按钮，分别为"最小化"按钮 －、"最大化"按钮 □ （当窗口最大化时，该按钮变为"向下还原"按钮 ▢ ）和"关闭"按钮 × 。

① 单击"最小化"按钮 － ，窗口将缩放到桌面任务栏的程序按钮区中。窗口最小化后，程序仍继续运行，单击程序按钮区中的程序按钮可以将窗口恢复到原始大小。

② 单击"最大化"按钮 □ ，窗口将放大到整个屏幕大小，可以看到窗口中更多的内容，此时"最大化"按钮 □ 变为"向下还原"按钮 ▢ ，单击"向下还原"按钮 ▢ ，窗口恢复为最大化之前的大小。

③ 单击"关闭"按钮 × ，将关闭窗口或退出程序。

（5）快速访问工具栏

快速访问工具栏由常用的命令按钮组成，单击相应的按钮可以执行相应的操作。当鼠标指针停留在快速访问工具栏的某个按钮上时，会在旁边显示该按钮的功能提示，如图 2-7 所示。其最右侧有一个下拉按钮 ▾ ，单击该下拉按钮可以自定义快速访问工具栏。

图 2-7　鼠标指针停留时显示按钮的功能提示

（6）导航窗格

导航窗格位于窗口左侧，用户可以使用导航窗格查找文件或文件夹，还可以在导航窗格中将项目直接移动或复制到新的位置。

（7）工作区

工作区是整个窗口中最大的组成区域，用于显示窗口中的操作对象和操作结果。另外，双击窗口中的对象图标也可以打开相应的窗口。当窗口中显示的内容太多时，就会在窗口的右侧出现垂直滚动条，单击滚动条两端的向上/向下按钮，或者拖动滚动条可以使窗口中的内容垂直滚动。

（8）状态栏

状态栏位于窗口的最下方，主要用于显示当前窗口的相关信息或被选中对象的状态信息，如图 2-8 所示。

19 个项目　已选择 6 个项目　16.3 MB

图 2-8　状态信息

（9）标题栏

标题栏位于窗口的最顶部，显示了当前打开的文件夹的名称。

熟悉窗口的基本操作对于操控计算机来说是非常重要的，窗口的基本操作主要包括打开窗口、关闭窗口、调整窗口的大小、移动窗口及切换窗口等。

（1）打开窗口

在 Windows 10 操作系统中，打开窗口的方法有很多种，以"此电脑"窗口为例进行介绍。

① 双击桌面上的"此电脑"图标，打开"此电脑"窗口。

② 单击"开始"按钮，在弹出的"开始"菜单中选择"文档"或"图片"命令，打开"文档"或"图片"窗口，通过导航窗格进入"此电脑"窗口。

③ 单击任务栏中的"文件资源管理器"图标，打开"此电脑"窗口。

（2）关闭窗口

当某些窗口不再使用时，可以及时关闭这些窗口，以免占用系统资源。

① 单击"关闭"按钮 ×。

② 在功能区中选择"文件"菜单中的"关闭"命令。

③ 在标题栏的空白区域单击鼠标右键，在弹出的控制菜单中选择"关闭"命令，如图 2-9 所示。

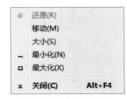

图 2-9　控制菜单

（3）调整窗口的大小

在对窗口进行操作的过程中，用户可以根据需要对窗口的大小进行调整。除了使用上文介绍的控制按钮，还可以手动调整窗口，当窗口没有处于最大化或者最小化状态时，用户可以将鼠标指针移至窗口四周的边框上，当指针呈双向箭头显示时，用鼠标拖动上、下、左、右 4 条边界线中的任意一条，可以随意改变窗口的大小，用鼠标拖动 4 个窗口对角中的任意一个，可以同时改变窗口的两条邻边的大小。

 　提示： 双击标题栏，可以使窗口在"最大化"与"还原"之间转换。

（4）移动窗口

窗口的位置是可以根据需要随意移动的，当用户要移动窗口的位置时，将鼠标指针移至窗口的标题栏上，按住鼠标左键不放并拖曳到合适的位置再松开鼠标左键即可。

提示： 除了可以使用调整和移动的方法来排列窗口，用户也可以使用命令排列窗口：在任务栏的空白处单击鼠标右键，在弹出的快捷菜单中选择符合用户需求的"层叠窗口""堆叠显示窗口""并排显示窗口"其中之一的排列方式即可，最小化的窗口是不参与排列的。

（5）切换窗口

虽然在 Windows 10 中可以同时打开多个窗口，但是当前活动窗口只能有一个，因此用户在操作过程中经常需要在当前活动窗口和非活动窗口之间进行切换。

① 利用<Alt + Tab>组合键。按住<Alt>键不放，再按<Tab>键可逐一挑选窗口图标，当选中需要使用的窗口图标时松开按键，即可打开相应的窗口，使用这种方式可以在众多窗口中快速地切换到需要的窗口。

② 利用<Alt + Esc>组合键。使用这种方法可以直接在各个窗口之间切换，但不会出现窗口图标。

③ 利用程序按钮区。每运行一个程序，就会在任务栏的程序按钮区中出现一个相应的程序按钮。单击程序按钮，即可在各个窗口之间进行切换。

5. 菜单

Windows 操作系统的功能基本体现在菜单中，只有正确地使用菜单才能用好计算机。菜单有 4 种类型：开始菜单、标准菜单（指菜单栏中的菜单）、控制菜单和快捷菜单。"开始菜单"和"控制菜单"在前面已经介绍过；"标准菜单"是按照菜单中命令的功能进行分类组织并分列在菜单栏中的项目，包括应用程序所有可以执行的命令；"快捷菜单"是针对不同的操作对象进行分类组织的项目，包含操作该对象的常用命令。

下面介绍一些有关菜单的约定。

（1）灰色的命令表示当前命令不可用。

（2）后面有三角形的命令表示该命令还有子菜单。

（3）后面有"…"的命令表示单击它会弹出一个对话框。

（4）后面有组合键的命令表示可以按组合键来完成相应的操作。

（5）命令之间的分组线表示这些命令属于不同类型的命令组。

（6）前面有"√"的命令表示已被选中，又称复选框，可以同时选择多项，或者一项也不选择。

（7）前面有"·"的命令表示已被选中，又称单选按钮，只能且必须选中一项。

（8）变化的菜单是指因操作情况不同而出现不同的命令。

6. 对话框

在 Windows 中，当选择后面带有"…"的命令时，会打开一个对话框。对话框是 Windows 和用户进行信息交流的一个界面，用于提示用户输入执行操作命令所需要的更详细的信息及确认信息，也用来显示程序运行中的提示信息、警告信息或解释无法完成任务的原因。对话框与普通的 Windows 窗口具有相似之处，但是它比一般的窗口更简洁、直观。对话框有很多形式，包含的主要组件有以下几种。

（1）选项卡：把相关功能的对话框结合在一起形成一个多功能对话框，通常将每项功能的对话框称为一个"选项卡"，单击选项卡标签可以显示相应的选项卡界面。

（2）组合框：选项卡中通常会有不同的组合框，用户可以在这些组合框中完成一些操作。

（3）文本框：需要用户输入信息的方框。

（4）下拉列表框：带下拉箭头的矩形框，其中显示的是当前选项，用鼠标单击右端的下拉按钮，可以打开供用户选择的下拉列表。

（5）列表框：显示一组可用的选项，如果列表框中不能列出全部选项，则可通过滚动条使其滚动显示。

（6）微调框：文本框与调整按钮组合在一起组成了微调框 0.5 字符 ，用户既可以输入数值，又可以通过调整按钮来设置需要的数值。

（7）单选按钮：即经常在组合框中出现的小圆圈○，通常会有多个，但是用户只能选择其中的某一个，通过鼠标单击就可以在选中、非选中状态之间进行切换，被选中的单选按钮中间会出现一个实心的小圆点，变为◉。

（8）复选框：即经常在组合框中出现的小正方形□。与单选按钮不同的是，在一个组合框中，用户可以同时选中多个复选框，各个复选框的功能是叠加的，当某个复选框被选中时，在其对应的小正方形中会显示一个对勾，变为☑。

（9）命令按钮：单击对话框中的命令按钮将执行一个命令。例如，单击"确定"或"保存"按钮，表示执行在对话框中设定的内容并关闭对话框；单击"取消"按钮表示放弃所设定的选项并关闭对话框；单击带省略号的命令按钮表示打开一个新的对话框。

 练习

1. 窗口操作

（1）打开"此电脑"窗口，熟悉窗口各组成部分。

（2）练习"最小化""最大化""还原"按钮的使用。将"此电脑"窗口设置成最小化窗口和同时含有水平、垂直滚动条的窗口。

（3）练习功能区的显示与隐藏，熟悉快速访问工具栏中各按钮的名称。

（4）观察窗口控制菜单，然后关闭该菜单。

（5）打开"图片""文档"窗口。

（6）用不同方式分别将"图片"窗口和"文档"窗口切换成当前窗口。

（7）将上述 3 个窗口分别以层叠、横向平铺、纵向平铺的方式排列。

（8）移动"图片"窗口到屏幕中间。

（9）以 3 种不同的方法关闭上述 3 个窗口。

（10）打开"开始"菜单，选择"Windows 系统"→"文件资源管理器"命令，练习滚动条的几种使用方法。

2. 菜单操作

在"查看"菜单中，练习复选框和单选按钮的使用，并观察窗口变化。

3. 对话框操作

（1）单击"查看"菜单中的"选项"按钮，打开"文件夹选项"对话框，分别浏览"常规"和"查看"两个选项卡中的内容，关闭该对话框并关闭"文件资源管理器"窗口。

（2）单击"计算机"菜单中的"打开设置"按钮，打开"设置"窗口，选择"设备"→"鼠标"选项，练习相关属性设置。

4. 拓展

将"Windows 附件"菜单中的"计算器"程序锁定到任务栏中。

2.1.3　英文打字

键盘是计算机的主要输入设备，计算机中的大部分文字是利用键盘输入的，同弹钢琴一样，快速、准确、有节奏地敲击计算机键盘上的每一个键，不但是一种技巧性很强的技能，而且是每一个学习计算机的人应该掌握的基本功。

1. 键盘结构

按功能划分，键盘总体上可分为 4 个大区，分别为主键盘区、编辑控制键区、功能键区和数字键区，如图 2-10 所示。

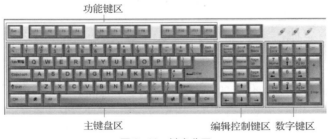

功能键区

主键盘区　　　　　　　　　　编辑控制键区　数字键区

图 2-10　键盘分区

（1）主键盘区

主键盘区是平时最为常用的键区，通过它可实现各种文字和信息的录入。主键盘区中有 8 个基本键，即左边的<A>、<S>、<D>、<F>键和右边的<J>、<K>、<L>、<；>键，其中<F>、<J>两个键上都有一个凸起的小横杠，以便盲打时能通过触觉进行定位。

（2）编辑控制键区

该键区的键是起编辑控制作用的，具体如下。

① <Ins>键可以在文字输入时控制插入和改写状态。

② <Home>键可以在编辑状态下将光标移到行首。

③ <End>键可以在编辑状态下将光标移到行尾。

④ <Page Up>键可以在编辑或浏览状态下向上翻一页。

⑤ <Page Down>键可以在编辑或浏览状态下向下翻一页。

⑥ <Delete>键用于在编辑状态下删除光标后的第一个字符。

（3）功能键区

一般键盘上会有<F1>~<F12>这 12 个功能键，有的键盘可能有 14 个功能键，它们最大的一个特点是按下即可完成一定的功能，如<F1>键往往被设置为当前运行程序的帮助键。现在有些计算机厂商为了进一步方便用户，还设置了一些特定的功能键，如单键上网、收发电子邮件等。

（4）数字键区

数字键区的键和主键盘区、编辑控制键区的某些键是重复的，主要是为了方便集中输入数据，因为主键盘区的数字键一字排开，大量输入数据很不方便，而数字键区的数字键是集中放置的，可以很好地解决这个问题。数字键区的基本指法为将右手的食指、中指、无名指分别放在<4>、<5>、<6>键上，打字的时候，<0>、<1>、<4>、<7>、<Num Lock>键由食指负责；</>、<8>、<5>、<2>键由中指负责；<*>、<9>、<6>、<3>、<Delete>键由无名指负责；<->、<+>、<Enter>键由小指负责。需要注意的是，数字键区的数字只有在其上方的 Num Lock 指示灯亮时才能输入，这个指示灯是由<Num Lock>键控制的，当 Num Lock 指示灯不亮的时候，数字键区的作用变为对应的编辑键区的按键功能。

2. 键盘操作指法

（1）正确坐姿

打字时，全身要自然放松，胸部挺起略微前倾，双臂自然靠近身体两侧，两手位于键盘的上方，与键盘横向垂直，手腕抬起，十指略向内弯曲，自然地虚放在对应的键位上面。

打字时不要看键盘，要学会盲打，这一点非常重要。初学者因记不住键位，往往忍不住要看着键盘打字，一定要避免这种情况，实在记不住时，可以先看一下键盘，然后移开视线，再按指法要求输入。只有这样，才能逐渐做到凭手感而不是凭记忆去找到每一个键的准确位置。

严格按规范打字，既然各个手指已分工明确，就得各司其职，不要"越俎代庖"，一旦敲错了键，或是用错了手指，一定要用右手小指按<Backspace>键，重新按指法输入正确的字符。

（2）键盘指法

① 基本键指法。开始打字前，左手小指、无名指、中指和食指应分别虚放在<A>、<S>、<D>、<F>键上，右手的食指、中指、无名指和小指应分别虚放在<J>、<K>、<L>和<；>键上，两个大拇指则虚放在<Space>键上。基本键是打字时手指所处的基准位置，按其他任何键时，手指都是从这里出发的且打完字后应立即退回到对应的基本键位上。

② 其他键的手指分工。左手食指负责的键位有<4>、<5>、<R>、<T>、<F>、<G>、<V>、<B>共 8 个键，中指负责<3>、<E>、<D>、<C>共 4 个键，无名指负责<2>、<W>、<S>、<X>共 4 个键，小指负责<1>、<Q>、<A>、<Z>及其左边的所有键位。

右手食指负责<6>、<7>、<Y>、<U>、<H>、<J>、<N>、<M>共 8 个键，中指负责<8>、<I>、<K>和<，>共 4 个键，无名指负责<9>、<O>、<L>和<.>共 4 个键，小指负责<0>、<P>、<；>、</>及其右边的所有键位。

如此划分，整个键盘的手指分工就一清二楚了，如图 2-11 所示，按任何键时，把手指从基本键移到相应的键上，正确输入后，再返回基本键位即可。

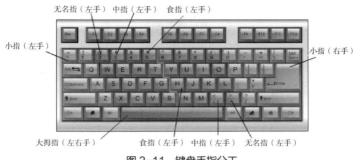

无名指（左手）　中指（左手）　食指（左手）

小指（左手）　　　　　　　　　　　　　　　　　　　　　　小指（右手）

大拇指（左右手）　　　食指（左手）　中指（左手）　无名指（左手）

图 2-11　键盘手指分工

练习

（1）选择"开始"→"Windows 附件"→"记事本"命令，按顺序输入 26 个英文字母后，再选择"文件"菜单中的"另存为"命令，在弹出的"另存为"对话框的"保存在"列表框中选择"桌面"选项，在"文件名"文本框中输入"LX1.txt"，单击"保存"按钮并关闭所有窗口。

（2）使用打字软件进行英文打字练习。

2.2　个性化设置——Windows 设置

项目情境

过完充实的寒假，大一下学期的生活拉开了序幕。小 C 带着寒假新置办的笔记本电脑来到学校。学生会办公室里，其他同学非常羡慕小 C 的笔记本电脑的个性化设置，纷纷向小 C 请教。

学习清单

Windows 设置、壁纸、屏幕保护程序、打印机、中文输入。

具体内容

2.2.1　个性桌面我做主

计算机个性化设置，主要使用的是"Windows 设置"窗口中的专门用于更改 Windows 外观和行为方式的工具。有些工具可以用来调整计算机设置，从而使操作计算机变得更加有趣或更加容易。譬如，可以通过"鼠标"设置将标准鼠标指针替换为可以在屏幕上移动的动画图标，或者通过"声音和音频设备"设置将标准的系统声音替换为自己选择的声音；如果习惯使用左手，则可以更改鼠标按键，使用右键执行选择和拖曳等主要功能。和之前版本的 Windows 操作系统一样，Windows 10 提供了多种主题和外观样式。

单击"开始"按钮，在弹出的"开始"菜单中选择"设置"命令，即可打开"Windows 设置"窗口，如图 2-12 所示。

图 2-12 "Windows 设置"窗口

1. 用户账户设置

Windows 支持多用户，即允许多个用户使用同一台计算机，每个用户只拥有对自己建立的文件或共享文件的读写权限，而对于其他用户的文件资料则无权访问。可以通过如下步骤在一台计算机上创建新的账户。

（1）在"Windows 设置"窗口中单击"账户"按钮，打开"账户信息"窗口。

（2）选择"家庭和其他用户"选项，打开"家庭和其他用户"窗口。

（3）单击"将其他人添加到这台电脑"按钮，根据提示输入相关信息，为新账户输入一个名字，单击"下一步"按钮，单击"更改账户类型"按钮，可选择"管理员"或"标准用户"账户类型。"管理员"账户拥有最高权限，可以查看计算机中的所有内容，如果设置为"标准用户"账户，则有些功能将被限制使用。创建新账户的过程如图 2-13 所示。

图 2-13 创建新账户的过程

2. 更改外观和主题

在"Windows 设置"窗口中，选择"个性化"选项，打开"个性化"窗口，在这里可以设置计算机的主题、桌面背景、锁屏界面、桌面图标、鼠标属性等。

（1）更换主题。Windows 10 操作系统提供了多种 Windows 主题，每个主题都集合了桌面背景、窗口颜色、声音和屏幕保护程序等元素，设置某个主题后，这些元素都将随之改变，用户可以根据需要设置自己喜欢的主题样式。具体设置的时候，可以在"个性化"窗口的"主题"选项卡中选择不同的主题，使 Windows 按不同的风格呈现，也可以通过对"背景""颜色""声音""鼠标光标"分别进行设置来获得自定义主题，如图 2-14 所示。

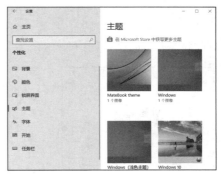

图 2-14 在"主题"选项卡中更换主题

（2）更换桌面背景。在"个性化"窗口的"背景"选项卡中，可以设置背景为"图片""纯色""幻灯片放映"和"Windows 聚集"4 种类型，如图 2-15 所示。以图片类型为例，可单击"浏览"按钮选择想要的背景图片。Windows 10 中的桌面背景有 6 种显示方式，分别是填充、适应、拉伸、平铺、居中和跨区，用户可以在"选择契合度"下拉列表中选择合适的选项进行设置。

> **提示**：还有一种更加方便的设置桌面背景的方法，即选择自己喜欢的图片，在图片上单击鼠标右键，在弹出的快捷菜单中选择"设置为"→"设置为背景"命令。

（3）设置锁屏界面。启动计算机时，在进入系统登录界面之前将显示系统锁屏界面，如果在屏幕保护程序中选中"在恢复时显示登录屏幕"复选框，那么在恢复计算机时也会首先显示锁屏界面，用户可以根据自己的喜好更改锁屏界面的背景图片。在"个性化"窗口的"锁屏界面"选项卡中，可将背景设置为"Windows 聚焦""图片"或者"幻灯片放映"，如图 2-16 所示。

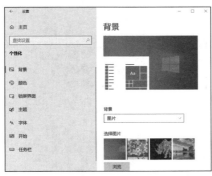

图 2-15 在"背景"选项卡中更改桌面背景   图 2-16 在"锁屏界面"选项卡中更改锁屏背景

屏幕保护程序也可在"锁屏界面"选项卡中设置。当较长时间内不对计算机进行任何操作时，屏幕上显示的内容没有任何变化，显示器局部持续显示的强光会造成屏幕的损坏，使用屏幕保护程序可以避免这类情况的发生。屏幕保护程序是指在设定的时间内，当屏幕没有发生任何变化时，计算机自动启动一段程序来使屏幕不断变化或仅显示黑色；当用户需要使用计算机时，只需要单击鼠标或按任意键就可以恢复正常使用。在"个性化"窗口的"锁屏界面"选项卡中，单击"屏幕保护程序设置"按钮，打开"屏幕保护程序设置"对话框，如图 2-17 所示，打开"屏幕保护程序"下方的下拉列表，选择一种屏幕保护程序，在"等待"微调框中输入或选择用户停止操作后经过多长时间激活屏幕保护程序，然后单击"确定"按钮。

在默认情况下，系统为计算机提供的电源计划是"平衡"，这个计划可以使计算机在需要完全性能时提供完全性能，在不需要完全性能时节省电能。用户可以进一步更改电源设置，通过调整显示亮度和其他电源设置，达到节省能源或者使计算机提供最佳性能的目的。在"屏幕保护程序设置"对话框中，单击"电源管理"选项组中的"更改电源设置"超链接，打开"电源选项"窗口，单击"更改计划设置"按钮，打开"编辑计划设置"窗口，设置"关闭显示器"和"使计算机进入睡眠状态"的时间，如图 2-18 所示。

图 2-17　"屏幕保护程序设置"对话框　　　　图 2-18　"编辑计划设置"对话框

（4）设置桌面图标。在 Windows 10 中，可以自定义桌面图标的样式，如果对系统默认的图标样式不满意，则可以自行更改。在"个性化"窗口的"主题"选项卡中，单击"桌面图标设置"按钮，打开"桌面图标设置"对话框，在"桌面图标"列表框中选中相应的复选框，可以使对应的图标在桌面上显示出来。如果对系统默认的图标样式不满意，则可以进行更改，选择想要修改的图标。单击"桌面图标设置"对话框中的"更改图标"按钮，打开"更改图标"对话框，如图 2-19 所示，在列表框中选择喜欢的图标或者单击"浏览"按钮，重新选择图标。

图 2-19　设置桌面图标并更改图标样式

提示：在桌面上单击鼠标右键，在弹出的快捷菜单中选择"个性化"命令，也可以打开"个性化"窗口，进行以上各项设置。

（5）设置鼠标属性。在计算机中，鼠标是一种极其重要的设备，鼠标的性能会直接影响用户的工作效率，用户可以根据自己的需要对鼠标进行相应的设置。在"个性化"窗口中，单击"主题"选项卡中的"鼠标光标"按钮，打开"鼠标 属性"对话框，如图 2-20 所示。选择不同的选项卡，可以分别设置双击鼠标的速度、左手型或右手型鼠标、鼠标指针的大小和形状、鼠标滚轮的滚动幅度等。

图 2-20　"鼠标 属性"对话框

3. 自定义任务栏和"开始"菜单

在 Windows 10 中，任务栏不仅有了全新的外观，还增加了许多令人惊叹的功能，系统默认的任务栏设置不一定适合每一个用户，用户可以对任务栏进行个性化设置。

（1）设置任务栏外观

在"个性化"窗口的"任务栏"选项卡中，可以对是否锁定任务栏、是否自动隐藏任务栏、是否在任务栏按钮上显示角标、任务栏显示的位置和任务栏程序按钮区中按钮的模式进行设置，如图 2-21 所示。

（2）设置任务栏图标

任务栏的通知区域中显示了系统的相关信息，如网络、扬声器、语言、日期等，还可以显示应用程序的图标和消息等。当通知区域显示的图标很多时，用户可以选择将一些常用图标设置为始终保持可见状态，另一些图标则保留在溢出区中。

在"个性化"窗口的"任务栏"选项卡中，单击"选择哪些图标显示在任务栏上"按钮，打开"选择哪些图标显示在任务栏上"窗口，对于要在任务栏中显示的图标，将其开关打开即可，对于不需要显示的图标，将其开关关闭即可，如图 2-22 所示。

（3）设置系统图标

单击"打开或关闭系统图标"按钮，在"打开或关闭系统图标"窗口中，选择要在任务栏中显示的图标，操作方法同上，如图 2-23 所示。

图 2-21　设置任务栏外观　　　　图 2-22　设置任务栏图标　　　　图 2-23　设置系统图标

（4）查看所有应用程序

Windows 10的"开始"屏幕融合了Windows 7和Windows 8的特点，在传统的Windows 7 "开始"菜单旁增加了Windows 8的Modern风格的区域，使得Windows 10在面向普通大众时更容易被接受。

在Windows 10中查看所有应用程序的方法与Windows 7相似，在屏幕左下角单击"开始"按钮，打开"开始"菜单进行查看，如果在"个性化"窗口中设置了显示"开始"菜单中的应用列表，则可以直接查看系统自带和已安装的应用程序，如果没有设置，则可以选择"所有应用"选项，查看所有应用程序，如图2-24所示。

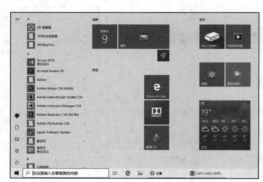

图 2-24　查看所有应用程序

（5）快速搜索应用程序

Windows 10保留了Windows 8的超级按钮功能，其中包括"搜索"功能，通过这个功能，用户可以搜索计算机中的所有应用程序。在任务栏上单击鼠标右键，在弹出的快捷菜单中选择"搜索"→"显示搜索框"命令，即可在任务栏上显示搜索框。在搜索框中输入要搜索的应用，在搜索框上方会显示搜索到的应用，选择相应选项即可将其打开。

（6）设置"开始"屏幕中的应用

一些桌面应用安装完成后会自动固定到"开始"屏幕中，如果用户常用的某个桌面应用没有显示在"开始"屏幕中，则可以将这个应用固定到"开始"屏幕中，以方便使用。在"开始"菜单中找到要固定的应用，单击鼠标右键，在弹出的快捷菜单中选择"固定到'开始'屏幕"命令，该应用就会被固定到"开始"屏幕。想要取消固定不常用的应用，可单击鼠标右键，在弹出的快捷菜单中选择"从'开始'屏幕取消固定"命令，该应用就会从"开始"屏幕中消失，如图2-25所示。

图 2-25　在"开始"屏幕中设置和取消固定应用

4. 设置打印机

在用户使用计算机的过程中，有时需要将一些文档或图片以书面的形式输出，这时就需要使用打印机。

在Windows 10中，用户不但可以在本地计算机上安装打印机，还可以安装网络打印机，使用网络中的共享打印机来完成打印任务。

（1）安装本地打印机

Windows 10 自带了一些硬件的驱动程序，在启动计算机的过程中，系统会自动搜索并连接新硬件，加载其驱动程序。

如果连接的打印机的驱动程序没有在系统的硬件列表中显示，则需要进行手动安装，安装步骤如下。

① 在"Windows 设置"窗口中，单击"设备"按钮，打开"设备"窗口，单击"打印机和扫描仪"选项卡中的"添加打印机或扫描仪"按钮，如图 2-26 所示，单击"我需要的打印机不在列表中"超链接，启动"添加打印机"向导。

② 选中"通过手动设置添加本地打印机或网络打印机"单选按钮，单击"下一步"按钮，打开"选择打印机端口"界面。这一步要求用户选择安装打印机使用的端口，在"使用现有的端口"下拉列表中提供了多种端口，系统推荐的打印机端口是 LPT1，如图 2-27 所示。

图 2-26 单击"添加打印机或扫描仪"按钮

图 2-27 "选择打印机端口"界面

提示： 大多数计算机是使用 LPT1 端口与本地计算机通信的，如果用户使用的端口不在列表中，则可以选中"创建新端口"单选按钮来创建新的通信端口。

③ 选定端口后，单击"下一步"按钮，打开"安装打印机驱动程序"界面。左侧的"厂商"列表框中罗列了打印机的生产厂商，选择某厂商时，右侧的"打印机"列表框中会显示该生产厂商相应的产品型号，如图 2-28 所示。

④ 如果用户安装的打印机厂商和型号未在列表框中显示，则可以使用打印机附带的安装光盘进行安装。单击"从磁盘安装"按钮，输入驱动程序文件的正确路径，返回"安装打印机驱动程序"界面即可。

⑤ 单击"下一步"按钮，打开"键入打印机名称"界面，在"打印机名称"文本框中为打印机重新命名，如图 2-29 所示。

图 2-28 "安装打印机驱动程序"界面

图 2-29 "键入打印机名称"界面

⑥ 单击"下一步"按钮，屏幕上会出现"正在安装打印机"提示信息，并显示打印机安装进度，如图 2-30 所示。安装完成后，会进入"打印机共享"界面，在该界面中，用户可以设置是否共享该打印机，最后显示打印机已成功添加，如果用户要确认打印机是否连接正确及是否顺利安装驱动，则可以单击"打印测试页"按钮，如图 2-31 所示，这时打印机会进行测试页的打印。

> 提示：当用户处于有多台共享打印机的网络中时，如果打印作业未指定打印机，将在默认的打印机上进行打印。

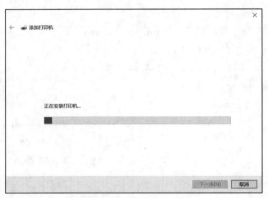

图 2-30　打印机安装进度　　　　　　　图 2-31　单击"打印测试页"按钮

⑦ 这时已完成添加打印机的工作，单击"完成"按钮，在"设备和打印机"窗口中会出现刚刚添加的打印机的图标，如果用户需要打开打印队列或是对打印机进行管理和删除操作，则可以通过其下方的"打开队列""管理""删除设备"按钮完成，如图 2-32 所示。

⑧ 单击"打开队列"按钮，在弹出的打印机队列窗口中打开"打印机"菜单，选择"设置为默认打印机"命令，可将安装的打印机设置为默认打印机，如图 2-33 所示。

图 2-32　成功添加打印机

图 2-33　将安装的打印机设置为默认打印机

⑨ 也可以单击"管理"按钮，在打开的"管理设备"对话框中，选择"硬件属性"选项，打开打印机属性对话框，如图 2-34 所示。在"设置"选项卡中单击"设备和打印机文件夹"按钮，打开"设备和打印机"对话框，在安装的打印机上单击鼠标右键，在弹出的快捷菜单中选择"创建快捷方式"命令，可以将打印机的快捷方式创建到桌面上，如图 2-35 所示。

图 2-34　打印机属性对话框

图 2-35　将打印机的快捷方式创建到桌面上

（2）安装网络打印机

如果用户是处于网络中的，而网络中有已共享的打印机，那么用户可以添加网络打印机驱动程序来使用网络中的共享打印机进行打印。

网络打印机的安装与本地打印机的安装过程是类似的，操作步骤如下。

① 此步的操作同安装本地打印机。

② 在"按其他选项查找打印机"界面中选中"添加可检测到蓝牙、无线或网络的打印机"单选按钮，如图 2-36 所示。

③ 也可以选择通过"按名称选择共享打印机"或"使用 TCP/IP 地址或主机名添加打印机"的方式进行连接，如图 2-37 所示，单击"下一步"按钮进行连接，完成网络打印机的安装，此后用户就可以使用网络打印机进行打印了。

图 2-36　选择安装网络打印机

图 2-37　按名称或者使用 TCP/IP 地址或主机名查找打印机

（3）打印文档

打印机安装完成后，就可以进行文档的打印了。打印文档比较常用的方法是选择打开文档的应用程序的"文件"菜单中的"打印"命令。

除了常规方法，也可以把要打印的文件拖曳到打印机的队列窗口中进行打印或者直接在需要打印的文档上单击鼠标右键，选择"打印"命令。

5. 添加或删除程序

应用软件的安装和卸载可以通过双击安装程序和使用软件自带的卸载程序完成，"Windows 设置"窗口也提供了"卸载程序"功能。

在"Windows 设置"窗口中，选择"应用"选项，打开"应用和功能"窗口。在"应用和功能"列表框中会列出当前安装的所有程序，选中某一程序后，单击"修改"或"卸载"按钮可以修复或卸载该程序，如图 2-38 所示。

6. 设置日期和时间

选择"Windows 设置"窗口中的"时间和语言"选项，打开"时间和语言"窗口，选择"日期和时间"选项，打开"日期和时间"窗口，如图 2-39 所示，单击"更改"按钮，可以手动设置日期和时间，也可以打开"自动设置时间"开关，让系统进行自动设置。

图 2-38　在"应用和功能"窗口中卸载或修复程序　　　图 2-39　"日期和时间"窗口

7. 设置区域和语言选项

选择"时间和语言"窗口中的"区域"选项，打开"区域"窗口，设置"国家或地区"和"区域格式"。

选择"语言"选项，打开"语言"窗口，如图 2-40 所示。选择"拼写、键入和键盘设置"选项，在"输入"窗口中单击"高级键盘设置"超链接，打开"高级键盘设置"窗口，根据需要调整输入法。

图 2-40　在"语言""输入"和"高级键盘设置"窗口中调整输入法

 练习

（1）查看并设置日期和时间。

（2）查看并设置鼠标属性。

（3）将计算机桌面壁纸设置为"Windows"，将屏幕保护程序设置为"3D 文字"，将文字设置为"计算机应用基础"，将字体设置为"微软雅黑"，并将旋转类型设置为"摇摆式"。

（4）安装打印机"HP DJ 4670 series"，并将其设置为默认打印机，在计算机桌面上创建该打印机的快捷方式，将其命名为"惠普打印"。

2.2.2　计算机中的输入法

1.　中文输入法分类

计算机上使用的中文输入法很多，可分为键盘输入法和非键盘输入法两类。

键盘输入法通过输入中文输入码的方式输入中文，通常要敲击 1～4 个键来输入一个汉字，它的输入码主要有拼音码、区位码、纯形码、音型码和形音码等，用户需要会拼音或记住输入码才能使用，并且需要经过一定时间的练习才能达到令人满意的输入速度。键盘输入法的特点是输入速度快、正确率高，是最常用的一种中文输入方法。

非键盘输入法是采用手写、听写等进行中文输入的一种方式，如手写笔、语音识别。Windows 10 集成了语音识别系统，用户可以使用它来代替鼠标和键盘操作计算机，启动语音识别功能可以在"控制面板"的"轻松访问中心"中进行设置。

中文输入法很多，常见的输入法有五笔字型、搜狗拼音、中文双拼、微软拼音 ABC、区位码等。

2.　在 Windows 中选用中文输入法

（1）使用键盘操作

＜Ctrl+Space＞：在当前中文输入法与英文输入法之间切换。

 提示：＜Ctrl+Space＞表示同时按下＜Ctrl＞键和 Space 键。

（2）使用鼠标操作

① 单击输入法图标以选择相应输入法。

② 单击中/英文切换按钮。

3.　搜狗拼音输入法的使用

搜狗拼音输入法是一种易学易用的中文输入法，只要会拼音就能进行中文输入，下面将以搜狗拼音输入法为例来介绍中文输入法的使用。

（1）搜狗拼音输入法的状态条

选用了搜狗拼音输入法后，屏幕右下方会出现一个搜狗拼音输入法的状态条，如图 2-41 所示。

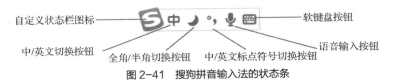

图 2-41　搜狗拼音输入法的状态条

在此状态条中，可以通过单击对应的按钮来设置输入状态，各按钮对应的含义如下。

① 自定义状态栏图标。单击该按钮，可以在弹出的快捷菜单中选择需要的输入功能。

② 中/英文切换按钮。单击该按钮，可在中/英文输入状态之间进行切换。

③ 全角/半角切换按钮。单击该按钮，可进入全角字符输入状态，全角字符即中文的显示形式，再单击该按钮即可回到半角字符状态。

④ 中/英文标点符号切换按钮。其可显示当前输入的是中文标点符号还是英文标点符号。

⑤ 语音输入按钮。单击该按钮，可以通过语音完成输入。

⑥ 软键盘按钮。单击该按钮，打开软键盘，可以通过软键盘输入字符，还可以输入许多键盘上没有的符号，再次单击软键盘按钮，可关闭软键盘。在软键盘按钮上单击鼠标右键，在弹出的快捷菜单中可以选择不同的软键盘，不同的软键盘提供了不同的键盘符号。选择软键盘类型后，相应的"特殊符号"软键盘会显示在屏幕上，如图 2-42 所示。

图2-42 "特殊符号"软键盘

（2）搜狗拼音输入法的使用方法

① 中文输入界面。"候选"窗口将提供可选择的中文，按<+>和<->（或逗号<,>和句号<.>）键可进行前后翻页，如图2-43所示。

图2-43 搜狗拼音输入法输入中文时的"候选"窗口

💡 提示：按<Esc>键可关闭"候选"窗口，取消当前输入。

② 大小写切换。在输入中文时，应使系统处于小写状态，并且确保输入法处于中文输入状态。在大写状态下不能输入中文，按<Caps Lock>键可以切换到小写状态。

③ 全角/半角切换。单击全角/半角切换按钮或按<Shift+Space>组合键即可切换全角和半角状态。

④ 中/英文标点符号切换。单击中/英文标点符号切换按钮或按<Ctrl+·>组合键即可切换中/英文标点符号。图2-44所示为中文标点符号对应的键位。

4. 在Windows中安装和删除中文输入法

在输入法状态条上单击鼠标右键，在弹出的快捷菜单中选择"输入法管理"命令，打开"输入法管理器"对话框，可在其中进行输入法的安装和删除。

 练习

（1）添加/删除输入法。

（2）打开"记事本"程序，在计算机桌面上建立"打字练习.txt"，在该文件中正确输入以下文字信息（英文字母和数字采用半角，其他符号采用全角，空格采用全角、半角均可）。

在人口密集的地区，由于很多用户有可能共用同一无线信道，因此数据流量会低于其他种类的宽带无线服务。它的实际数据流量为500kbit/s～1Mbit/s，这对于中小型客户来说已经比较理想了。虽然使用这项服务的方法非常简单，但是网络管理员必须做到对许多因素（如服务的可用性、网络性能和QoS等）心中有数。

中文标点符号	标点符号名称	键位	说明	中文标点符号	标点符号名称	键位	说明
。	句号	.		（ ）	括号	(	自动配对
，	逗号	,		《 》	书名号	<	自动配对
；	分号	;		……	省略号	^	双符处理
：	冒号	:		——	破折号	–	双符处理
？	问号	?		、	顿号	\	
！	叹号	!		·	间隔号	'	
""	双引号	"	自动配对	－	连接号	–	全角状态
' '	单引号	'	自动配对	￥	人民币符号	$	

图 2-44　中文标点符号对应的键位

2.3　玩转资源——文件

 项目情境

某日，小 C 接到一个学妹的求助电话，说自己有一份很重要的文件怎么也找不到了，问小 C 有没有什么办法，请他来帮帮忙。小 C 去了一看，难怪文件找不到了，这个学妹的计算机文件还真是够乱的呀！

 学习清单

文件、文件夹、命名规则、属性、存储路径、盘符、树型文件夹结构、显示方式、排列方式、磁盘属性、文件资源管理器、选定、新建、复制、移动、删除、还原、重命名、搜索、通配符。

2.3.1　计算机中的信息规划

用户存储的信息是以文件的形式存放在磁盘中的，计算机中的文件非常多，如果将这些文件统统放到一个地方，则查找、添加、删除、重命名等操作都会非常麻烦，只有将磁盘中的这些文件合理地放入文件夹，操作时才能很快地找到文件的位置，因此建议用户将文件分门别类地存储。

1. 文件和文件夹

文件是具有名称的相关联的一组信息的集合，任何信息（如声音、文字、影像、程序等）都是以文件的形式存放在计算机的外存储器中的，磁盘中的每一个文件都有自己的属性，如文件的名称、大小、创建或修改时间等。

磁盘中可以存放很多不同的文件，为了便于管理，一般把文件存放在不同的文件夹中，就像在日常工作中把不同的文件资料保存在不同的文件夹中一样。在计算机中，文件夹是放置文件的一个逻辑空间，文件夹中除了可以存放文件，还可以存放文件夹，存放的文件夹称为"子文件夹"，而存放子文件夹的文件夹叫作"父文件夹"，磁盘最高级的文件夹称为"根文件夹"。

2. 文件和文件夹的命名规则

（1）文件名由主文件名和扩展名组成，形式为"主文件名.扩展名"。

（2）文件类型由不同的扩展名来表示，分为程序文件（.com、.exe、.bat）和数据文件。

（3）文件名最多包含 255 个字符，可包含汉字字符、26 个大小写英文字母、0～9 共 10 个阿拉伯数字和其他特殊符号，但不能包含空格符、\、/、:、*、?、"、<、>、|，如图 2-45 所示。

（4）保留用户指定的大小写格式，但不能利用大小写区分文件名，例如，ABC.docx 与 abc.docx 表示同一个文件。

> 文件名不能包含下列字符：
> 空格符　\ / : * ? " < > |

图 2-45　文件名不能包含的字符

（5）不合法的文件名有 Aux、Com1、Com2、Com3、Com4、Con、Lpt1、Lpt2、Pm、Nul，因为系统已对这些文件名做了定义。

（6）文件夹与文件的命名规则类似，但是文件夹没有扩展名。

> **提示：** 在绝大多数操作系统中，文件的扩展名用于表示文件的类型，不同类型的文件有着不同的扩展名，如文本文件的扩展名为.txt，声音文件的扩展名为.wav、.mp3、.mid等，图形文件的扩展名为.bmp、.jpg、.gif等，视频文件的扩展名为.rm、.avi、.mpg、.mp4等，压缩包文件的扩展名为.rar、.zip等，网页文件的扩展名为.htm、.html等，Word文档的扩展名为.docx，Excel工作表的扩展名为.xlsx，PowerPoint演示文档的扩展名为.pptx等。

3. 文件和文件夹的属性

在 Windows 操作系统中，文件和文件夹都有其自身特有的信息，包括文件的类型、在磁盘中的位置、所占空间的大小、创建和修改时间，以及文件在磁盘中存在的方式等，这些信息统称为文件的属性。

一般文件在磁盘中存在的方式有"只读""存档""隐藏"等类型。"只读"是指文件只允许阅读，不允许修改；"存档"是指普通的文件；"隐藏"是指将文件隐藏起来，在一般的文件操作中不显示被隐藏的文件。

用鼠标右键单击文件或文件夹，在弹出的快捷菜单中选择"属性"命令，打开"属性"对话框，可以改变文件的属性。

提示：在 Windows 中，如果想要显示隐藏的文件和文件夹，以及文件扩展名，则可以在"查看"选项卡中选中"文件扩展名"和"隐藏的项目"复选框。

4. 树型文件夹结构和文件的存储路径

对于存储的文件，Windows 是通过文件夹进行管理的。Windows 采用了多层级的文件夹结构。前面已经讲过，对于同一个磁盘而言，它的最高级文件夹被称为根文件夹。根文件夹的名称是系统规定的，统一用反斜杠"\"结尾。在根文件夹中可以存放文件，也可以建立子文件夹。子文件夹的名称由用户指定，子文件夹下又可以存放文件和建立子文件夹。这就像一棵倒置的树，根文件夹是树根，各个子文件夹是树的枝杈，而文件是树的叶子，叶子上是不能再长出枝杈来的。这种多层级文件夹结构被称为"树型文件夹结构"，如图 2-46 所示。

访问一个文件必须有 3 个要素，即文件所在的驱动器、文件在树型文件夹结构中的位置和文件的名称。文件在树型文件夹中的位置可以用从根文件夹出发，到达该文件所在的子文件夹之间依次经过一连串用反斜杠隔开的文件夹名的序列来表示，这个序列称为"路径"。

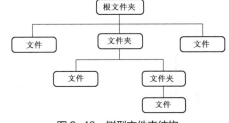

图 2-46 树型文件夹结构

（1）磁盘驱动器名（盘符）。磁盘驱动器名是 DOS 分配给驱动器的符号，用于指明文件的位置。"A:"和"B:"是软盘驱动器名称，表示 A 盘和 B 盘；"C:""D:"…"Z:"是硬盘驱动器和光盘驱动器名称，表示 C 盘、D 盘……Z 盘。

（2）路径。路径是用一串反斜杠"\"隔开的一组文件夹的名称，用来指明文件所在位置。例如，C:\WINDOWS\Help\apps.chm 表示在 C 盘根文件夹下有一个"WINDOWS"子文件夹，在"WINDOWS"子文件夹中有一个"Help"子文件夹，在"Help"子文件夹中存放着一个"apps.chm"文件。

2.3.2 计算机中的信息管家

Windows 10 主要是通过"此电脑"和"文件资源管理器"来管理文件和文件夹的。

1. 此电脑

要使用磁盘和文件等资源，最方便的方法就是双击桌面上的"此电脑"图标，打开"此电脑"窗口，如图 2-47 所示。"此电脑"窗口的组成已在本书的 2.1.2 小节中详细介绍了，主要包括功能区、快速访问工具栏、地址栏、导航窗格、状态栏、工作区等部分。Windows 10 在工作区中列出了计算机中各个磁盘的图标，下面以 C 盘为例说明磁盘的基本操作。

（1）查看磁盘中的内容

在"此电脑"窗口中双击 C 盘图标，打开 C 盘，如图 2-48 所示。该窗口的状态栏显示该磁盘中共有 8 个项目，如果要打开某一个文件或文件夹，则双击该文件或文件夹即可。

图 2-47 "此电脑"窗口

图 2-48 C 盘

① 改变显示方式。可以根据需要选择使用不同的图标方式显示磁盘内容，单击功能区的"查看"菜单中的"超大图标""大图标""中等图标""小图标""列表""详细信息""平铺""内容"按钮，可以切换不同的显示方式，也可以通过在空白区域单击鼠标右键，在弹出的快捷菜单中选择"查看"子菜单中相应的显示方式来进行切换，如图 2-49 所示。

② 改变排列方式。为了方便地查看磁盘中的文件，可以使窗口中显示的文件和文件夹按照一定的方式进行排序。单击功能区的"查看"菜单中的"排序方式"下拉按钮，可选择"名称""修改日期""类型""大小"等选项，如图 2-50 所示。

图 2-49　改变显示方式

图 2-50　改变排列方式

（2）查看磁盘属性

在"此电脑"窗口的"平铺"查看方式下，磁盘名下方将显示磁盘的可用空间和总容量。

如果要更加详细地查看磁盘属性，则可以用鼠标右键单击该磁盘的图标，在弹出的快捷菜单中选择"属性"命令，打开"Windows（C:）属性"对话框，如图 2-51 所示，选择"常规"选项卡，就能够详细了解该磁盘的类型、已用空间、可用空间、容量等属性，还可以设置磁盘卷标。

图 2-51　通过"Windows（C:）属性"对话框查看磁盘属性

2. 文件资源管理器

Windows 的"文件资源管理器"一直是用户使用计算机的时候和文件打交道的重要工具，在 Windows 10 中，新的"文件资源管理器"可以使用户更容易地完成浏览、查看、移动和复制文件及文件夹的操作。

（1）启动"文件资源管理器"

启动"文件资源管理器"的方法很多，下面列举几种常用的方法。

① 单击任务栏中的"文件资源管理器"按钮。

② 鼠标右键单击"开始"按钮，在弹出的快捷菜单中选择"文件资源管理器"命令。

③ 按<Windows+E>组合键。

（2）"文件资源管理器"的组成部分及其操作

"文件资源管理器"左侧的导航窗格用于显示磁盘和文件夹的树型分层结构，包含快速访问、此电脑、库和网络这 4 类资源。

在导航窗格中，如果磁盘或文件夹前面有"＞"，则表明该磁盘或文件夹下有子文件夹，单击"＞"可以展开其中包含的子文件夹，此时"＞"会变成"∨"，表明该磁盘或文件夹已经展开，单击"∨"可以折叠已经展开的内容。

右侧工作区用于显示在导航窗格中选中的磁盘或文件夹所包含的子文件夹及文件，双击其中的文件或文件夹可以打开相关内容。

用鼠标拖动导航窗格和工作区之间的分隔条，可以调整两个区域的大小。

在"文件资源管理器"中单击"查看"菜单中的"预览窗格"按钮后，在"文件资源管理器"中浏览文件，如文本文件、图片和视频等，可以直接预览其内容，如图2-52所示。

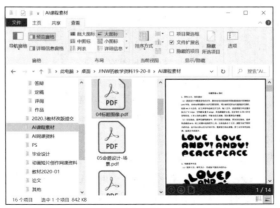

图2-52　在"文件资源管理器"中预览文件

3. 库

（1）库和文件夹一样，库中可以包含各种各样的子库与文件等，但是其本质和文件夹有很大的不同，在文件夹中保存的文件或者子文件夹都是存储在同一个位置的，而在库中存储的文件既可以是来自用户计算机的关联文件，又可以是来自移动磁盘的文件，这个差异虽然比较细微，却是传统文件夹与库之间最本质的差异。

（2）库的管理方式更加便捷，用户不用关心文件或者文件夹的具体存储位置，只需要把这些文件或者文件夹加入库中，就能够更加快捷地对其进行管理，库中并不真正存储文件，库中的对象只是各种文件夹与文件的一个快照。例如，用户在D盘和移动硬盘中存储了需要经常使用的文件，把这些文件放置到库中之后，在连接移动硬盘时，只要打开库就可以很方便地访问所需文件，而不必反复去定位D盘或移动硬盘。

 提示： "库"是一个有些抽象的概念，把文件或文件夹收纳到库中并不是将文件真正复制到"库"这个位置，而是在"库"这个功能中"登记"了这些文件或文件夹的位置，让用户可以方便地查看、管理和访问存储在多个不同位置的文件或文件夹。因此，收纳到库中的内容除它们自身占用的磁盘空间之外，几乎不会再额外占用磁盘空间，并且删除库及其内容时，也并不会影响到那些真实的文件。

4. 管理方式——文件或文件夹的操作

（1）选择文件或文件夹

① 选定单个文件或文件夹：单击所要选定的文件或文件夹。

② 选定多个连续排列的文件或文件夹：单击所要选定的第一个文件或文件夹，按住<Shift>键的同时，单击要选定的最后一个文件或文件夹。

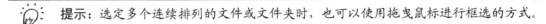 **提示：** 选定多个连续排列的文件或文件夹时，也可以使用拖曳鼠标进行框选的方式。

③ 选定多个不连续排列的文件或文件夹：单击所要选定的第一个文件或文件夹，按住<Ctrl>键的同时，逐个单击要选取的每一个文件或文件夹。

④ 全选文件或文件夹：选择"主页"菜单中的"全部选择"按钮或者按<Ctrl+A>组合键。

提示： 有时候需要选定的内容是窗口中的大多数文件或文件夹，此时可以先全部选定，再取消选择个别不需要的内容；或者单击"主页"菜单中的"反向选择"按钮。

⑤ 取消选择文件或文件夹：按住<Ctrl>键不放，单击已选定的文件或文件夹即可。如果要取消全部文件或文件夹的选定，则在空白区域中单击鼠标左键即可。

（2）管理文件或文件夹

① 新建文件夹。用户可以创建新的文件夹来存放相同类型的文件，操作如下。

在空白区域单击鼠标右键，在弹出的快捷菜单中选择"新建"→"文件夹"命令，这时在目标位置会出现一个文件夹图标，默认名称为"新建文件夹"且文件名处于选中的编辑状态，如图 2-53 所示，输入自己的文件夹名，按<Enter>键或单击空白处确认。

② 复制文件或文件夹。在实际应用中，用户有时需要将某个文件或文件夹复制到其他地方以方便使用。复制文件或文件夹是指把一个文件夹中的一些文件或文件夹复制到另一个文件夹中，原文件夹中的内容仍然存在。

实现复制文件或文件夹的方法有很多，下面介绍几种常用操作。

■ 使用剪贴板：选定要复制的文件或文件夹，在"主页"菜单中单击"复制"按钮，打开目标文件夹，单击"主页"菜单中的"粘贴"按钮，实现复制操作。此外，也可以通过按<Ctrl+C>组合键（复制）配合<Ctrl+V>组合键（粘贴）来完成操作。

■ 使用拖动：选定要复制的文件或文件夹，按住<Ctrl>键不放，用鼠标将选定的文件或文件夹拖动到目标文件夹上，此时目标文件夹会处于蓝色的选中状态，并且鼠标指针旁出现"+复制到"提示，如图 2-54 所示，松开鼠标左键即可实现复制。

③ 移动文件或文件夹。移动文件或文件夹是指把一个文件夹中的一些文件或文件夹移动到另一个文件夹中，原文件夹中的内容都转移到新文件夹中，原文件夹中的这些文件或文件夹将不再存在。

移动操作与复制操作有一些类似。使用剪贴板进行操作时，将单击"主页"菜单中的"复制"按钮改为"剪切"按钮，或者将<Ctrl+C>组合键（复制）改为<Ctrl+X>组合键（剪切）即可。使用拖动操作时，不按住<Ctrl>键完成的操作就是移动，如图 2-55 所示。

图 2-53 "新建文件夹"图标

图 2-54 将选定文件拖动到目标文件夹上进行复制

图 2-55 将选定文件拖动到目标文件夹进行移动

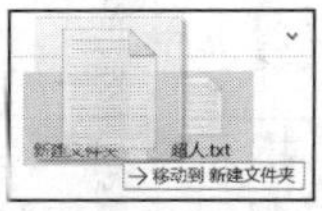

 提示：在同一磁盘的各个文件夹之间按住鼠标左键拖动文件或文件夹时，Windows 默认的操作是移动操作。在不同磁盘之间拖动文件或文件夹时，Windows 默认的操作为复制操作。如果要在不同磁盘之间实现移动操作，则可以按住<Shift>键不放，再进行拖动。

④ 删除文件或文件夹。用户可以删除一些不再需要的文件或文件夹，以便对文件或文件夹进行管理。删除后的文件或文件夹被放到"回收站"中，用户可以选择将其彻底删除或还原到原来的位置。

删除操作有 3 种方法。

■ 在要删除的文件或文件夹上单击鼠标右键，在弹出的快捷菜单中选择"删除"命令。

■ 选中要删除的文件或文件夹，在"主页"菜单中单击"删除"按钮或者按<Delete>键进行删除。

■ 将要删除的文件或文件夹直接拖曳到桌面上的"回收站"中。

执行上述任一操作后，都会弹出"删除文件"对话框，如图 2-56 所示，单击"是"按钮，则可将文件放入回收站，单击"否"按钮，将取消删除操作。

图 2-56 "删除文件"对话框——放入回收站

提示：如果在选择快捷菜单中的"删除"命令的同时按住<Shift>键，或者选中文件或文件夹后按<Shift+Delete>组合键，将弹出图 2-57 所示的对话框，可实现永久性删除，被删除的文件或文件夹将被彻底删除，不能还原。对移动存储设备中的文件进行删除操作时，无论是否使用<Shift>键，都将执行彻底删除操作。

图 2-57 "删除文件"对话框——永久性删除

⑤ 删除或还原回收站中的文件或文件夹。回收站存放了已删除的文件或文件夹，如果想恢复已经删除的文件，则可以在回收站中查找相应文件并恢复；如果磁盘空间不够，则可以通过清空回收站来释放更多的磁盘空间。删除或还原回收站中的文件或文件夹可以执行以下操作。

双击桌面上的"回收站"图标，打开"回收站"窗口，如图 2-58 所示。单击"回收站工具"菜单中的"清空回收站"按钮，可以删除回收站中所有的文件和文件夹；单击"回收站工具"菜单中的"还原所有项目"按钮，可以还原所有的文件和文件夹，若要还原某个或某些文件和文件夹，则可以先选中这些对象，再进行还原操作。

图 2-58 "回收站"窗口

⑥ 重命名文件或文件夹。重命名文件或文件夹可以让文件或文件夹更符合用户的认知习惯，操作方法如下。

选中需要重命名的文件或文件夹，单击鼠标右键，在弹出的快捷菜单中选择"重命名"命令，这时文件或文件夹的名称将处于蓝底白字的编辑状态，输入新的名称，按<Enter>键或单击空白处确认即可。此外，也可以在选中的文件或文件夹名称处单击，使其处于编辑状态。

⑦ 搜索文件或文件夹。当用户想查找某个文件夹或某种类型的文件，不记得文件或文件夹的完整名称或者存放的位置时，可以使用 Windows 提供的搜索功能进行查找，搜索步骤如下。

在"文件资源管理器"的搜索框中输入想要查找的内容，在功能区的"搜索"菜单中可以设置搜索范围，经过搜索，所有符合条件的信息将在工作区中罗列出来。

 提示：文件或文件夹的搜索也可以在任务栏的搜索框中进行。

如果用户知道要查找的文件或文件夹可能位于某个文件夹中，则可以先定位到此文件夹，再进行搜索，这样可以缩小搜索范围。

 提示：在不确定文件或文件夹名称时，可使用通配符协助搜索。通配符有两种：星号（*），代表零个或多个字符，如要查找主文件名以 A 开头、扩展名为.docx 的所有文件，则可以输入"A*.docx"；问号（?），代表单个字符，如要查找主文件名由两个字符组成、第 2 个字符为 A、扩展名为.txt 的所有文件，则可以输入"? A.txt"。

 练习

（1）在桌面上创建文件夹"fileset"，在"fileset"文件夹中新建文件"a.txt""b.docx""c.bmp""d.xlsx"，并设置"a.txt"和"b.docx"文件属性为"隐藏"，设置"c.bmp"和"d.xlsx"文件属性为"只读"，将扩展名为.txt 的文件的扩展名改为.html。

（2）将桌面上的文件夹"fileset"重命名为"fileseta"，并删除其中所有属性为"只读"的文件。

（3）在桌面上新建文件夹"filesetb"，并将文件夹"fileseta"中所有属性为"隐藏"的文件复制到该文件夹中。

（4）查找文件"calc.exe"，并将其复制到桌面上。

（5）在 C 盘中查找文件夹"Fonts"，将该文件夹中的文件"华文细黑.ttf"复制到文件夹"C:\Windows"中。

（6）将 C 盘卷标设为"系统盘"。

2.4 玩转资源——软硬件

 项目情境

学生会各部门的工作很多，但办公设备有限，一直是几个部门共用一台计算机。为了让各部门的干事都能方便、迅速地找到本部门存放的文件，提高工作效率，学生会主席让小 C 在桌面上创建好各部门文件夹的快捷方式，并顺便整理一下磁盘。

计算机应用情境教学基础教程（Windows 10+WPS Office）（微课版）（第 2 版）

学习清单

快捷方式、磁盘清理、磁盘碎片整理、磁盘查错、U 盘、写字板、记事本、计算器、画图、截图工具。

具体内容

2.4.1 条条大道通罗马——快捷方式

快捷方式是 Windows 提供的一种快速启动程序、打开文件或文件夹的方法，是应用程序或文件、文件夹的快速链接，创建经常使用的程序、文件和文件夹的快捷方式可以节省不少操作时间。

快捷方式的显著标志是在其图标的左下角有一个向右上弯曲的小箭头，如图 2-59 所示。它一般存放在桌面和任务栏这两个地方，当然，用户也可以在任意位置创建快捷方式。

1. 在桌面上创建快捷方式

在桌面上创建快捷方式的方法如下。

图 2-59 快捷方式

在要创建快捷方式的程序、文件或文件夹上单击鼠标右键，在弹出的快捷菜单中选择"发送到"→"桌面快捷方式"命令，如图 2-60 所示，即可完成桌面快捷方式的创建。

2. 在任务栏中创建快捷方式

在任务栏中创建快捷方式的方法如下。

直接将要创建快捷方式的程序、文件或文件夹拖入任务栏，如图 2-61 所示，即可完成快捷方式的创建。

图 2-60 在桌面上创建快捷方式

图 2-61 直接将要创建快捷方式的程序、文件或文件夹拖入任务栏

3. 在任意位置创建快捷方式

在任意位置创建快捷方式的方法如下。

（1）在要存放快捷方式的目标文件夹的空白区域单击鼠标右键，在弹出的快捷菜单中选择"新建"→"快捷方式"命令，打开"创建快捷方式"对话框。

（2）单击"浏览"按钮，在弹出的"浏览文件或文件夹"对话框中，选择要创建快捷方式的程序、文件或文件夹，单击"确定"按钮，回到"创建快捷方式"对话框，单击"下一步"按钮，进入"快捷方式命名"界面。

（3）输入快捷方式名称，单击"完成"按钮完成快捷方式的创建。

计算机应用情境教学基础教程（Windows 10+WPS Office）（微课版）（第2版）

提示：除了使用命令在任意位置创建快捷方式，也可以使用鼠标拖动的方式进行创建。但其拖动方式与常用的左键拖动不同，需要按住鼠标右键不放，将要创建快捷方式的对象拖动到目标位置，松开鼠标右键会弹出快捷菜单，如图 2-62 所示。选择"在当前位置创建快捷方式"命令，完成快捷方式的创建。同样，复制和移动对象也可以采用这种方式。

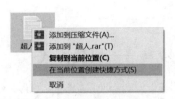

图 2-62　通过鼠标右键拖动创建快捷方式

删除快捷方式和删除文件或文件夹的方式一样，需要注意的是，即使删除了快捷方式，用户也可以通过"文件资源管理器"找到目标程序或文件、文件夹并运行它们，但如果程序、文件、文件夹被删除了，则与它们对应的快捷方式会失去作用，变得毫无意义。

 练习

（1）在任务栏中创建一个快捷方式，指向"C:\Program Files\Windows NT\Accessories\wordpad.exe"，将其命名为"写字板"。

（2）在"下载"文件夹中创建一个快捷方式，指向"C:\Program Files\Common Files\microsoft shared\MSInfo\Msinfo32.exe"，将其命名为"系统信息"。

（3）在桌面上创建一个快捷方式，指向"C:\Windows\regedit.exe"，将其命名为"注册表"。

2.4.2　玩转磁盘

在计算机的日常使用过程中，用户可能会非常频繁地进行应用程序的安装、卸载，以及文件的复制、移动、删除或者在 Internet 上下载程序、文件等各类操作，一段时间过后，计算机中会产生很多磁盘碎片及大量的临时文件，文件在存储时可能会被存放在不同的磁盘空间中，访问时需要到不同的磁盘空间去寻找该文件的各个部分，从而影响了计算机的运行速度，使工作效率明显下降。因此，用户需要定期对磁盘进行管理，让计算机始终处于较好的运行状态。

1. 磁盘清理

使用磁盘清理程序可以删除临时文件、Internet 缓存文件和可以安全删除的不需要的文件，释放它们占用的系统资源，提高系统性能。运行磁盘清理程序的方法如下。

（1）单击"开始"按钮，在弹出的"开始"菜单中选择"Windows 管理工具"→"磁盘清理"命令，打开"磁盘清理：驱动器选择"对话框。此外，也可以打开"此电脑"窗口，选中要清理的磁盘，单击"驱动器工具"菜单"管理"选项组中的"清理"按钮。

（2）在"磁盘清理：驱动器选择"对话框中选择要进行清理的磁盘，单击"确定"按钮，经过扫描后，弹出对应磁盘的"磁盘清理"对话框，如图 2-63 所示。

（3）"磁盘清理"对话框的"要删除的文件"列表框中列出了可以删除的文件类型及其所占用的磁盘空间，选中某文件类型前的复选框，在清理时即可将其删除；在"可获得的磁盘空间总量"选项组中显示了删除所有符合选中复选框文件类型的文件后可以释放的磁盘空间；在"描述"选项组中显示了当前选择的文件类型的描述信息，单击"查看文件"按钮，可以查看该文件类型中所包含文件的具体信息。

图2-63　对应磁盘的"磁盘清理"对话框

（4）单击"确定"按钮，将弹出"磁盘清理"确认对话框，单击"删除文件"按钮，弹出"磁盘清理"对话框，开始清理磁盘，如图2-64所示。清理完成后，"磁盘清理"对话框会自动关闭。

图2-64　确认后开始清理磁盘

2. 碎片整理和优化驱动器

一切程序对磁盘的读写操作都有可能在磁盘中产生碎片，随着碎片的积累，会严重影响系统性能，并造成磁盘空间的浪费。使用"碎片整理和优化驱动器"程序可以重新安排文件在磁盘中的存储位置，将文件的存储位置整理到一起，同时合并未使用的空间，达到提高运行速度的目的。运行碎片整理和优化驱动器的方法如下。

（1）单击"开始"按钮，在弹出的"开始"菜单中选择"Windows 管理工具"→"碎片整理和优化驱动器"命令，打开"优化驱动器"窗口，如图2-65所示。此外，也可以打开"此电脑"窗口，选中要清理的磁盘，单击"驱动器工具"菜单"管理"选项组中的"优化"按钮，打开"优化驱动器"窗口。

图2-65　"优化驱动器"窗口

（2）该窗口中显示了磁盘的一些状态和系统信息。选择一个磁盘，单击"优化"按钮，开始优化驱动器。

> 提示：在 Windows 10 中，允许用户同时选择多个磁盘驱动器进行碎片整理，这样能够大大缩短整理磁盘碎片需要的时间。

3. 磁盘查错

用户在频繁地进行应用程序的安装、卸载及文件的复制、移动、删除操作时，可能会出现损坏的磁盘扇区，这时可以运行磁盘查错程序，以修复文件系统的错误、恢复坏扇区等。运行磁盘查错程序的方法如下。

（1）在"此电脑"窗口中，在要进行查错的磁盘上单击鼠标右键，在弹出的快捷菜单中选择"属性"命令，打开磁盘属性对话框。

（2）在该对话框中选择"工具"选项卡，单击"查错"选项组中的"检查"按钮，打开错误检查对话框。此时，提示不需要扫描此驱动器，如果需要，则可以单击"扫描驱动器"按钮，进行磁盘查错，如图 2-66 所示。查错完成后，会弹出确认对话框。

图 2-66　进行磁盘查错

4. U 盘

除了使用磁盘空间，各类便于携带、存储容量大且价格便宜的移动存储设备的应用已经十分普及。下面就以 U 盘为例，介绍这类即插即用的移动存储设备的使用。

U 盘是通过 USB 接口与计算机相连的，在一台计算机上第一次使用 U 盘时，系统会报告"发现新硬件"，不久后继续提示"新硬件已经安装并可以使用了"，这时打开"此电脑"窗口，可以看到一个新增加的磁盘图标，叫作"可移动磁盘"；对于不是在某台计算机上第一次使用的 U 盘，可以直接打开"此电脑"窗口进行后续操作。U 盘的使用和磁盘的使用是一样的，就像平时在磁盘上操作文件那样在 U 盘上进行文件和文件夹的管理即可。

将 U 盘插入 USB 接口后，通知区域中会增加一个"安全删除硬件并弹出媒体"的图标 ；若 U 盘使用完毕，要拔出 U 盘，则需先停止 U 盘中的所有操作，关闭一切窗口，尤其是关于 U 盘的窗口，再单击"安全删除硬件并弹出媒体"图标 ，选择"弹出 TransMemory"选项，当右下角出现提示"'USB 大容量存储设备'设备现在可安全地从计算机移除"后，方可将 U 盘从 USB 接口安全地拔出，如图 2-67 所示。

图 2-67　安全地拔出 U 盘

练习

（1）将 C 盘卷标设为"Test02"。

（2）用"碎片整理和优化驱动器"程序整理 C 盘。

2.4.3 计算机中写字和画画的地方

Windows 10 的"开始"菜单中的"Windows 附件"为用户提供了许多使用便捷且功能丰富的工具，当用户要处理一些要求不是很高的任务时，若使用专门的应用软件，则运行程序要占用大量的系统资源，而附件中的工具都是非常小的程序，运行速度比较快，这样用户可以节省很多时间和系统资源，有效地提高工作效率。

譬如，可以使用"写字板"程序进行文本文档的创建和编辑工作，使用"计算器"程序进行基本的算术运算，使用"画图"程序创建和编辑图片等。

1. 写字板

写字板是一个使用简单、功能完善的文字处理程序，用户可以使用它进行日常工作中文档的编辑。它不仅可以用于中/英文文档的编辑，还可以用于进行图文混排，以及插入图片、声音和视频剪辑等多媒体资料。

（1）启动"写字板"程序

单击"开始"按钮，在打开的"开始"菜单中选择"Windows 附件"→"写字板"命令，打开写字板，如图 2-68 所示。在 Windows 10 中，写字板的界面与 Word 软件很相似。

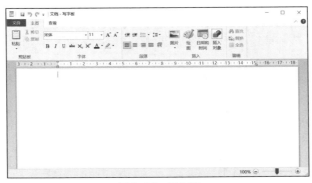

图 2-68　写字板

（2）文档编辑

① 新建文档

单击"文件"按钮，在弹出的菜单中选择"新建"命令，即可新建一个文档并进行文字输入，也可以按<Ctrl+N>组合键来完成新建文档操作。

② 保存文档

单击"文件"按钮，在弹出的菜单中选择"保存"命令，弹出"保存为"对话框，如图 2-69 所示。选择要保存文档的位置，输入文档名称，选择文档的保存类型，单击"保存"按钮，完成文档的保存，也可以按<Ctrl+S>组合键来完成保存操作。

③ 常用编辑操作

■　选中：按住鼠标左键不放，拖动鼠标选择对象，当文字呈蓝底显示时，说明已经选中对象。

■　删除：选定不再需要的对象后按<Delete>键。

图 2-69 "保存为"对话框

- 移动：选定对象，将其拖动到目标位置后松开鼠标左键，完成移动操作。
- 复制：选定对象，单击"主页"菜单中的"复制"按钮，在目标位置单击"主页"菜单中的"粘贴"按钮，也可以按<Ctrl+C>组合键配合<Ctrl+V>组合键来完成复制。
- 查找和替换：如果用户需要在文档中查找或替换字词，则可以使用"查找"和"替换"按钮。在进行查找时，可单击"主页"菜单"编辑"选项组中的"查找"按钮，打开"查找"对话框，如图 2-70 所示，用户可以在"查找内容"文本框中输入要查找的内容，单击"查找下一个"按钮进行浏览。
- 全字匹配：针对英文的查找，选中该复选框后，只有找到完全匹配的内容后才会出现提示。
- 区分大小写：选中该复选框后，在查找过程中会严格地区分字母大小写。以上两项默认为不选中。

如果用户需要替换某些内容，则可以单击"主页"菜单中的"替换"按钮，打开"替换"对话框，如图 2-71 所示。在"查找内容"文本框中输入要被替换掉的内容，在"替换为"文本框中输入替换后要显示的内容，单击"替换"按钮可以只替换一处的内容，单击"全部替换"按钮可替换所有相应内容。

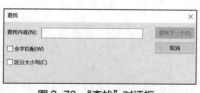

图 2-70 "查找"对话框

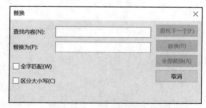

图 2-71 "替换"对话框

④ 设置字体及段落格式

用户可以直接在"主页"菜单的"字体"选项组中进行字体、字形、字号和文字颜色的设置。

"字体系列"下拉列表中有多种中、英文字体可供选择，默认为"宋体"；在"字体"选项组中可以设置字形为"常规""加粗""斜体"，默认为"常规"；在"字体大小"下拉列表中，用阿拉伯数字标识的字号越大，字体就越大，用汉语标识的字号越大，字体就越小，其默认为"11"；在"字体效果"组中可以添加删除线、下画线；在"字体颜色"下拉列表中可以选择文字颜色。

要设置段落格式，可以直接在"段落"选项组中进行缩进、项目符号、行距、对齐方式的设置，也可以单击"段落"按钮，打开"段落"对话框进行设置，如图 2-72 所示。

缩进是指段落的边缘到页面边缘的距离，分为以下 3 种。

■ 左缩进：指文本段落的左侧边缘到页面左边缘的距离。

■ 右缩进：指文本段落的右侧边缘到页面右边缘的距离。

■ 首行缩进：指文本段落的第一行左侧边缘到页面左边缘的距离。

图 2-72 "段落"对话框

在对应的文本框中输入数值，即可完成缩进的调整。

对齐方式有 4 种：左对齐、右对齐、居中对齐和对齐。

⑤ 使用插入操作

如果在创建文档的时候需要输入时间，则可以使用"主页"菜单"插入"选项组中的"时间和日期"按钮来方便地插入当前的时间，图片对象和其他对象的插入方法也与此类似。

具体操作时，可以将光标置于要插入的位置，单击"主页"菜单"插入"选项组中的"日期和时间"按钮，打开"日期和时间"对话框，在"可用格式"列表框中有很多日期和时间格式可供选择，如图 2-73 所示。

要插入对象，可以单击"主页"菜单"插入"选项组中的"插入对象"按钮，打开"插入对象"对话框，如图 2-74 所示。选择要插入的对象，单击"确定"按钮，系统将打开选中的程序，选择所需要的内容插入文档。

图 2-73 "日期和时间"对话框

图 2-74 "插入对象"对话框

2. 记事本

"记事本"程序用于纯文本文档的编辑，功能不多，适合编写一些篇幅短小的文档。因为它使用起来方便、快捷，所以受到广大用户的喜爱。

（1）启动"记事本"程序。单击"开始"按钮，在打开的"开始"菜单中选择"Windows 附件"→"记事本"命令，打开记事本，如图 2-75 所示。其界面比写字板界面略简单。

（2）文档编辑。在记事本中，用户可以使用不同的语言格式创建文档，也可以使用不同的编码进行文档的保存，如 ANSI（美国国家标准学会）、Unicode、Unicode big-endian 或 UTF-8 等类型，扩展名为.txt。

图 2-75 记事本

记事本的文档编辑方式和写字板非常类似，可以参考写字板中的相关介绍进行使用。

提示：记事本是纯文本文档的编辑工具，不能插入图片，也不具备排版功能。

3. 计算器

（1）启动"计算器"程序。单击"开始"按钮，在打开的"开始"菜单中选择"计算器"命令，打开计算器。

（2）计算器的使用。计算器可以完成数据的各类运算，它的使用方法与日常生活中使用计算器的方法一样，在实际操作时，可以通过鼠标单击计算器上的按钮来运算，也可以使用键盘按键来输入数据进行运算。

计算器有"标准计算器"和"科学计算器"两种，"标准计算器"可以用于完成简单的算术运算，"科学计算器"可以用于完成较为复杂的科学运算，如函数运算、进制转换等。从"标准计算器"切换到"科学计算器"的方法是选择"导航"菜单 ≡ 中的"科学"命令，如图 2-76 所示。

图 2-76 从"标准计算器"切换至"科学计算器"

4. 画图

"画图"程序是一个比较简单的图形编辑工具，可以对各种位图格式的图片进行编辑，用户可以自己绘制图画，也可以对各类图片进行编辑与修改，在编辑完成后，可以将其保存为 BMP、JPG、GIF 等多种格式的图画。

（1）启动"画图"程序。单击"开始"按钮，在打开的"开始"菜单中选择"Windows 附件"→"画图"命令，打开画图，如图 2-77 所示。

（2）工具的使用。"主页"菜单中提供了很多绘图工具，下面介绍几种常用工具。

① 选择工具：用于选中对象，使用时单击此按钮，拖动鼠标，可以通过绘制一个矩形选区选中要操作的对象，对选中范围内的对象进行复制、移动和剪切等操作。

② 橡皮工具：用于擦除画布中不需要的部分，可以根据要擦除的对象的大小，选择大小合适的橡皮工具。

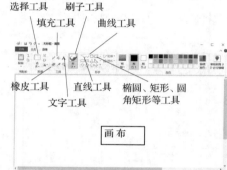

图 2-77 画图

橡皮工具擦除的部位会显示背景色，当背景色改变时，擦除的区域会显示不同的颜色，效果类似于刷子工具。

③ 填充工具：可以对选区进行填充，填充时，一定要在封闭的范围内进行，在填充对象上单击可填充前景色，单击鼠标右键可填充背景色。前景色和背景色可以从颜料盒中选择，在选定的颜色上单击可改变前景色，单击鼠标右键可改变背景色。

④ 刷子工具：绘制不规则的图形，在画布上单击并进行拖动即可绘制显示前景色的图画，单击鼠标右键并拖动可绘制显示背景色的图画，可以根据需要选择不同粗细、形状的笔刷。

⑤ 文字工具：可以在图画中加入文字，选择该工具后，在文字文本框内输入文字，还可以在"文本"菜单中设置文字的字体、字号、颜色，设置粗体、斜体、下画线、删除线，以及背景是否透明等，如图 2-78 所示。

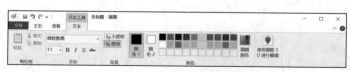

图 2-78 "文本"菜单

⑥ 直线工具：选择此工具，设置需要的颜色和合适的宽度，拖动鼠标至目标位置再松开鼠标左键，可得到一条直线。在拖动的过程中，按住<Shift>键不放，可以画出水平、垂直或与水平线成

45° 的直线。

⑦ 曲线工具：选择此工具，设置需要的颜色和合适的宽度，拖动鼠标至目标位置再松开鼠标左键，在曲线上选择一点，拖动鼠标，可将曲线调整至合适的弧度。

⑧ 椭圆工具、矩形工具、圆角矩形工具等：这几种工具的应用方法基本相同，选择工具后，在画布上拖动鼠标绘制出相应的图形即可，可以单击"轮廓"下拉按钮和"填充"按钮，在打开的下拉列表中设置形状的轮廓和填充方式，包括无轮廓线或不填充、纯色、蜡笔、记号笔、油画颜料、普通铅笔和水彩这几种选项。在拖动鼠标的同时按住<Shift>键不放，可以得到圆形、正方形和正圆角矩形等形状。

 提示："颜色"选项组"颜色1"选项中的颜色都是前景色，需要单击进行绘制，而"颜色2"选项中的颜色是背景色，需要单击鼠标右键进行绘制，想要设置"颜色2"选项中的颜色，只需要选择"颜色2"选项，并在颜色框中选择要设置的颜色。

（3）图像和颜色的编辑。除了使用工具进行绘图，用户还可对图像进行简单的编辑，其主要操作集中在"图像"选项组中。

① 旋转或翻转图像。"旋转"下拉列表中有5种选项：向右旋转90度、向左旋转90度、旋转180度、垂直翻转和水平翻转，用户可以根据自己的需要进行选择，如图2-79所示

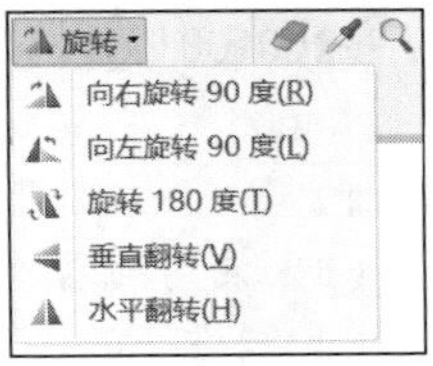

② 调整大小和扭曲图像。单击"重新调整大小"按钮，打开"调整大小和扭曲"对话框，其中有"重新调整大小"和"倾斜（角度）"两个选项组。用户可以调整"水平"和"垂直"方向的比例及倾斜的角度，如图2-80所示。

图2-79 "旋转"下拉列表

③ 查看图像属性。打开"文件"菜单，选择"属性"命令，打开"映像属性"对话框。"映像属性"对话框内显示了保存过的文件属性，包括时间、大小、分辨率、单位、颜色，以及图片的高度、宽度，用户可以在"单位"区域中选用不同的单位查看图像，也可以在"颜色"选项组中将彩色图像设置为黑白图像，如图2-81所示。

图2-80 "调整大小和扭曲"对话框

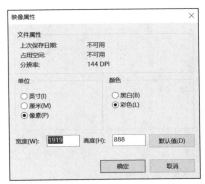

图2-81 "映像属性"对话框

（4）复制屏幕和窗口。组合使用"剪贴板"程序和"画图"程序可以复制整个屏幕或某个活动窗口。

① 复制整个屏幕。按<Print Screen>键，复制整个屏幕。

② 复制窗口。选择要复制的窗口，按<Alt+Print Screen>组合键，复制当前的活动窗口。

在新建的画图文件中，按<Ctrl+V>组合键，得到复制的屏幕或活动窗口，使用"画图"程序保存画面。

5. 截图工具

使用 Windows 10 自带的截图工具比使用<Print Screen>键配合画图工具进行截图更为简单

快捷。

（1）启动"截图工具"程序。单击"开始"按钮，在打开的"开始"菜单中选择"Windows附件"→"截图工具"命令，启动"截图工具"程序。

（2）"截图工具"的使用。单击"新建"按钮，选择要截图的区域或者窗口进行截图，截图后会弹出编辑器，可以进行一些简单的编辑操作，最后进行保存。此外，也可以按<Windows+Shift+S>组合键直接进行截图。

 练习

（1）用"记事本"程序创建名为"个人信息"的文档，内容为自己的班级、学号、姓名，并设置字体为"楷体"，字号为三号。

（2）利用计算器计算以下各式。

$(1011001)_2 = ($　　　　$)_{10}$

$(1001001)_2 + (7526)_8 + (2342)_{10} + (ABC18)_{16} = ($　　　　$)_{10}$

$\sin 60° =$

$12^{12} =$

（3）使用画图软件绘制主题为"向日葵"的图像。

（4）打开科学计算器，将该程序窗口的截图保存到桌面上，并将其命名为"科学计算器.bmp"。

PART 3

第 3 幕
文档处理之 WPS 文字

3.1　编辑科技小论文

第 3 幕热身练习

项目情境

为响应科技强国的号召，培养大学生关注科学的习惯，提高大学生的科学素养及传播科学意识，系部将举办科技小论文比赛，要求大一的学生参加，参赛作品以电子文档的形式通过 E-mail 提交。小 C 平时就对科技知识很感兴趣，可电子文档用什么工具来完成呢？具体该怎么操作呢？

项目分析

1. 使用什么工具来完成小论文？这里使用金山办公旗下产品 WPS Office 中的 WPS 文字，它可以帮助用户轻松创建和编辑文档。掌握 WPS 文字的操作对就业也有帮助。

2. WPS 文字具体能做些什么？它可以用来进行日常办公，如排版文档、处理数据、建立表格，满足普通人的大部分办公需求。

3. 在 WPS 文字中，可以设置哪些格式？使用 WPS 文字可以进行字体格式、段落格式等的设置。

技能目标

1. 学会 WPS 文字的基本操作。
2. 学会对文字、段落进行格式设置。
3. 完成科技小论文的格式设置。
4. 做到举一反三。

 重点集锦

1. 文字、段落格式和奇数页页眉

科技论文比赛

浅谈 CODE RED 蠕虫病毒

软件学院 软件 1 班 小 C

【摘要】 本文以"CODE RED"为例，对蠕虫病毒进行剖析，并将该病毒分为核心功能模块、Hack Web 页面模块和攻击 ▓▓▓▓▓▓▓▓ 模块以便阐述。

【关键词】 "CODE RED" 蠕虫病毒 网络 线程

蠕虫病毒是一种通过网络传播的恶性病毒，它具有病毒的一些共性，如传播性、隐蔽性、破坏性等，同时具有自己的一些特征，如不利用文件寄生（有的只存在于内存中）、对网络造成拒绝服务，以及和黑客技术相结合等。

2. 分栏和边框底纹

```
>From kernel32.dll:          >From infocomm.dll:
GetSystemTime               TcpSockSend
CreateThread                >From WS2_32.dll:
CreateFileA                 socket
Sleep                       connect
GetSystemDefaultLangID      send
VirtualProtect              recv
                            closesocket
```

3. 脚注和页码

1 WriteClient 是 ISAPI Extension API 的一部分。

3

 项目详解

项目要求 1：新建文件，将其命名为"科技小论文（作者小 C）.docx"，并保存到计算机桌面上。

 **操作步骤**

【步骤 1】 启动 WPS Office，单击"新建"按钮，选择"Office 文档"→"文字"选项，单击"空白文档"按钮，即可自动建立一个新的空白文档。

【步骤 2】 单击 WPS 文字的操作界面左上角的"🖫（保存）"按钮，

V3-1 科技小论文
项目要求 1～4

计算机应用情境教学基础教程（Windows 10+WPS Office）（微课版）（第 2 版）

在弹出的"另存为"对话框中设置保存位置（我的桌面）、文件名与保存类型（"科技小论文（作者小C）.docx"），单击"保存"按钮。

项目要求2：将新文件的上、下、左、右页边距均设置为2.5厘米，将"3.1要求与素材.docx"中除题目要求外的其他文本复制到新文件中。

知识储备

（1）页面设置

合理地进行页面设置，使文档的页面布局符合应用要求。在"页面"选项卡的左侧功能区中单击"↘（对话框启动器）"按钮，打开"页面设置"对话框，在其中进行相应的设置。

① "页边距"选项卡。

页边距：正文与页面边缘的距离。

方向："纵向"是默认设置，是指打印文档时以页面的短边作为页面上、下边；"横向"是指打印文档时以页面的长边作为页面上、下边。

② "纸张"选项卡。

纸张大小：默认设置的纸张大小为"A4"，如需更改，则可单击其右侧的下拉按钮，在下拉列表中修改为其他预设的纸张大小。如果预设的纸张大小中没有合适的，则可以选择"自定义大小"选项，在"宽度"和"高度"文本框中输入所需尺寸。

打印选项：单击"打印选项"按钮，通过弹出的"选项"对话框可以进行详细的打印设置。

③ "版式"选项卡。

在"页眉和页脚"选项组中可以设置"奇偶页不同"和"首页不同"。

（2）文本的移动、复制及删除

对文本进行移动或复制有3种常用方法：鼠标、快捷菜单和快捷键。

① 按住鼠标左键并拖曳➡️（鼠标）进行移动与复制：先选中要移动或复制的文本，再将鼠标指针移动到选中的文本上，当鼠标形状变为向左的空心箭头▨时，按住鼠标左键并拖曳➡️（鼠标），此时一条虚线条的光标出现在目标位置，松开鼠标左键即可完成文本的移动。如果需要完成文本的复制，则在按住鼠标左键拖曳➡️（鼠标）的同时，按住<Ctrl>键即可，此时鼠标指针会变为"🖎"。

② 用快捷菜单的方式进行移动与复制：先选中要移动或复制的文本，再将鼠标指针移动到被选中的文本上，单击鼠标右键，弹出快捷菜单，如果是移动文本则选择"剪切"命令，如果是复制文本则选择"复制"命令，将光标定位至要插入该文本的位置并单击鼠标右键，在弹出的快捷菜单中选择"粘贴"命令。

③ 用快捷键的方式进行移动与复制：先选定要移动或复制的文本，按<Ctrl+X>组合键完成文本的剪切或按<Ctrl+C>组合键完成文本的复制，然后将光标定位至要插入文本的位置，按<Ctrl+V>组合键完成文本的粘贴。

文本的删除有两种情况：整体删除和逐字删除。

① 整体删除：先选中要删除的文本，按<Delete>键或<Backspace>键。

② 逐字删除：将光标定位在要删除文字的后面，按<Backspace>键可删除光标前面的一个字符，按<Delete>键可删除光标后面的一个字符。

操作步骤

【步骤1】 打开"科技小论文（作者小C）.docx"文件，在"页面"选项卡的左侧功能区中单击"↘（对话框启动器）"按钮，弹出"页面设置"对话框，在"页边距"选项卡中将上、下、左、右页边距均设置为"2.5 厘米"，如图 3-1 所示。

图 3-1　"页边距"选项卡

【步骤 2】　打开"3.1 要求与素材.docx"文件，使用选取大量文本的方法，按照要求选取指定文本。

【步骤 3】　将鼠标指针移动到选中文本上并单击鼠标右键，在弹出的快捷菜单中选择"复制"命令。

【步骤 4】　在"科技小论文（作者小 C）.docx"文件中的光标处单击鼠标右键，在弹出的快捷菜单中选择"只粘贴文本"命令。

项目要求 3：插入标题"浅谈 CODE RED 蠕虫病毒"，将标题中的中、英文字体分别设置为"黑体"和"Arial"，字号为"二号"，居中对齐，字符间距为加宽、1 磅，在标题下方插入系部、班级及作者姓名，并将这部分文字的字体格式设置为"宋体"，字号为"小五"，居中对齐。

知识储备

（3）字号的单位

在 WPS 文字中，描述字体大小的单位有两种：一种是中文字号，如初号、小初、一号……七号、八号；另一种是用国际上通用的单位"磅"来表示，如 5、5.5、10、12……48、72 等。中文字号中，"数值"越大，字就越小；而"磅"的"数值"与字符的尺寸成正比。在 WPS 文字中，中文字号共有 16 种，而用单位"磅"来表示的字号有很多，其取值为 1～1638，在"字号"下拉列表中可选的最大值为"72"，大于"72"的值需通过键盘输入。

操作步骤

【步骤 1】　在第一段段首处单击以定位光标，按<Enter>键生成新段落。

【步骤 2】　将输入法切换至中文输入状态，在新段落中输入标题"浅谈 CODE RED 蠕虫病毒"。

【步骤 3】　按住鼠标左键并拖曳 →🖱（鼠标）选取刚刚输入的标题文本。

【步骤 4】　在"开始"选项卡的"字体"功能区中单击"↘（对话框启动器）"按钮，弹出"字体"对话框，在"字体"对话框中按照要求设置中文和英文的字体、字号，在"开始"选项卡的"段落"功能区中单击"≡（居中对齐）"按钮。

【步骤 5】　选中标题文本，在"开始"选项卡的"字体"功能区中单击"↘（对话框启动器）"按钮，在弹出的"字体"对话框的"字符间距"选项卡中设置字符间距，如图 3-2 所示。

图 3-2　设置字符间距

提示：功能区中放置的是常用按钮，无法覆盖所有的格式设置。在"开始"选项卡的"字体"功能区中单击"⤡（对话框启动器）"按钮，在"字体"对话框中可以设置文本的所有格式，如在"字体"选项卡中设置字体的字形、字号，在"字符间距"选项卡中设置字符的间距与位置等。

【步骤 6】　将光标定位在标题段末，按<Enter>键，再次产生新段落，在光标处输入系部、班级及作者姓名，并按照要求设置字体为"宋体"、字号为"小五"，以及段落"居中对齐"。

项目要求 4：设置"摘要"及"关键词"所在的段落左右各缩进 2 字符，字体为"宋体"，字号为"小五"，并给这两个词加上括号，效果为【摘要】和【关键词】。

知识储备

（4）"缩进和间距"选项卡详解

"段落"对话框的"缩进和间距"选项卡中除了可以设置段落左、右缩进，还可以设置对齐方式、特殊格式及间距。

① 对齐方式：左对齐、居中对齐、右对齐、两端对齐及分散对齐。

② 特殊格式：首行缩进和悬挂缩进，选择相应格式后可在"度量值"文本框中输入具体数值。

③ 间距：段前、段后间距及行距。

提示：在"缩进和间距"选项卡中进行设置时要注意度量单位，如果使用单位与默认的不同，则需选择相应的单位。

操作步骤

【步骤 1】　按住鼠标左键并拖曳（鼠标）选取"摘要"及"关键词"所在的两个段落。

【步骤 2】　在"开始"选项卡的"字体"功能区中按照要求设置字体、字号。

【步骤 3】　在选中两个段落的前提下，在"开始"选项卡的"段落"功能区中单击"⤡（对话框启动器）"按钮，打开"段落"对话框，在"缩进和间距"选项卡中设置缩进的数值，如图 3-3 所示。

【步骤 4】　将光标定位到要插入符号的位置，在"插入"选项卡中单击"Ω（符号）"下拉按钮，在下拉列表中选择"其他符号"选项，在弹出的"符号"对话框的"符号"选项卡中的"字符代码"文本框中输入"3010",单击"插入"按钮,即可插入符号,如图 3-4 所示。

图 3-3　设置缩进的数值　　　　　　　　　　　　　图 3-4　插入符号

【步骤 5】　用同样的方法为"关键词"添加相应符号,完成项目要求 4 后的效果如图 3-5 所示。

浅谈 CODE RED 蠕虫病毒

软件学院 软件 1 班 小 C

【摘要】本文以"CODE RED"为例,对蠕虫病毒进行剖析,并将该病毒分为核心功能模块、hack web 页面模块和攻击 ████ ████ ████████ ████ 模块以便阐述。
【关键词】"CODE RED" 蠕虫病毒 网络 线程

图 3-5　完成项目要求 4 后的效果

项目要求 5:调整正文顺序,将正文"1.核心功能模块"中的(2)与(1)两部分的内容调换。

 **操作步骤**

【步骤 1】　按住鼠标左键并拖曳(鼠标)选取"1.核心功能模块"中的(1)部分的全部内容。

【步骤 2】　按住鼠标左键并拖曳 (鼠标),将其移动到"1.核心功能模块"中的(2)部分内容之前。

V3-2　科技小论文
项目要求 5～7

💡 **提示:** 拖曳至目标位置时注意虚线条的光标位置为" 建立起"。

项目要求 6:将正文中第 1、2 段中所有的"WORM"替换为"蠕虫",并为所有的"蠕虫"添加红色(标准色)下画线和着重号。

 **操作步骤**

【步骤 1】　选取正文中的第 1、2 段。

【步骤 2】　在"开始"选项卡中单击" (查找替换)"下拉按钮,在下拉列表中选择"替换"选项,在弹出的"查找和替换"对话框的"替换"选项卡中输入"查找内容"为"WORM",输入"替换为"为"蠕虫",如图 3-6 所示。

【步骤 3】　选中"替换为"中的"蠕虫",单击"格式"下拉按钮,选择"字体"选项,在弹出的"替换字体"对话框的"字体"选项卡中设置"下画线线型""下画线颜色""着重号",单击"确定"按钮。

【步骤4】 单击"全部替换"按钮，完成替换后会弹出对话框，提示完成了 5 处替换，单击"取消"按钮，取消搜索文档的其余部分，如图 3-6 所示。

图 3-6　"查找和替换"对话框及提示信息

项目要求 7： 设置正文中的中文字体为"宋体"，英文字体为 Times New Roman，字号为"小四"，1.5 倍行距、首行缩进 2 字符，正文标题部分（包括参考文献标题，共 4 部分）加粗，正文首字下沉。

 **操作步骤**

【步骤1】 使用选取大量文本的方法，选取所有正文文本。

【步骤2】 在"开始"选项卡的"字体"功能区中单击"↘（对话框启动器）"按钮，在弹出的"字体"对话框的"字体"选项卡中完成对"中文字体""西文字体""字号"的设置，如图 3-7 所示。

图 3-7　中、英文字体及字号设置

提示：当中、英文字体需求不一致时，可使用"字体"对话框完成设置。

【步骤 3】 在"开始"选项卡的"段落"功能区中单击"⌐（对话框启动器）"按钮，在弹出的"段落"对话框中设置行距为"1.5 倍行距"，设置特殊格式为"首行缩进"，度量值为 2 字符，如图 3-8 所示。

【步骤 4】 使用不连续选取文本的方法，选取正文标题（1.核心功能模块；2.Hack Web 页面模块；3.攻击网站模块）及参考文献标题（参考文献：），在"开始"选项卡中单击"B（加粗）"按钮。

【步骤 5】 将光标定位在正文第一段的任何位置，在"插入"选项卡中单击"⌐ 首字下沉（首字下沉）"按钮，打开"首字下沉"对话框，在"位置"选项组中选择"下沉"选项，单击"确定"按钮，如图 3-9 所示。

图 3-8 "段落"对话框

图 3-9 "首字下沉"对话框

项目要求 8：将"1.核心功能模块"的"（3）装载函数"中从">From kernel32.dll:"开始到"closesocket"的代码分为两栏，左、右添加段落边框，底纹为"白色,背景 1,深色 5%"。选中"<MORE 4E 00>"行及其下方 12 行文本，将所选内容全部更改为大写英文字母。

🛒 **知识储备**

（5）字符边框、段落边框及页面边框

① 字符边框：把字符放在边框中，以字符的宽度作为边框的宽度。字符边框是指在字符四周同时添加上、下、左、右 4 条边框线，这 4 条边框线的格式是一致的。

② 段落边框：以整个段落的宽度作为边框宽度的矩形框，可以单独设置上、下、左、右 4 条边框线的有无及其格式。

③ 页面边框：为整个页面添加边框，一般在制作贺卡、节目单等时会用到。

V3-3 科技小论文
项目要求 8~12

（6）"填充"与"图案"详解

在设置底纹时有"填充"和"图案"两部分，其中"图案"部分又分为"样式"和"颜色"。"填充"是指对选定部分添加背景色。"图案"是指对选定范围内的部分添加包括各种样式的图案。

"图案"部分中的"样式"默认为"清除"，即不添加图案。"图案"部分中的"颜色"默认为"自动"。

 **操作步骤**

【**步骤 1**】 选取指定代码（包括一个空行）。

【**步骤 2**】 在"页面"选项卡中单击" （分栏）"下拉按钮，在下拉列表中选择"更多分栏"选项，打开"分栏"对话框，在"预设"选项组中选择"两栏"选项，单击"确定"按钮，如图 3-10 所示。

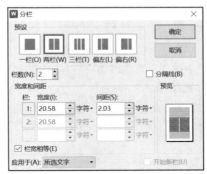

图 3-10 "分栏"对话框

> 提示：如果分栏时涉及"栏数"的选择、"分隔线"的显示，以及宽度和间距等的设置，则可进一步在"分栏"对话框中进行设置。

【**步骤 3**】 在选取指定代码所在段落的状态下，在"开始"选项卡中选择" （边框）"下拉列表中的"边框和底纹"选项，打开"边框和底纹"对话框，在"边框"选项卡的"设置"选项组中选择"自定义"选项，在"预览"选项组中设置左、右两条边框线，如图 3-11 所示。

> 提示：如果要将段落边框中的 4 条边框线设置成不一致的格式，则可以在"设置"选项组中选择"自定义"选项。此外，在设置边框线时，要遵循"边框"选项卡中"从左到右"设置的原则，即先选择"设置"选项组中的选项，再选择"线型""颜色""宽度"，最后在"预览"选项组中选择需要设置边框线的位置。其中特别要注意"应用于"的范围选择，如果选择的是"段落"（回车符在选择范围内），则应用于段落；如果选择的是"文本"（回车符不在选择范围内），则应用于文字。如果选择范围有误，则可以在"应用于"下拉列表中重新进行选择。

【**步骤 4**】 在"边框和底纹"对话框的"底纹"选项卡中，将"填充"设置为"白色,背景1,深色 5%"，边框和底纹均设置完毕后单击"确定"按钮，如图 3-12 所示。

图 3-11 "边框"选项卡

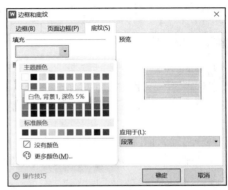

图 3-12 "底纹"选项卡

> 提示：如果在对话框中的设置涉及几个选项卡，则可在所有选项卡中设置完成后单击"确定"按钮，避免重复操作。

【步骤5】 选中"<MORE 4E 00>"行及其下方12行文本，在"开始"选项卡中单击"拼音指南"中的" Aa▾ （更改大小写）"按钮，在弹出的对话框中选中"大写"单选按钮。

项目要求9：使用项目符号和编号功能自动生成参考文献中各项的编号为"[1]、[2]、[3]……"。

🛒 知识储备

（7）项目符号和编号

项目符号和编号是 WPS 文字中的一项"自动功能"，可使文档条理清晰、重点突出，并且可以简化输入，从而提高文档编辑的速度。

使用项目符号和编号时，会应用前一次所使用的样式。

清除项目符号和编号时，除了可以在"项目符号"和"编号"下拉列表中选择"无"选项，还可以使用以下两种方法。

① 选中设置了项目符号和编号的段落，在"开始"选项卡的"段落"功能区中再次单击" ≣▾ （项目符号）"按钮。

② 将光标定位在项目符号或编号右边，按<Backspace>键将其删除。

操作步骤

【步骤 1】 使用选取少量文本的方法，选取"参考文献"中的文本。

【步骤2】 在"开始"选项卡的"段落"功能区中单击" ≣▾ （编号）"下拉按钮，在下拉列表中选择"自定义编号"选项，在弹出的"项目符号和编号"对话框的"编号"选项卡中任意选择一个编号，单击"自定义"按钮，在"自定义编号列表"对话框中设置编号格式，如图3-13所示。

图3-13 "自定义编号
列表"对话框

> 提示："编号格式"中的"①"为系统自动生成，可使用"编号样式"及"起始编号"对其进行修改。

项目要求10：给"1.核心功能模块"的"（4）检查已经创建的线程"中的"WriteClient"添加脚注，脚注的内容为"WriteClient 是 ISAPI Extension API 的一部分。"。

🛒 知识储备

（8）脚注和尾注

脚注和尾注在文档中用于显示引用资料的来源或说明和补充的信息。脚注和尾注都是用一条短横线与正文分开的，二者的区别主要是位置不同，脚注位于当前页面的底部，尾注位于整篇文档的结尾处。

要删除脚注或尾注，可在文档正文中选中脚注或尾注的引用标记，并按<Delete>键。这个操作除了可以删除引用标记，还会将页面底部或文档结尾处的文本删除，同时会自动对剩余的脚注或尾注进行重新编号。

操作步骤

【步骤1】　将光标定位在"WriteClient"后。

【步骤2】　在"引用"选项卡中单击" ᵃᵇ₍插入脚注₎（插入脚注）"按钮，在当前页面底端的光标处输入脚注内容"WriteClient 是 ISAPI Extension API 的一部分。"，如图 3-14 所示。

> ¹ WriteClient 是 ISAPI Extension API 的一部分。

图 3-14　输入脚注内容

项目要求 11：设置页眉部分，奇数页使用"科技小论文比赛"，偶数页使用论文题目的名称；在页脚部分插入当前页码，并将页码设置为居中。

知识储备

（9）页眉和页脚

页眉：显示在页面顶端的信息。

页脚：显示在页面底端的注释性文字或图片信息。

页眉和页脚通常包括文章的标题、文档名、作者名、章节名、页码、编辑日期、时间及其他信息。

操作步骤

【步骤1】　在"插入"选项卡中单击" 🖺页眉页脚（页眉页脚）"按钮，增加"页眉页脚"选项卡，如图 3-15 所示。

| 开始 | 插入 | 页面 | 引用 | 审阅 | 视图 | 工具 | 会员专享 | **页眉页脚** | 🔍 |

图 3-15　"页眉页脚"选项卡

【步骤2】　在"页眉页脚"选项卡中选中"奇偶页不同"复选框，如图 3-16 所示。

图 3-16　选中"奇偶页不同"复选框

【步骤3】　在奇数页页眉中输入"科技小论文比赛"并设置居中对齐，在偶数页页眉中输入论文题目的名称"浅谈 CODE RED 蠕虫病毒"并设置居中对齐，如图 3-17 所示。

图 3-17　奇偶页页眉的设置

【步骤4】　将光标定位在页脚区，在"页眉页脚"选项卡中单击" 🖺（页码）"下拉按钮，在下拉列表中选择"预设样式"中的"页脚中间"选项，如图 3-18 所示。

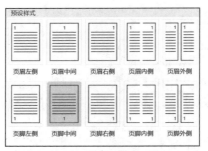

图 3-18 "页码"下拉列表

【步骤 5】 在"页眉页脚"选项卡中单击"关闭"按钮，关闭该选项卡。

项目要求 12：保存对该文件的所有设置，关闭文件并将其压缩为相同名称的 RAR 格式文件，使用 E-mail 将其发送至主办方的电子邮箱中。

操作步骤

【步骤 1】 单击 WPS 文字的操作界面左上角的" (保存)"按钮，再单击其右上角的"关闭"按钮。

【步骤 2】 在"科技小论文（作者小 C）.docx"文件图标上单击鼠标右键，在弹出的快捷菜单中选择"发送到"→"压缩（zipped）文件夹"命令，压缩文件，如图 3-19 所示。

图 3-19 压缩文件

【步骤 3】 使用第 1 幕中所介绍的发送电子邮件的方法发送邮件。

知识扩展

（1）WPS 文字的视图

在 WPS 文字中，有多种形式可以显示文档，这些显示形式称为"视图"，WPS 文字中共有 4 种常用的视图。

① （页面视图）。页面视图为 WPS 文字中默认的视图，也是编辑 WPS 文字时最常用的一种视图。页面视图可精确显示文本、图形、表格等内容，与打印出来的文档效果最接近，充分体现了"所见即所得"。此外，对页眉和页脚等格式进行的处理，只有在页面视图中才能进行。

② （阅读版式视图）。在阅读版式视图中，文档像一本打开的书一样在两个并排的屏幕中展开。

③ （Web 版式视图）。创建网页或只需在显示器上浏览文档时，可以使用 Web 版式视图，其呈现的效果就像在 Web 浏览器中看到的一样。

④ （大纲视图）。在大纲视图中，按照文档中标题的层级显示文档，通过折叠文档来查看主要标题或者展开标题查看下级标题和全文。使用此视图可以看到文档结构，便于对文本顺序和结构等进行调整。图 3-20 所示为"大纲"选项卡。

图 3-20 "大纲"选项卡

（2）文本的修改与插入

文本的修改是指用新文本覆盖旧文本，旧文本内容会发生改变；文本的插入是指将新文本添加到相应的位置，在不改变旧文本内容的基础上增加新的内容。

文本的修改：选取要修改的文本，直接输入新文本的内容就可以修改文本。

文本的插入：将光标定位在需要插入文本的位置，直接输入要插入文本的内容。

（3）选择性粘贴

在"开始"选项卡中单击"（粘贴）"下拉按钮，在下拉列表中选择"选择性粘贴"选项，弹出"选择性粘贴"对话框，即可进行选择性粘贴，如图 3-21 所示。

💡 **提示：** 不同的复制源对应可选的粘贴形式不同。

选择性粘贴的常见使用场景如下。

① 清除所有格式。当复制了网页中的内容，粘贴到 WPS 文字中需去除其原始格式时，就可以在"选择性粘贴"对话框中选择"无格式文本"选项，并单击"确定"按钮。

② 图形对象转图片。当需要将在 WPS 文字中绘制的图形转换为图片时，可以通过"选择性粘贴"功能，将复制的图形对象转换为图片格式，该功能提供了多种图片格式，如图 3-22 所示。

图 3-21 "选择性粘贴"对话框

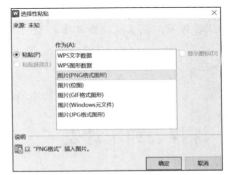

图 3-22 7 种图片格式

复制、移动和删除文本：见本节"知识储备（11）文本的移动、复制及删除"。

查找和替换文本：见本节"项目要求 6"。

插入符号：见本节"项目要求 4"。

（4）格式刷的使用

将多个格式不同的段落或文本设置成统一的格式时，可以使用"<img>（格式刷）"按钮快速地完成这一复杂的操作，通过格式刷可以将某一段落或文本的排版格式应用于其他段落或文字，从而达到将所有段落或文本设置成统一格式的目的。

具体操作是选定目标格式的文本和段落，在"开始"选项卡中单击"<img>（格式刷）"按钮，此时鼠标指针前会出现一把小刷子"<img>"。选取要改变格式的文本或段落，此格式就会被应用到该段落，但该段落的内容不会发生变化。

单击"<img>（格式刷）"按钮，复制格式的功能只能使用一次。若需多次使用，则可双击"<img>（格式刷）"按钮，要取消使用格式刷时，按<Esc>键或再次单击"<img>（格式刷）"按钮即可。

（5）项目符号

项目符号就是放在文本前面的圆点或其他符号，一般用于列出文章的重点，不但能起到强调作用，使文章的条理更加清晰，还可以达到美化版面的效果。

学会编号后，项目符号的设置也是类似的。先选取需要设置项目符号的段落，在"开始"选项卡的"段落"功能区单击"<img>（项目符号）"下拉按钮，在下拉列表中选择"自定义项目符号"选项，在弹出的"项目符号和编号"对话框的"项目符号"选项卡中单击"自定义"按钮，在"自定义项目符号列表"对话框中设置项目符号字符，如图 3-23 所示。

（6）添加首页不同的页眉与页脚

首页不同的页眉与页脚经常会出现在论文、报告等有封面的文档中，一般要求正文部分有页眉和页脚，封面不需要页眉和页脚。

具体操作与本节"项目要求11"类似，唯一不同的地方是在"页眉页脚"选项卡中选中"首页不同"复选框，如图3-24所示。

图3-23 "自定义项目符号列表"对话框

图3-24 设置页眉与页脚的首页不同

奇偶页不同：见本节"项目要求11"。

 拓展练习

完成"3.1拓展练习"文件夹中的论文编辑练习。

3.2 课程表和统计表

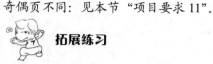 **项目情境**

小C在寒假期间浏览学校网站时，查到了下学期的课程安排，于是他想用WPS文字来制作一个课程表，开学时将课程表打印出来贴到班级的墙上。

开学后，作为学生会纪检部干事的小C承担了各班级常规检查的任务，要定期完成系常规管理月统计报表的制作工作。

项目分析

表格的应用场景和优势有哪些?

1. 有些复杂的文字及数字资料以表格形式来处理,可以使文档看起来井然有序,更直观。

2. 在 WPS 文字中是如何创建表格的? 可以按行、列生成表格或在已有文字基础上转换成表格。

3. 表格内容是如何进行编辑修改的? 与 WPS 文字内容的编辑修改雷同。

4. 表格的格式是如何设置的? 使用"表格样式"选项卡中的按钮。

5. 表格中的数据是如何进行计算的? 在 WPS 文字的表格中,不仅能够对单元格中的数据进行加、减、乘、除四则运算,还能进行求和、求平均值、求最大值和最小值等复杂运算。

6. 表格是怎样进行排序的? 使用"表格工具"选项卡中的"排序"按钮。

 技能目标

1. 会使用 WPS 文字创建表格。

2. 能按要求对表格格式进行设置。

3. 会利用公式和函数实现表格中数据的运算。

 重点集锦

1. 表格创建与格式设置

时间＼星期		一	二	三	四	五	备注
上午	1	高等数学	大学英语	计算机	高等数学	机械基础	8:10～9:50
	2						
	3	机械基础	哲学	机械基础		大学英语	10:10～11:50
	4						
下午	5	计算机	体育	大学英语			13:20～15:00
	6						
	7		自修	自修			15:10～15:55
晚上	8	英语听力			CAD		18:30～20:00
	9						

2. 表格中数据的运算

班 级	第 7 周	第 8 周	第 9 周	第 10 周	总分
信管 2 班	85.00	81.50	84.50	98.33	349.33
软件 1 班	95.00	89.00	91.88	95.00	370.88
信息 2 班	87.50	88.50	88.00	86.67	350.67
电艺 1 班	87.50	87.50	86.25	86.67	347.92

......

动漫 2 班	82.50	87.00	77.50	70.00	317
总分最高		370.88	总分平均		332.8

 项目详解

项目要求 1：创建一个 10 行 7 列的表格。

🛒 **知识储备**

（1）建立表格的方法

① 在"插入"选项卡中单击"▦（表格）"下拉按钮，拖动鼠标进行表格行数与列数的设置，完成表格的建立，如图 3-25 所示。用这种方法创建表格时会受到行列数目的限制，不适合创建行数、列数较多的表格。

图 3-25　拖动鼠标建立表格

② 在"插入"选项卡中单击"▦（表格）"下拉按钮，在下拉列表中选择"插入表格"选项。

③ 在"插入"选项卡中单击"▦（表格）"下拉按钮，在下拉列表中选择"绘制表格"选项，鼠标指针变为"✐"，拖动鼠标绘制表格后，将增加"表格工具"和"表格样式"选项卡，如图 3-26 所示。

图 3-26　"表格工具"和"表格样式"选项卡

前两种方法制作的都是规则表格，即行高与列宽不变。当需要制作一些不规则的表格时，就可以使用"绘制表格"功能来完成此项工作，如制作简历等。

V3-4　课程表&
统计表项目要求 1～5

（2）选定表格对象

表格对象包括单元格、行、列和整张表格，其中单元格是组成表格的基本单位，也是最小的单位。

① 选定单元格。将鼠标指针移动到单元格的左下角，当鼠标指针变为指向右上方的黑色箭头"↗"时单击，整个单元格被选定，如果按住鼠标左键并拖曳鼠标，则可以选定多个连续的单元格。

② 选定行。将鼠标指针移动到表格左侧，当鼠标指针变为指向右上方的空心箭头"⇗"时单击，该行被选定，如果按住鼠标左键并拖曳鼠标，则可以选定多行。

③ 选定列。将鼠标指针移动到表格上边缘，当鼠标指针变为黑色垂直向下的箭头"↓"时单击，该列被选定，如果按住鼠标左键并拖曳鼠标，则可以选定多列。

④ 选定整个表格。将光标定位在表格中的任意一个单元格内，表格的左上方会出现"✛"按钮，将鼠标指针移向此按钮变为"⁛"时，单击该按钮，整个表格被选定。

（3）插入与删除行、列或表格

① 插入行、列。将光标定位在任意一个单元格中，在"表格工具"选项卡中单击"▦（插入）"下拉按钮，在下拉列表中选择合适的插入方式插入行、列，如图 3-27 所示。

② 删除行、列。先选取需删除的行或列，在"表格工具"选项卡中单击"▦（删除）"下拉按钮，在下拉列表中选择合适的删除方式删除行、列，如图 3-28 所示。

图 3-27　插入行、列

图 3-28　删除行、列

 操作步骤

【步骤 1】　将光标定位在要插入表格的位置。

提示：前面提到计算机操作的基本原则是"先选中，后操作"，其中"选中"广义上包含两层含义。如果选中的对象存在，则可以通过选取对象的方法进行选中；如果选中的对象不存在，则需要创建时，"选中"就是要确定创建对象的目的地，即在哪里创建对象，在 WPS 文字中是通过定位光标来确定创建对象的目的地的。

【步骤 2】　在"插入"选项卡中单击"📋（表格）"下拉按钮，在下拉列表中选择"插入表格"选项，在弹出的"插入表格"对话框中设置表格行、列数为 10 行 7 列，如图 3-29 所示。

提示：这里设置的表格不一定非得是 10 行 7 列，只要能绘制出课程表的大致框架即可。在具体操作的过程中，如果发现需要修改表格的行、列数，则可以随时添加或删除行、列。

项目要求 2：表格的编辑，合并或拆分相应单元格。

📖 知识储备

（4）合并与拆分单元格

① 合并单元格。选中要合并的相邻单元格（至少两个单元格），在选定的单元格区域中单击鼠标右键，在弹出的快捷菜单中选择"合并单元格"命令，如图 3-30 所示。单元格合并后，各单元格中的数据将全部移动到新单元格中，并纵向排列。

② 拆分单元格。可以将一个单元格拆分成多个单元格，也可以将几个单元格合并后再拆分成多个单元格。选中需要拆分的单元格（只能是一个），在选中的单元格中单击鼠标右键，在弹出的快捷菜单中选择"拆分单元格"命令，在弹出的"拆分单元格"对话框中，设定拆分后的行数、列数，单击"确定"按钮，如图 3-31 所示。

图 3-29　"插入表格"对话框

图 3-30　选择"合并单元格"命令　　　图 3-31　拆分单元格

操作步骤

【步骤1】 按照课程表样图，选中第2列的第2、3行两个单元格。

【步骤2】 在选中的单元格区域中单击鼠标右键，在弹出的快捷菜单中选择"合并单元格"命令。

【步骤3】 用同样的操作方法分别将第2列的第4、5行单元格，第6、7、8行单元格，以及第9、10行单元格合并。

【步骤4】 其他列的合并情况参考课程表样图，合并操作完成后的表格如图3-32所示。

【步骤5】 在"表格工具"选项卡中单击"▨（绘制表格）"按钮。

【步骤6】 此时，鼠标指针变为"✐"，在第1列中间从第2行开始绘制一条竖线，直至第10行结束。

【步骤7】 在"表格工具"选项卡中单击"▨（擦除）"按钮，鼠标指针变为"✐"，擦除当前表格第1列中的多余线条，效果如图3-33所示。

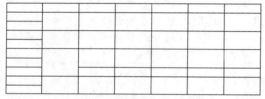

图3-32　合并操作完成后的表格

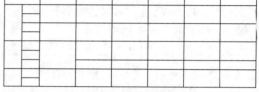

图3-33　擦除多余线条后的效果

> **项目要求3：** 表格内容的编辑。在对应单元格内输入文字，并设置相应格式。

知识储备

（5）在单元格中输入文本

单元格是表格中水平的"行"和垂直的"列"交叉形成的方块。用鼠标单击需要输入文本的单元格，即可定位光标，也可以使用键盘来快速移动光标。

① <Tab>键（制表键）：移动光标到当前单元格的后一个单元格内。

② 上、下、左、右键：在表格中移动光标到需要输入文本的单元格内。

光标定位后，文本内容既可通过键盘输入，又可通过复制与粘贴操作得到。

（6）单元格文本对齐方式详解

表3-1中给出了单元格文本的对齐方式按钮及说明。

表3-1　单元格文本的对齐方式按钮及说明

按钮	说明	按钮	说明
	靠上左对齐		中部右对齐
	靠上居中对齐		靠下左对齐
	靠上右对齐		靠下居中对齐
	中部左对齐		靠下右对齐
	中部居中对齐		

操作步骤

【步骤1】 按照课程表样图，依次在对应的单元格内输入相应文字，对文字进行格式设置，中文字体为"宋体"，英文字体为 Times New Roman，字号为"五号"，输入文字后的表格如图 3-34 所示。

		一	二	三	四	五	备注
上午	1	高等数学	大学英语	计算机	高等数学	机械基础	8:10~9:50
	2						
	3	机械基础	哲学	机械基础		大学英语	10:10~11:50
	4						
下午	5	计算机	体育	大学英语			13:20~15:00
	6						
	7		自修	自修			15:10~15:55
晚上	8	英语听力			CAD		18:30~20:00
	9						

图 3-34 输入文字后的表格

【步骤 2】 单元格中的文本格式设置与 WPS 文字中普通文本格式设置的方法一致。先选中需要设置格式的文本，在"开始"选项卡的"字体"功能区中单击" B （加粗）"按钮和" A· （字体颜色）"下拉按钮，将文本格式设置为"加粗""钢蓝,着色 1"，如图 3-35 所示。

【步骤 3】 在单元格内容为 4 个字的文本中间定位光标，按<Enter>键另起一个段落，使其分为两行。

【步骤 4】 选取整张表格，在"表格工具"选项卡中单击"垂直居中"和"水平居中"按钮，如图 3-36 所示。

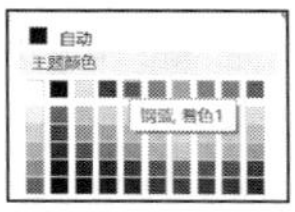

图 3-35 设置文本格式

图 3-36 设置对齐方式

项目要求 4：表格的格式设置。调整表格的大小，并设置相应的边框和底纹。

知识储备

（7）调整表格的行高与列宽

调整表格的行高与列宽有 3 种方法：按住鼠标左键并拖曳、"表格属性"对话框和"自动调整"功能。

① 通过按住鼠标左键并拖曳→ （鼠标）来调整行高与列宽。当对行高和列宽的精度要求不高时，可以通过拖动行或列的边线来改变行高或列宽。

将鼠标指针移动到行边线处时，鼠标指针会变为两条短平行线，并有两个箭头分别指向两侧的形状" "。按住鼠标左键，屏幕会出现一条水平虚线，上下拖动此虚线即可调整行高。

列宽的调整方法与行高的调整方法一样，只是鼠标指针会变为" "形状，左右拖动垂直虚线可以调整列宽。

② 通过"表格属性"对话框来精确设置行高与列宽。选中整个表格，在选定区域中单击鼠标右键，在弹出的快捷菜单中选择"表格属性"命令，在弹出的"表格属性"对话框中进行相应的格式设置，如图 3-37 所示。

在"行"选项卡中选中"指定高度"复选框，在数值框中调整或直接输入所需的行高值。

如果需要设定每行为不同的高度，则可通过单击"上一行"或"下一行"按钮具体设置每一行的高度，调整完成后单击"确定"按钮。

列宽的调整方法与行高的调整方法类似。

③ 通过"自动调整"功能自动调整表格的行高与列宽。选中整个表格，在选定区域中单击鼠标右键，在弹出的快捷菜单中选择"自动调整"命令，如图 3-38 所示，包括"根据窗口调整表格""根据内容调整表格"等子命令。可根据不同的需要，进行相应的选择。

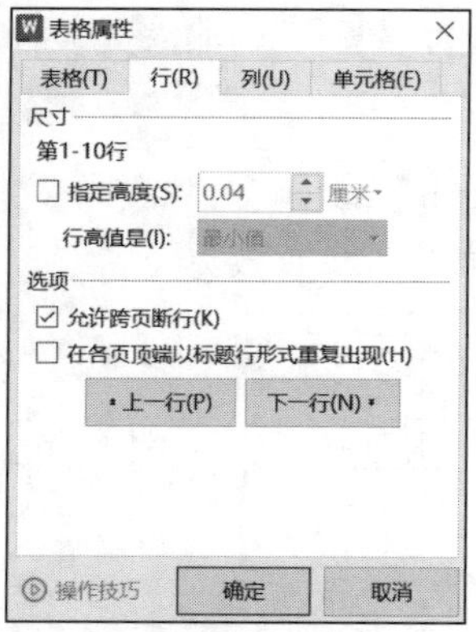

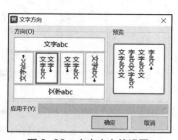

图 3-37 "表格属性"对话框

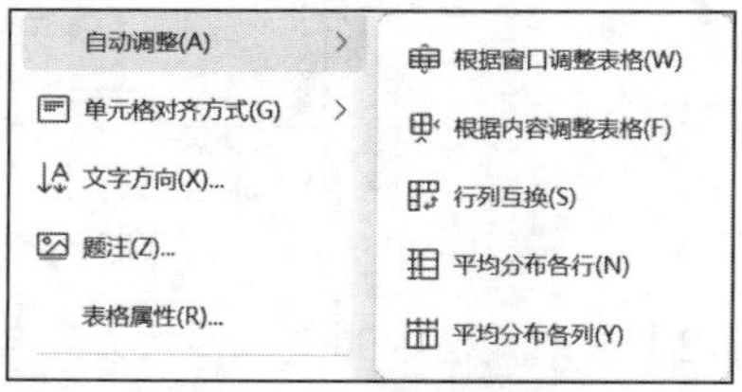

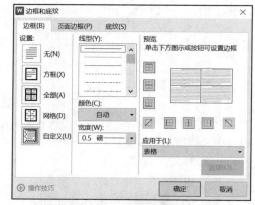

图 3-38 自动调整

（8）平均分布各列、行

"平均分布各列"和"平均分布各行"必须在选定了多列（两列及以上）或多行（两行及以上）的前提下使用。

如果只是想调整整张表格的宽度且每列的列宽相同，那么可以按照下述方法来操作：先减小最左边或最右边一列的列宽，再在选中表格的前提下，在选定区域中单击鼠标右键，在弹出的快捷菜单中选择"自动调整"→"平均分布各列"命令，将所有列调至相同的列宽。

"平均分布各行"与"平均分布各列"的使用方法类似，其作用是使所有行的行高相同。

（9）单元格中文字方向的设置

选中要进行文字方向设置的单元格，在选定区域中单击鼠标右键，在弹出的快捷菜单中选择"文字方向"命令，在弹出的"文字方向"对话框中选择要设置的文字方向，单击"确定"按钮，如图 3-39 所示。

（10）表格的边框和底纹的设置

表格的边框和底纹的设置与 3.1 节中段落的边框和底纹的设置是类似的。唯一的区别就是"应用于"选项的不同，在段落中，"应用于"下拉列表中有"文字"和"段落"选项；在表格中，"应用于"下拉列表有"单元格"和"表格"选项，如图 3-40 所示。

图 3-39 文字方向的设置

图 3-40 边框和底纹的设置

 **操作步骤**

【**步骤 1**】 选中整张表格，在选定区域中单击鼠标右键，在弹出的快捷菜单中选择"表格属

性"命令，在弹出的"表格属性"对话框中单击"边框和底纹"按钮。

【步骤 2】　在"边框和底纹"对话框的"设置"选项组中选择"自定义"选项。

【步骤 3】　线型和颜色保持默认设置，宽度设置为 1.5 磅，在"预览"选项组中选择 4 条外边框线，单击"确定"按钮，如图 3-41 所示。

【步骤 4】　在"表格样式"选项卡中单击"线型"下拉按钮，在下拉列表中选择"双实线"选项，如图 3-42 所示。

图 3-41　预览的设置

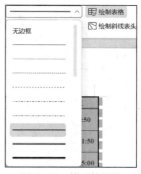

图 3-42　线型的设置

【步骤 5】　此时，鼠标指针变为"✐"，将鼠标指针移动到表格第一行的底部，按住鼠标左键并拖曳（鼠标）从左到右画一条直线，第一行底部即可变为双实线。

【步骤 6】　使用类似的方法将表格中需要设置特殊线型的地方设置完毕，其效果如图 3-43 所示。

		一	二	三	四	五	备注
上午	1	高等数学	大学英语	计算机	高等数学	机械基础	8:10~9:50
	2						
	3	机械基础	哲学	机械基础		大学英语	10:10~11:50
	4						
下午	5	计算机	体育	大学英语			13:20~15:00
	6						
	7		自修	自修			15:10~15:55
晚上	8	英语听力			CAD		18:30~20:00
	9						

图 3-43　特殊线型设置完毕后的表格效果

【步骤 7】　选中表格中的第一行，在选定区域中单击鼠标右键，在弹出的快捷菜单中选择"表格属性"命令，在弹出的"表格属性"对话框中单击"边框和底纹"按钮。

【步骤 8】　在弹出的"边框和底纹"对话框中，选择"底纹"选项卡，在"填充"选项组中选择"白色,背景 1,深色 25%"选项，单击"确定"按钮。

项目要求 5：完成斜线表头的制作，并设置页面的颜色和边框。

操作步骤

【步骤 1】　将光标定位在表格第 1 行第 1 列的单元格内，在"表格样式"选项卡中单击"⬚绘制斜线表头（绘制斜线表头）"按钮，在弹出的对话框中选择"◻（左上右下）"选项。

【步骤 2】　适当调整第一行的行高，在斜线表头单元格的左侧单击后输入内容"时间"，在右侧单击后输入内容"星期"。

【步骤3】 在"页面"选项卡中，单击"背景"下拉按钮，选择"巧克力黄,着色 2,浅色 40%"选项，将"页面边框"设置为"自定义，艺术型"，绘制完毕后的表格如图 3-44 所示。

提示： 可以通过"主题颜色""标准色""其他填充颜色.../自定义"选项来完成颜色设置。"主题颜色"一般有几个关键词，各词之间用逗号隔开，如"白色,背景 1,深色 5%"；"标准色"只有一个关键词，如"紫色"；"其他填充颜色.../自定义"通过设置"红色""绿色""蓝色"的具体数值来确定颜色。

时\间 \ 星期		一	二	三	四	五	备注
上午	1	高等数学	大学英语	计算机	高等数学	机械基础	8:10~9:50
	2						
	3	机械基础	哲学	机械基础		大学英语	10:10~11:50
	4						
下午	5	计算机	体育	大学英语			13:20~15:00
	6						
	7		自修	自修			15:10~15:55
晚上	8	英语听力			CAD		18:30~20:00
	9						

图 3-44　绘制完毕后的表格

项目要求 6： 删除班级无分数的行，统计出 4 月每个班级常规检查的总分。

🛒 **知识储备**

（11）单元格编号

在表格中使用公式进行计算时，公式中所引用的是单元格的编号，而不是单元格中具体的数据。这样做的好处在于，当单元格中的数据改变时，公式是不需要修改的，只要使用"更新域"功能就可以得到新的结果，使工作效率大大提高，因此有必要为每一个单元格进行编号。

V3-5　课程表&
统计表项目要求 6~9

单元格编号的原则：列标用字母（A、B、C……），行号用数字（1、2、3……），单元格编号的形式为"列标+行号"，即"字母在前，数字在后"。例如，信管 2 班第 8 周得分所在的单元格编号为"C4"，如图 3-45 所示。

	A	B	C	D	E
1	班　级	第 7 周	第 8 周	第 9 周	第 10 周
2	电艺 1 班	87.50	87.50	86.25	86.67
3	信管 3 班	85.83	88.50	86.00	76.67
4	信管 2 班	85.00	81.50	84.50	98.33

图 3-45　单元格编号示意

（12）公式格式

公式格式为"=单元格编号+运算符+单元格编号"。

（13）函数格式

函数格式为"=函数名（计算范围）"，例如，=SUM（C2:C6），其中 SUM 是求和的函数名，C2:C6 为求和的计算范围。

常用的函数有 SUM（求和）、AVERAGE（求平均值）、MAX（求最大值）、MIN（求最小值）。

（14）计算范围的表示方法

计算范围的表示方法一般有以下 3 种。

① 连续单元格区域：由该区域的第一个和最后一个单元格编号表示，两者之间用冒号分隔。例如，C2:C6 表示从 C2 单元格至 C6 单元格，共 5 个单元格。

② 多个不连续的单元格区域：多个单元格编号之间用逗号分隔，逗号还可以连接多个连续单元格区域，与数学上的并集概念类似。例如，"C2,C6"表示 C2 和 C6 共两个单元格；"C2:C6,E2:E6"表示从 C2 单元格至 C6 单元格，以及从 E2 单元格至 E6 单元格，共 10 个单元格。

③ 使用 LEFT（左方）、RIGHT（右方）、ABOVE（上方）和 BELOW（下方）来表示。

WPS 文字是以域的形式将内容插入选定单元格的，如果更改了某些单元格中的内容，则 WPS 文字不能像 WPS 表格那样自动计算，而是先选定该域，再按<F9>键（或单击鼠标右键，在弹出的快捷菜单中选择"更新域"命令），才能更新计算结果。

单元格编号及表格公式与函数中的字母是不区分大小写的，即"=AVERAGE（D2:D36）"与"=average（d2:d36）"是一样的。

操作步骤

【步骤1】 选中表格的第 5 行单元格，将光标移至选中状态的阴影上并单击鼠标右键，在弹出的快捷菜单中选择"删除行"命令。

【步骤2】 将光标定位在要输入"电艺 1 班"总分的单元格内。

【步骤3】 在"表格工具"选项卡中，单击" *fx 公式*（公式）"按钮，打开"公式"对话框，"公式"文本框中默认为"=SUM（LEFT）"，如图 3-46 所示，单击"确定"按钮即可得到总分。

【步骤4】 将光标定位在下一个要计算班级总分的单元格内，单击" *fx 公式*（公式）"按钮，确认"公式"文本框内仍为"=SUM（LEFT）"，单击"确定"按钮。

【步骤5】 其余班级的总分计算方法与上述类似。

> **项目要求 7：** 在表格末尾新增一行，在新增行中将第 1、2 列的单元格合并，并输入文字"总分最高"，在新增行的第 3 个单元格中计算出最高分；将第 4、5 列单元格合并，并输入文字"总分平均"，在第 6 个单元格中计算出平均分（平均分保留一位小数）。

操作步骤

【步骤1】 将光标定位在表格最后一行最右列的单元格中，按<Tab>键产生新行，按要求合并相应单元格，并在单元格中输入相应的文字内容。

【步骤2】 将光标定位在最后一行的第 3 个单元格中，单击" *fx 公式*（公式）"按钮，在弹出的"公式"对话框的"公式"文本框中删除默认内容，只保留"="。

【步骤3】 单击"粘贴函数"下拉按钮，在弹出的下拉列表中选择"MAX"选项，如图 3-47 所示。

【步骤4】 在函数的括号内输入"f2:f12"，如图 3-48（a）所示，单击"确定"按钮得到总分的最高值。

【步骤5】 总分的平均值的计算方法与总分的最高值的计算方法类似，区别在于"粘贴函数"处选择的是"AVERAGE"，但计算范围仍为"f2:f12"，此外，还需在"数字格式"文本框中输入

"0.0", 以保留一位小数, 如图 3-48 (b) 所示。

【步骤6】 统一表格单元格的格式, 计算完成后的结果如图 3-49 所示。

图 3-46 "公式"对话框

图 3-47 选择"MAX"选项

（a）

（b）

图 3-48 总分的最高值和总分的平均值的计算

总分最高	370.88	总分平均	332.8

图 3-49 计算完成后的结果

项目要求 8：将表格（除最后一行）排序，排序规则是主要关键字为"第 10 周"，降序；次要关键字为"总分"，降序。

操作步骤

【步骤1】 选定表格中除最后一行外的所有单元格。

【步骤2】 在"表格工具"选项卡中单击" （排序）"按钮，在弹出的"排序"对话框中，先在"列表"选项组中选中"有标题行"单选按钮，再将"主要关键字"设置为"第 10 周"，选中"降序"单选按钮；将"次要关键字"设置为"总分"，选中"降序"单选按钮，单击"确定"按钮，如图 3-50 所示。

图 3-50 "排序"对话框

提示：大多数排序操作需要选定标题行（标识每列单元格的内容，一般为表格的第一行）。

项目要求 9：为页面添加水印文字"常规检查"，颜色为"橙色,着色 4,深色 25%"，版式为"倾斜"。

 **操作步骤**

【步骤1】 在"页面"选项卡中单击" (水印)"下拉按钮,在弹出的下拉列表中选择"插入水印"选项,选中"文字水印"复选框。

【步骤2】 在"内容"文本框中输入"常规检查",在"颜色"下拉列表中选择"主题颜色"中的相关颜色,在"版式"下拉列表中选择"倾斜"选项。

🎓 **知识扩展**

(1)表格转换成文本

选中需要转换的表格,在"表格工具"选项卡中单击" 转为文本 (转为文本)"按钮,在弹出的"表格转换成文本"对话框中选中"制表符"单选按钮,单击"确定"按钮,如图3-51所示。

(2)文本转换成表格

选中需要转换为表格的文本,在"插入"选项卡中单击" (表格)"下拉按钮,在下拉列表中选择"文本转换成表格"选项,弹出"将文字转换成表格"对话框,在"文字分隔位置"选项组中可更改默认的文字分隔符,以产生不同的表格,如图3-52所示。

图3-51 "表格转换成文本"对话框

图3-52 "将文字转换成表格"对话框

💡 **提示**:文本转换成表格的操作需要先使用特殊符号或空格把文本隔开。

(3)单元格属性设置

在"表格属性"对话框的"单元格"选项卡中可设置指定单元格的大小及垂直对齐方式,如图3-53所示。

单击"选项"按钮,在弹出的"单元格选项"对话框中可设置指定单元格的边距,选中"适应文字"复选框,如图3-54所示,WPS文字将自动调整字符间距,使其宽度与单元格的宽度保持一致,效果如图3-55所示。

图3-53 "单元格"选项卡

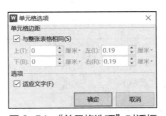

图3-54 "单元格选项"对话框

序号	具 体 制 作 要 求
1	新建 WPS 文字文档"个人简历.docx",进行页面设置,处理标题文字。

图 3-55　适应文字后的效果

（4）表格样式

用户除了可以通过 WPS 文字设置表格格式,还可以使用 WPS 文字自带的表格样式轻松制作出整齐美观的表格。

在"表格样式"选项卡中,可选择系统预设的表格样式,如图 3-56 所示。

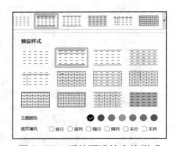

图 3-56　系统预设的表格样式

（5）表格在页面中的对齐设置

水平对齐的设置:选择表格后单击鼠标右键,在弹出的快捷菜单中选择"表格属性"命令,弹出"表格属性"对话框,在"表格"选项卡的"对齐方式"选项组中可选择"左对齐""居中""右对齐"选项,如图 3-57 所示。

垂直对齐的设置:在"表格属性"对话框的"文字环绕"选项组中选择"环绕"选项,单击"定位"按钮,弹出"垂直定位"对话框,在"垂直"选项组中选择相对于"页面"选项,选中"对齐方式"单选按钮,在其下拉列表中选择"居中"选项,如图 3-58 所示。

图 3-57　"表格属性"对话框

图 3-58　"表格定位"对话框

 拓展练习

结合自身实际情况,完成个人简历的制作。总体要求:使用 WPS 文字来布局表格,个人信息真实可靠,具体格式可自行设计。个人简历具体制作要求如表 3-2 所示。

表 3-2　个人简历具体制作要求

序号	具体制作要求
1	新建 WPS 文字文档"个人简历.docx",进行页面设置,输入标题文字
2	创建表格并调整表格的行高至合适大小
3	使用拆分、合并单元格操作完成表格编辑
4	表格中内容完整,格式恰当
5	改变相应单元格的文字方向
6	设置单元格内文本的水平和垂直对齐方式
7	设置表格在页面中的水平和垂直对齐方式都为居中
8	为整张表格设置边框
9	完成个人简历中图片的插入与格式设置

3.3　电子小报制作

 项目情境

4 月 23 日是"世界读书日"，小 C 在图书馆看到一本介绍博物馆的设计书，感慨于图书精美的版式设计，联想到自己学过的 WPS 文字的文档处理，就想用 WPS 文字把自己喜欢的版式以电子小报的形式再现出来，看看自己的制作水平如何。

 项目分析

1. 如何插入图片？在"插入"选项卡中单击"图片"下拉按钮，选择不同来源的图片。

2. 如何插入文本框？在"插入"选项卡中单击"文本框"下拉按钮，可绘制横向或竖向文本框。

3. 如何插入艺术字？在"插入"选项卡中单击"艺术字"下拉按钮，选择预设或其他样式。

4. 如何插入自选图形？在"插入"选项卡中单击"形状"下拉按钮，选择不同的预设形状。

5. 如何插入对象后设置格式？选中插入对象并单击鼠标右键，在弹出的快捷菜单中选择"设置对象格式"命令。

 技能目标

1. 插入（图片、文本框、艺术字和自选图形等）对象并对插入对象进行相应的格式设置。

2. 合理地对文档进行排版修饰，使文档在视觉上达到协调统一（设计理论的学习渠道有网站、博客、广告、电影、电视剧和图书）。

 重点集锦

电子小报效果如下。

 项目详解

项目要求 1：新建文档，将其保存为"苏州博物馆.docx"。

 **操作步骤**

【步骤 1】　启动 WPS Office，单击"新建"按钮，选择"Office 文档"中的"文字"选项，单击"空白文档"按钮，即可自动建立一个新的空白文档。

【步骤 2】　单击 WPS 文字的操作界面左上角的"🖫（保存）"按钮，在弹出的"另存为"对话框中设置保存路径，并输入文件名，完成设置后单击"保存"按钮。

V3-6　小报制作项目
要求 1～5

项目要求 2：设置页面纸张为 16 开，上、下页边距为 1.9 厘米，左、右页边距为 2.2 厘米。

 **操作步骤**

【步骤 1】　在"页面"选项卡的左侧功能区中单击"↘（对话框启动器）"按钮，打开"页面设置"对话框。

【步骤 2】　在"页边距"选项卡中设置上、下页边距为"1.9 厘米"，左、右页边距为"2.2 厘米"，如图 3-59 所示。

【步骤3】 在"纸张"选项卡中设置纸张大小为"16开",如图 3-60 所示。

图 3-59 页边距的设置

图 3-60 纸张大小的设置

【步骤4】 单击"确定"按钮,完成页面的所有设置。

项目要求 3:参考效果图,在页面左侧插入矩形图形,图形填充色为酸橙色(RGB 值为 153,204,0),无边框线条。

知识储备

(1)显示比例的调整

更改文档的显示比例可以使得对文档的操作更加方便和精确。在"视图"选项卡中单击" □ (显示比例)"按钮,在弹出的"显示比例"对话框中进行相应设置,如图 3-61 所示。

(2)对象大小的调整

对象大小的调整也要遵循计算机操作的"先选中,后操作"

图 3-61 "显示比例"对话框

的基本原则,在使用鼠标选定对象时,要注意鼠标指针的形状变化。

选定前一定要注意,鼠标指针为" ⁣ "形状时才可以正常选定。要使鼠标指针变为此形状,必须将其移动到该对象的 4 条边附近,并单击对象。

选中对象后,对象周围会出现 8 个控制点,当鼠标指针移动到 4 个角上的控制点时,其形状会变为" ⤢ "或" ⤡ ",此时,按住鼠标左键并拖曳→ ⁣ (鼠标)可以等比例缩放对象。

当鼠标指针移动到对象边线中部的控制点时,其形状会变为" ↔ "" ↕ ",此时,按住鼠标左键并拖曳→ ⁣ (鼠标)可以调整对象的宽度或高度。

(3)对象位置的调整

选定要调整位置的对象,按住鼠标左键并拖曳→ ⁣ (鼠标)可改变对象的位置,在拖曳的过程中鼠标指针的形状为" ⁣ "。

除了可以用鼠标调整对象的位置,也可以用键盘上的上、下、左、右 4 个方向键对象进行移动。

提示:细节决定成败,要时刻注意不同形状的鼠标指针的操作方法。

 操作步骤

【步骤1】 在"插入"选项卡中单击" ⁣ (形状)"下拉按钮,在弹出的下拉列表中选择" □ (矩

形）"选项，如图 3-62 所示，此时，鼠标指针变为"十"。

【步骤 2】 参考效果图，按住鼠标左键并拖曳（鼠标）绘制出矩形，并将此矩形对象调整至合适的大小和位置。

【步骤 3】 选中该矩形对象并单击鼠标右键，在弹出的快捷菜单中选择"设置对象格式"命令，弹出"属性"窗格，展开"填充"选项组，在"颜色"下拉列表中选择"更多颜色"选项，如图 3-63 所示。

图 3-62 "形状"下拉列表

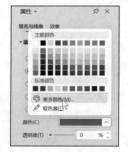

图 3-63 "属性"窗格

【步骤 4】 在弹出的"颜色"对话框的"自定义"选项卡中设置颜色的 RGB 值为（153,204,0），单击"确定"按钮，如图 3-64 所示。

【步骤 5】 在"属性"窗格中设置线条为"无线条"，如图 3-65 所示。

图 3-64 "颜色"对话框

图 3-65 设置线条样式

提示：无填充、无线条表示透明，纸张页面是什么颜色就呈现什么颜色。白色的 RGB 值为（255,255,255）。

项目要求 4：参考效果图，在页面左侧插入矩形图形，并添加相应文本（在第一行末尾插入五角星），设置矩形填充色为"白色，背景 1，深色 50%"，无边框线条，设置文本字体为"Verdana"，字号为"小四"，白色，左对齐，行距为固定值 14 磅（五角星为橙色）。

操作步骤

【步骤 1】 参考本节"项目要求 3"中的方法插入矩形。

【步骤 2】 选中该矩形对象并单击鼠标右键，在弹出的快捷菜单中选择"编辑文字"命令。

【步骤 3】 此时，在该矩形对象内部会出现一个光标，将"3.3 要求与素材.docx"中的文字素材复制并粘贴到此光标所在处。

【步骤 4】 将光标定位在矩形对象内部文本的第一行末，在"插入"选项卡中单击"符号"下拉按钮，在下拉列表中选择"其他符号"选项，在"符号"对话框的"符号"选项卡中，设置字体为"（普通文本）"，在"字符代码"文本框中输入"2605"，单击"插入"按钮，如图 3-66 所示。

【**步骤 5**】 选中矩形对象，在"属性"窗格中设置填充颜色为"白色,背景 1,深色 50%"，线条为"无线条"。

【**步骤 6**】 选中文本，将格式设置为"Verdana、小四、白色、左对齐、行距为固定值 14 磅"。选中插入的五角星符号，在"字体颜色"下拉列表中选择"标准色"→"橙色"选项。

【**步骤 7**】 参考效果图，设定显示比例，将矩形对象调整至合适的大小和位置。

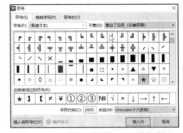

图 3-66 插入其他符号

项目要求 5：插入两张图片，分别为"室内.png"和"室外.png"，设置环绕方式为"四周型"，大小及位置设置可参考效果图。

知识储备

（4）插入图片

在"插入"选项卡中单击"（图片）"下拉按钮，在下拉列表中选择"本地图片"选项，这是 WPS 文字中最常用的插入图片的方法。

具体操作步骤：先将光标定位在要插入图片的位置，单击"（图片）"下拉按钮，在下拉列表中选择"本地图片"选项，在弹出的"插入图片"对话框中找到图片所在的位置，选择要插入的图片（可使用"大图标"的显示方式来查看），单击"打开"按钮。

（5）"图片工具"选项卡

使用"图片工具"选项卡中的相关按钮可对图片的格式进行详细设置，如图 3-67 所示。

图 3-67 "图片工具"选项卡

如需对图片进行裁剪，则可选中图片，单击"（裁剪）"按钮，在图片的 8 个控制点上拖曳鼠标对图片进行裁剪。

操作步骤

【**步骤 1**】 在"插入"选项卡中单击"（图片）"下拉按钮，在下拉列表中选择"本地图片"选项，在弹出的"插入图片"对话框中找到图片所在的位置，选择图片"室内.png"，单击"打开"按钮。

提示：常见的图片格式有 BMP、JPG、GIF、PNG 等。

【**步骤 2**】 将鼠标指针移动到图片上，当鼠标指针形状为"↔"时单击以选中图片，并单击"（布局选项）"按钮。

【**步骤 3**】 在"布局选项"的"文字环绕"选项组中选择"四周型环绕"选项，如图 3-68 所示。

【**步骤 4**】 在图片选中的状态下，拖曳图片四周的 8 个控制点来调整图片大小。

图 3-68 布局选项

提示：建议不要用 4 条边中部的控制点来调整图片大小，否则会造成图片的变形。

【步骤 5】 参考效果图，使用鼠标调整该图片的大小和位置。

【步骤 6】 插入图片"室外.png"，调整该图片的大小及位置，操作与插入、调整图片"室内.png"类似。

> **项目要求 6**：参考效果图，在页面右上角插入文本框，添加相应文本，设置主标题的字体为"微软雅黑"，字号为"二号"，加粗，添加阴影，设置副标题的字体为"华文新魏"，字号为"小三"，正文的字体为"宋体"，字号为 10 磅，首行缩进 2 字符，文本框无填充色，无边框线条。

🛒 **知识储备**

（6）插入文本框

文本框内可以放置文字、图片、表格等内容。可以很方便地改变文本框的位置、大小，还可以设置一些特殊的格式。文本框有两种：横排文本框和竖排文本框。

① 横排文本框。在"插入"选项卡中单击"🖼（文本框）"下拉按钮，在下拉列表中选择"横向"选项，绘制出的横排文本框内可以插入文本、图片、表格等内容。

② 竖排文本框。在"文本框"下拉列表中选择"竖向"选项，具体操作与横排文本框类似。

 操作步骤

【步骤 1】 在"插入"选项卡中单击"🖼（文本框）"下拉按钮，在下拉列表中选择"横向"选项，当鼠标指针变为"十"形状时，按住鼠标左键并拖曳🖱（鼠标），绘制出横排文本框。

【步骤 2】 在文本框中输入"3.3 要求与素材.docx"中相应的文本，并按照要求对文本进行格式设置，其中，阴影效果可在"开始"选项卡的"文字效果"下拉列表中选择，如图 3-69 所示。

V3-7 小报制作项目
要求 6～8

 提示：在 WPS 文字中，所有可插入对象（自选图形、图片、文本框等）的选取与大小、位置及格式设置的操作类似。例如，文本阴影效果也可以在"开始"选项卡的"文字效果"下拉列表中设置。

图 3-69 "文字效果"下拉列表

【步骤 3】 选中文本框，在"属性"窗格中单击"形状选项"按钮，在"填充与线条"选项卡中设置"填充"为"无填充"，"线条"为"无线条"。

【步骤 4】 参考效果图，调整文本框的大小和位置。

项目要求 7：参考效果图，在页面左上角插入艺术字，在艺术字样式中选择第 1 行第 3 列的样式，内容为"设计"，字体为"华文新魏"，字号为 48 磅，深红色，文字方向为竖向。

知识储备

使用艺术字可以为文字增加特殊效果。

（7）插入艺术字

在"插入"选项卡中单击"艺术字"下拉按钮，在"艺术字预设"下拉列表中选择一种艺术字样式，如图 3-70 所示。

在"文本工具"选项卡中单击"A（效果）"下拉按钮，在下拉列表中选择"转换"选项，对艺术字进行详细的格式设置，如图 3-71 所示。

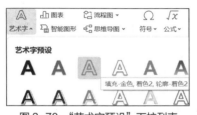

图 3-70 "艺术字预设"下拉列表　　　　图 3-71 "转换"选项

（8）对象间的叠放次序

在页面中绘制或插入对象时，每个对象都存在于不同的"层"上，只不过这种"层"是透明的，用户看到的就是这些"层"以一定的顺序叠放在一起的效果。如果需要使某一个对象存在于所有对象之上，则要选中该对象并单击鼠标右键，在弹出的快捷菜单中选择"置于顶层"命令。

操作步骤

【步骤 1】　在"插入"选项卡中单击"艺术字"下拉按钮，在"艺术字预设"下拉列表中选择第 1 行第 3 列的艺术字样式。

【步骤 2】　将默认文本更改为"设计"，选中该文本，将其字体、字号、颜色分别设置为"华文新魏、48 磅、深红"。

【步骤 3】　在"文本工具"选项卡的"效果"下拉列表中，选择"阴影"→"右下斜偏移"选项。

【步骤 4】　在"文本工具"选项卡中，单击"A（文字方向）"按钮，更改文字方向为竖向，参考效果图，将该艺术字移动到适当位置。

项目要求 8：参考效果图，在艺术字"设计"的左边插入竖排文本框并输入内容，设置中文字体为"宋体"，字号为"小五"，字符间距加宽、4 磅；英文字体为"Verdana"，字号为 10 磅，白色；文本框无填充色，无边框线条。

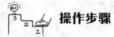

操作步骤

【步骤1】 在"插入"选项卡中单击" （文本框）"下拉按钮，在下拉列表中选择"竖向"选项，当鼠标指针变为"十"形状时，按住鼠标左键并拖曳 （鼠标），绘制出竖排文本框。

【步骤2】 在文本框中输入"3.3 要求与素材.docx"中相应的文本，并按照要求对文本进行格式设置。

【步骤3】 选中文本框，在"属性"窗格中，单击"形状选项"按钮，在"填充与线条"选项卡中设置"填充"为"无填充"，"线条"为"无线条"。

【步骤4】 参考效果图，将该竖排文本框移动到适当位置。

> **项目要求9：** 参考效果图，在艺术字"设计"的下方插入文本框并输入内容，设置文本字体为"Comic Sans MS"，字号为24磅，行距为固定值35磅，文本框无填充色，无边框线条。

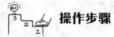

操作步骤

【步骤1】 在"插入"选项卡中单击" （文本框）"下拉按钮，在下拉列表中选择"横向"选项，当鼠标指针变为"十"形状时，按住鼠标左键并拖曳 （鼠标），绘制出横排文本框。

【步骤2】 在文本框中输入"3.3 要求与素材.docx"中相应的文本，并按照要求对文本进行格式设置。

【步骤3】 选中文本框中的所有文本，在"段落"对话框中将行距设置为"固定值"，在"设置值"文本框中输入"35"。

【步骤4】 选中文本框，在"属性"窗格中单击"形状选项"按钮，在"填充与线条"选项卡中设置填充为"无填充"，线条为"无线条"。

【步骤5】 参考效果图，将该文本框移动到适当位置。

V3-8 小报制作项目
要求9~12

> **项目要求 10：** 参考效果图，插入圆角矩形，并在其中添加文本"江南"，设置文本字体为"宋体"，字号为"五号"，白色，为文本"江"设置颜色的 RGB 值为（153,204,0），文本框填充色为深红色，无边框线条，文本框左、右、上、下边距均为0厘米。

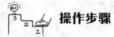

知识储备

（9）插入形状

在"插入"选项卡中单击" （形状）"下拉按钮，在弹出的下拉列表中可以根据需要选择绘制对象，如图 3-72 所示。按住鼠标左键并拖曳 （鼠标），绘制出需要的自选图形。

（10）调整自选图形

将鼠标指针移动到黄色菱形处，当其变为" "时，拖曳此黄色菱形，即可调整自选图形4个圆角的弧度。

将鼠标指针移动到圆箭头处，当其变为" "时，拖曳此圆箭头，即可调整自选图形的摆放角度。

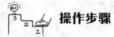

操作步骤

【步骤 1】 在"插入"选项卡中单击" （形状）"下

图 3-72 "形状"下拉列表

拉按钮，在弹出的下拉列表中选择"▢（圆角矩形）"选项。

【步骤 2】 按住鼠标左键并拖曳→🖰（鼠标），绘制出圆角矩形。

【步骤 3】 选中该圆角矩形并单击鼠标右键，在弹出的快捷菜单中选择"编辑文字"命令，在圆角矩形内部输入"江南"。

【步骤 4】 选中文本"江南"，设置字体为"宋体"，字号为"五号"，颜色为白色，为"江"设置颜色的 RGB 值为（153,204,0）。

【步骤 5】 选中该圆角矩形，在右侧的"属性"窗格中，单击"文本选项"按钮，在"文本框"选项组中设置左、右、上、下边距均为 0 厘米，如图 3-73 所示。

【步骤 6】 调整圆角矩形的大小和 4 个圆角的弧度。

【步骤 7】 选中该圆角矩形，在右侧的"属性"窗格中，单击"形状选项"按钮，在"填充与线条"选项卡中，选中"纯色填充"单选按钮，设置"颜色"为深红色，"线条"为"无线条"。

【步骤 8】 参考效果图，将圆角矩形移动到适当位置。

项目要求 11：参考效果图，在页面左下角插入竖排文本框并输入内容，设置中文字体为"宋体"，英文字体为 Times New Roman，字号为"小五"，字符间距为加宽、1 磅，首行缩进 2 字符，文本框无填充色，无边框线条。

操作步骤

【步骤 1】 在"插入"选项卡中单击"🖾（文本框）"下拉按钮，在下拉列表中选择"竖向"选项，当鼠标指针变为"十"形状时，按住鼠标左键并拖曳→🖰（鼠标），绘制出竖排文本框。

【步骤 2】 在文本框中输入"3.3 要求与素材.docx"中相应的文本。

【步骤 3】 选中文本框中的所有文本，在"开始"选项卡的"字体"功能区中单击"↘（对话框启动器）"按钮，弹出"字体"对话框，在"字体"选项卡中设置字体和字号，在"字符间距"选项卡的"间距"下拉列表中选择"加宽"选项，设置"度量值"为 1 磅，单击"确定"按钮，如图 3-74 所示。

图 3-73 文本框内部边距的设置

图 3-74 字符间距的设置

【步骤 4】 选中文本框中的所有文本，在"开始"选项卡的"段落"功能区中单击"↘（对话框启动器）"按钮，弹出"段落"对话框，设置特殊格式为"首行缩进"，"度量值"为 2 字符。

【步骤 5】 选中文本框，在"属性"窗格中，单击"形状选项"按钮，在"填充与线条"选项卡中，设置"填充"为"无填充"，"线条"为"无线条"。

【步骤6】 参考效果图，将竖排文本框移动到适当位置。

> 项目要求12：选中所有对象进行组合，根据效果图将其调整至合适的位置。

操作步骤

【步骤1】 在"开始"选项卡中单击"（选择）"下拉按钮，在下拉列表中选择"选择窗格"选项，弹出"选择窗格"窗格，如图3-75所示。

【步骤2】 按住<Ctrl>键，选中"文档中的对象"列表框中的所有对象。

【步骤3】 在选定区域中单击鼠标右键，在弹出的快捷菜单中选择"组合"命令，组合对象，如图3-76所示。

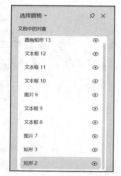

图3-75 "选择窗格"窗格

图3-76 组合对象

【步骤4】 参考效果图对整个对象的位置进行调整。

知识扩展

（1）文本框的链接

当文本框中的内容过多以致不能完全显示时，可以借助多个文本框来完成内容的显示，此时就需要使用到文本框的链接。

> **提示：** 链接目标的文本框必须是空的，并且是同一类型（都是横排或竖排文本框）且尚未链接到其他文本框的文本框。

具体操作：选中链接的源文本框，在"文本工具"选项卡中单击"（文本框链接）"按钮，此时，鼠标指针变为"（装满水的杯子）"形状，将鼠标指针移至链接目标的空文本框中，此时，鼠标指针变为"（倾斜倒水）"形状，单击即可使未显示的文本在链接目标的文本框中显示出来。

当需要链接多个文本框时，重复上面的操作步骤即可。如果需要断开链接，则选中链接的源文本框，选择"文本框链接"下拉列表中的"断开向前链接"选项即可。

（2）"填充"设置详解

除了常见的纯色填充，对象（自选图形、图片、文本框、艺术字等）还可以使用"渐变填充""图片或纹理填充""图案填充"。

具体操作：在"属性"窗格中单击"形状选项"按钮，在"填充"选项组中进行相应选择，如图3-77所示。

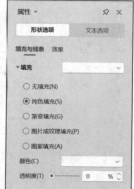

图3-77 "属性"窗格

① 渐变填充：可使用系统预设的渐变样式，并对细节进行调整。

② 图片或纹理填充：可在本地文件中选择一张图片作为填充背景，也可选择相应纹理作为填充背景。

③ 图案填充：可使用预设图案，分别设置前景颜色和背景颜色。

（3）页面背景的设置

如果需设置整个页面的背景，则可在"页面"选项卡中单击" （背景）"下拉按钮，在下拉列表中选择需要的颜色或填充效果，如图 3-78 所示。选择"其他背景"中的任意选项，可弹出"填充效果"对话框，如图 3-79 所示。

图 3-78 "背景"下拉列表

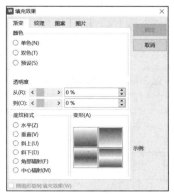

图 3-79 "填充效果"对话框

在"页面"选项卡中还可以设置水印。单击" （水印）"按钮，在下拉列表中选择"插入水印"选项，在弹出的"水印"对话框中可为页面设置图片水印和文字水印，如图 3-80 所示。

图 3-80 "水印"对话框

（4）中文版式的设置

① 拼音指南。选中要添加拼音的文字，在"开始"选项卡中单击" （拼音指南）"按钮，在弹出的"拼音指南"对话框中，WPS 文字会自动为其添加拼音，还可以设置拼音的对齐、偏移、字体和字号，如图 3-81 所示。如果需将拼音删除，则选中有拼音的文字，单击" （拼音指南）"按钮，在弹出的"拼音指南"对话框中单击右上角的"删除全部拼音"按钮，单击"确定"按钮，再单击"开始注音"按钮即可。

② 带圈字符。选中文本或者将光标定位在需要插入带圈字符的位置，在"开始"选项卡中单击" （拼音指南）"下拉按钮，在下拉列表中选择"带圈字符"选项，弹出"带圈字符"对话框，如图 3-82 所示。

图 3-81 "拼音指南"对话框

图 3-82 "带圈字符"对话框

在弹出的"带圈字符"对话框中选择样式，可以选择列表框中的文本内容，也可以在"文字"文本框中输入文字，然后在"圈号"列表框中选择圈号样式，单击"确定"按钮，文档中就插入了一个带圈字符。

如果要去掉圈号，则可以选中带圈字符，在"带圈字符"对话框的"样式"选项组中选择"无"选项，单击"确定"按钮。

（5）对象的取消组合

选中已经组合好的对象并单击鼠标右键，在弹出的快捷菜单中选择"取消组合"命令，就可以使对象恢复到组合前的状态，如图 3-83 所示。

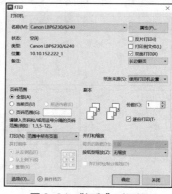

图 3-83 对象的取消组合

（6）打印文档

在确定需要打印的文档正确无误后，即可打印文档。打印文档的操作步骤如下。

① 在窗口左上角单击"<img>（打印）"按钮，弹出"打印"对话框，如图 3-84 所示。

② 在"名称"下拉列表中选择要使用的打印机。

③ 在"打印"下拉列表中还可选择"奇数页"或"偶数页"选项。

④ 在"页码范围"文本框中可指定要打印的页码范围。

⑤ 在"份数"数值框中输入要打印的份数，默认为 1 份。

⑥ 单击"确定"按钮，开始打印。

图 3-84 "打印"对话框

提示：如果不需要特别设置，而是采用默认设置进行打印，则直接单击"确定"按钮，即可快速地打印一份文档。

拓展练习

完成"3.3 拓展练习"文件夹中的信息简报的制作。总体要求：纸张大小为 A3，页数为 1 页；根据提供的图片、文字、表格等素材，参考具体制作要求完成简报制作，如表 3-3 所示；必须使用提供的素材，可适当在网上搜索素材进行补充；版式及效果可自行设计，也可参考给出的效果图完成。

表 3-3　信息简报的具体制作要求

序号	具体制作要求
1	主题为"创建文明城市"
2	必须要有图片、文字、表格
3	包含报刊各要素（刊头、主办单位、日期、责任编辑等）
4	必须使用艺术字、文本框（链接）、自选图形、边框和底纹
5	素材需经过加工，有一定的原创部分
6	要求色彩协调，标题醒目、突出，同级标题格式统一
7	版面设计合理，风格协调
8	文字内容通顺，无错别字和繁体字
9	图文并茂，文本字距、行距适中，清晰易读
10	结合简报的性质和内容添加图案与花纹

3.4　长文档编辑

 项目情境

　　小 C 和其他几个同学凭借优异的计算机应用基础课程成绩，以及较强的实际操作能力，被系部"毕业论文审查小组"聘为"格式编辑人员"，帮助系部完成学生毕业论文的格式修订工作。学生在老师的指导下认真工作起来，发现原来 WPS 文字还有这么多功能呀！

 **项目分析**

　　1. 毕业论文的文档长达几十页，需要处理封面、生成目录，为正文中的对象设置相应格式，只学会本幕前面 3 节的知识远远不够，还需要对 WPS 文字进行更深入的学习。

2. 如何为段落、图片、表格等对象快速编号？可以使用 WPS 文字中的项目符号和编号、插入题注等功能实现。

3. 如何为同一级别的内容设定相同格式？可以使用 WPS 文字中的样式功能实现。

4. 如何让 WPS 文字自动生成带有页码信息的目录？可以在为各级标题应用样式、设定对应大纲级别的前提下，使用 WPS 文字中的目录功能自动生成目录。

5. 如何为同一篇文档设定不同的页面设置、页眉页脚等？可以使用 WPS 文字中的分节符在一页之内或两页之间改变文档的布局。

6. 理解 WPS 文字中"域"的概念，掌握其简单应用。

 技能目标

1. 使用 WPS 文字中的高级功能完成长文档的格式编辑。

2. 熟练掌握高级替换的使用方法。

3. 学会使用"审阅"选项卡中的各项功能。

4. 进行文档的安全保护。

 重点集锦

1. 调整后的封面效果

苏州市姑苏区"四季晶华"社区网站

（后台管理系统）

——毕业设计说明书

系　　部：	信息工程系
学生姓名：	杜玲玲
专业班级：	软件 2 班
学　　号：	××3431208
指导教师：	陈莉莉

20××年 10 月 10 日

2. 组织结构图的绘制

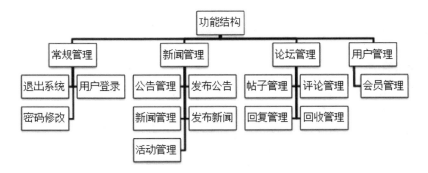

3. 批注的使用

访问层，下面对三层架构进行介绍：

　　用户表示层（UI，简称 USL）负责与用户交互，接收用户的输入并将服务器端传来的数据呈现给客户。

> **cyy** 几秒以前
> 此处写法有逻辑错误，需要修改。

4. 页眉中插入图片及指定页码的设置

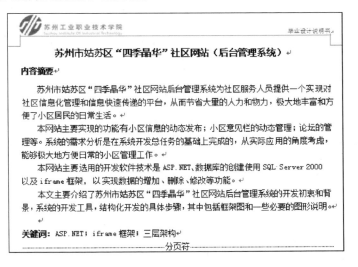

 **项目详解**

> **项目要求 1：**将"毕业论文-初稿.docx"另存为"毕业论文-修订.docx"，并将另存后的文档的上、下、左、右页边距均设为 2.5 厘米。

 **操作步骤**

【步骤 1】　打开"毕业论文-初稿.docx"，在"文件"菜单中选择"另存为"→"Word 文件"命令，在弹出的"另存为"对话框中输入新的文件名"毕业论文-修订.docx"，单击"保存"按钮。

【步骤 2】　在"页面"选项卡的左侧功能区中单击"↘（对话框启动器）"

V3-9　长文档编辑
项目要求 1～5

按钮，弹出"页面设置"对话框，在"页边距"选项卡中将上、下、左、右页边距均设置为 2.5 厘米。

项目要求 2：将封面中的下画线长度设为一致。

 知识储备

（1）显示/隐藏编辑标记

编辑标记是指在 WPS 文字中可以显示，但打印时不被打印出来的字符，如空格符、回车符、制表符等。在显示器上查看或编辑 WPS 文字的文档时，利用这些编辑标记可以很容易地看出单词之间是否添加了多余的空格、段落是否真正结束等。

如果要在 WPS 文字中显示或隐藏编辑标记，则可在"文件"菜单中选择"选项"命令，在弹出的"选项"对话框的"视图"选项卡中选中（或取消选中）要显示（或隐藏）的编辑标记的复选框，如图 3-85 所示。

提示： 在"开始"选项卡的"段落"功能区中单击" 💬 （显示/隐藏编辑标记）"按钮，可快速在显示或隐藏编辑标记状态之间进行切换。

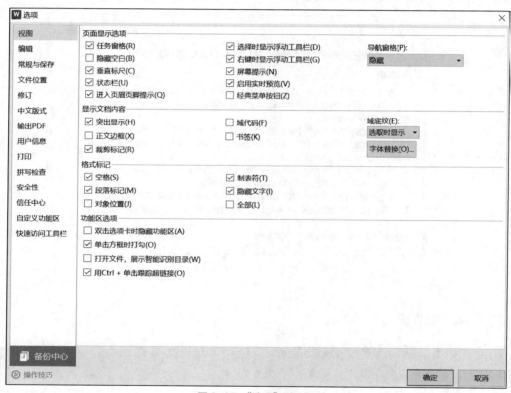

图 3-85 "选项"对话框

 **操作步骤**

【步骤 1】 以列为单位选取文本，按住<Alt>键，拖动鼠标选定多余的下画线，如图 3-86 所示。

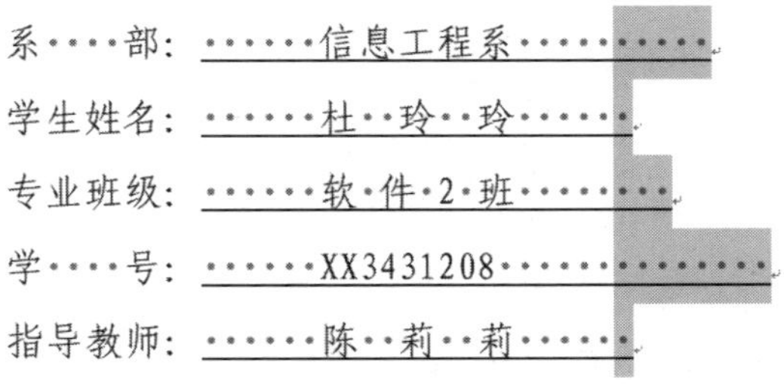

系·····部：·······信息工程系······

学生姓名：·······杜··玲··玲······

专业班级：·······软·件·2·班······

学·····号：·······XX3431208······

指导教师：·······陈··莉··莉······

图 3-86　选定多余的下画线

【步骤 2】　按<Delete>键清除选中的内容，得到整齐的下画线，如图 3-87 所示。

项目要求 3：将封面底端多余的空段落删除，并使用分页符完成自动分页。

 **操作步骤**

【步骤 1】　选中封面中日期后面多余的 3 个空段落，按<Delete>键删除。

【步骤 2】　将光标定位在"内容摘要"4 个字前，在"插入"选项卡中单击"**⊨分页▾**（分页）"按钮，便可完成自动分页，显示编辑标记状态下的分页符，如图 3-88 所示。

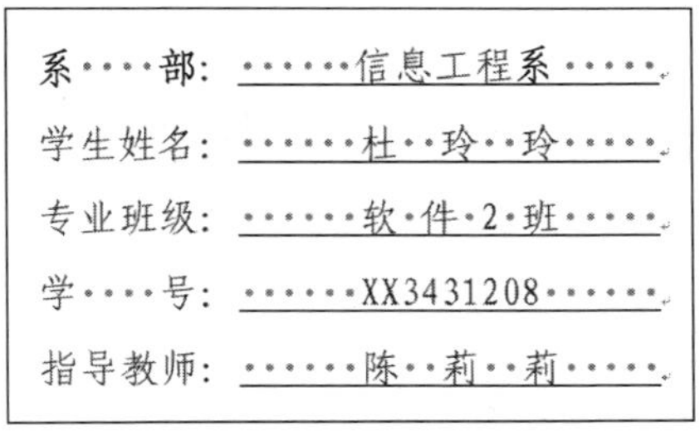

系·····部：·······信息工程系······

学生姓名：·······杜··玲··玲······

专业班级：·······软·件·2·班······

学·····号：·······XX3431208······

指导教师：·······陈··莉··莉······

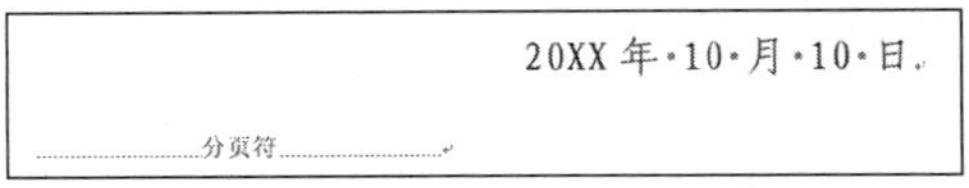

20XX·年·10·月·10·日·

·········分页符··········

图 3-87　整齐的下画线　　　　　　　图 3-88　显示编辑标记状态下的分页符

项目要求 4：在"内容摘要"前添加论文标题，内容为"苏州市姑苏区'四季晶华'社区网站（后台管理系统）"，设置字体为"宋体"，字号为"四号"，居中对齐。将"内容摘要"与"关键词："的格式设置为"宋体"，字号为"小四"，加粗。

 **操作步骤**

【步骤 1】　将光标定位在"内容摘要"前，按<Enter>键产生一个新段落。

【步骤 2】　输入论文标题内容，并在"开始"选项卡中完成字体、字号及对齐方式的设置。

【步骤 3】　选中文本"关键词："，单击"**▲**（格式刷）"按钮，当鼠标指针变为"**⊿**"形状时，选定要改变格式的"内容摘要"文本。

项目要求 5：将关键词部分的分隔号由逗号更改为全角分号。设置"内容摘要"所在页中所有段落的行距为固定值 20 磅。

操作步骤

【步骤 1】　选中关键词部分的逗号，在中文输入法状态下输入分号。

提示：输入分号前，标点状态应为 。

【步骤 2】 选中当前页中的所有段落，在"开始"选项卡的"段落"功能区中单击"□（对话框启动器）"按钮，在弹出的"段落"对话框中设置行距为固定值 20 磅，如图 3-89 所示。

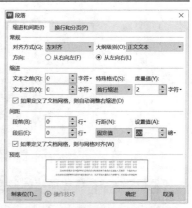

图 3-89 设置行距为固定值 20 磅

> **项目要求 6**：建立样式，对各级文本的格式进行统一设置。"内容级别"的字体为"宋体"，字号为"小四"，首行缩进 2 字符，行距为固定值 20 磅，大纲级别为"正文文本"；以后建立的样式均以"内容级别"为基础，"第一级别"为加粗，无首行缩进，段前和段后间距均为 0.5 行，大纲级别为"1 级"；"第二级别"为无首行缩进，大纲级别为"2 级"；"第三级别"为无首行缩进，大纲级别为"3 级"；"第四级别"的大纲级别为"4 级"。最后，参考"毕业论文-修订.pdf"中的最终结果，将建立的样式分别应用到对应的段落中。

知识储备

（2）样式

样式是为段落或字符所设置的格式集合（包括字体、字号、行距及对齐方式等）。

在 WPS 文字中，样式分为两种：内置样式和自定义样式。

① 内置样式。WPS 文字提供了多种内置样式，在"预设样式"下拉列表中显示的就是 WPS 文字中的内置样式（包括段落样式和字符样式），如图 3-90 所示。

V3-10 长文档编辑
项目要求 6～8

图 3-90 内置样式

如果内置样式不能满足用户的具体需要，则可对内置样式进行修改。在需要修改的内置样式（如"标题1"）上单击鼠标右键，在弹出的快捷菜单中选择"修改样式"命令，弹出"修改样式"对话框，按需要设置相应的格式即可，如图3-91所示。

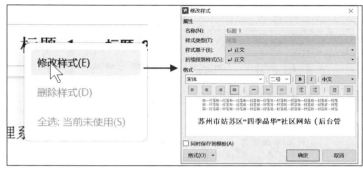

图3-91 修改样式

② 自定义样式。如果不想破坏WPS文字中的内置样式，则可以使用自定义样式。在"预设样式"下拉列表中选择"显示更多样式"选项，在右侧"样式和格式"窗格中单击"新样式"按钮，弹出"新建样式"对话框。

在"新建样式"对话框的"名称"文本框中输入新样式的名称，在"样式类型"下拉列表中可选择"段落""字符"等选项，在"格式"选项组中可进行更详细的格式设置。

> **提示：** 如果要使用已经设置为列表样式、段落样式或字符样式的基础文本，则需先在"样式基于"下拉列表中进行选择，再设置格式。

操作步骤

【步骤1】 在"预设样式"下拉列表中选择"显示更多样式"选项，在右侧"样式和格式"窗格中单击"新样式"按钮，弹出"新建样式"对话框，如图3-92所示。输入名称"内容级别"，样式类型选择"段落"。

【步骤2】 设置文本字体为"宋体"，字号为"小四"，单击"格式"下拉按钮，选择"段落"选项，在弹出的"段落"对话框中设置格式为首行缩进2字符，行距为固定值20磅，大纲级别为"正文文本"。

【步骤3】 其他4个新样式的创建与"内容级别"样式的创建方式类似，区别在于创建其他4个新样式时，需要在"样式基于"下拉列表中选择"内容级别"选项。"第二级别"样式的创建如图3-93所示。

图3-92 "新建样式"对话框

图3-93 "第二级别"样式的创建

💡 **提示：** 新建样式时，光标必须定位在文档中相应的内容处，否则会与光标所在处的样式关联。

【步骤 4】 完成样式创建后，"预设样式"下拉列表中会显示新样式的名称。应用样式时，先选定文本，再选择对应的样式名称即可，如图 3-94 所示。

图 3-94 "预设样式"下拉列表

【步骤 5】 查看设置样式后的具体效果。在"视图"选项卡中单击"（导航窗格）"按钮，左侧弹出"导航"窗格，如图 3-95 所示。在"导航"窗格中单击相应标题，右侧文档编辑区会自动到达指定位置，可快速查看样式的设置效果。

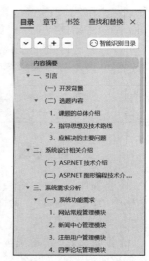

图 3-95 "导航"窗格

项目要求 7：将"三、系统需求分析（二）开发及运行环境"中的项目符号更改为"🖳"。

操作步骤

【步骤 1】 使用"导航"窗格快速找到要更改的内容，按住<Ctrl>键将项目符号所在的段落全部选中。

【步骤 2】 在"开始"选项卡的"段落"功能区中单击"（项目符号）"下拉按钮，在下拉列表中选择"自定义项目符号"选项，在弹出的"项目符号和编号"对话框中任意选择一个项目符号后，单击"自定义"按钮。

【步骤 3】 在弹出的"自定义项目符号列表"对话框中，单击"字符"按钮，打开"符号"对话框，在"字体"下拉列表中选择"Wingdings"选项，找到"🖳"符号（字符代码为 58），如图 3-96 所示，单击"插入"按钮，修改项目符号后的效果如图 3-97 所示。

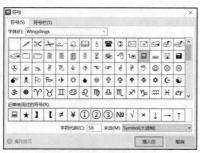

图 3-96 "符号"对话框

图 3-97 修改项目符号后的效果

项目要求 8：删除"二、系统设计相关介绍（一）ASP.NET 技术介绍"中的"分节符（下一页）"。

操作步骤

【步骤 1】 在"大纲"视图下，选中"分节符（下一页）"，如图 3-98 所示。

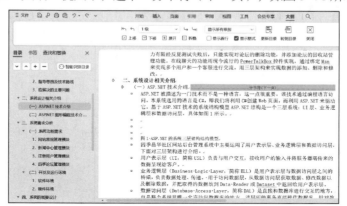

图 3-98 选中"分节符（下一页）"

【步骤 2】 按<Delete>键，删除"分节符（下一页）"。

项目要求 9：在封面页面后（即从第 2 页开始）自动生成目录，在目录前加上标题"目录"，设置文本字体为"宋体"，字号为"四号"，加粗，居中对齐，目录内容的字体为"宋体"，字号为"小四"，行距为固定值 18 磅。

知识储备

（3）域的概念

域是 WPS 文字中的一种特殊功能，由花括号 {}、域名（如 DATE 等）及域开关构成。域是 WPS 文字的精髓，它的应用非常广泛，WPS 文字中的插入对象、页码、目录、索引、表格公式计算等都涉及此功能。

（4）目录中的常见错误及解决方案

① 未显示目录，却显示{TOC}。目录是以域的形式插入文档中的，如果看到的不是目录，而是类似 {TOC} 这样的代码，则说明显示的是域代码，而不是域结果。若要显示目录的内容，则可在该域代码上单击鼠标右键，在弹出的快捷菜单中选择"切换域代码"命令。

提示：也可按<Shift+F9>组合键完成域代码与显示内容的切换。

② 显示的是"错误！未定义书签"，而不是页码。在错误标记上单击鼠标右键，在弹出的快捷菜单中选择"更新域"命令，在弹出的"更新目录"对话框中选择更新的方式。

③ 目录中包含正文内容（图片）。选中错误生成的正文内容（图片），重新设置其大纲级别为"正文文本"。

操作步骤

【步骤 1】 将光标定位在第 2 页论文标题前，在"引用"选项卡中单击 "  （目录）"下拉按钮，在下拉列表中选择"自定义目录"选项，弹出"目录"对话框，如图 3-99 所示。

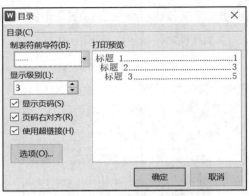

V3-11 长文档编辑
项目要求 9、10

图 3-99 "目录"对话框

【步骤 2】 在"目录"对话框中可对是否显示页码、页码对齐方式、制表符前导符和显示级别进行设置，这里使用默认设置即可。

【步骤 3】 单击"确定"按钮，生成目录后的效果（部分）如图 3-100 所示。

【步骤 4】 在目录前输入标题内容"目录"并设定相应格式，选定整体目录内容，根据要求设定格式。

图 3-100 生成目录后的效果（部分）

项目要求 10：为文档添加页眉和页脚，页眉左侧为学校 Logo，右侧为文本"毕业设计说明书"，在页脚中插入页码，页码居中。

操作步骤

【步骤 1】 在"插入"选项卡中单击" 📄页眉页脚 （页眉页脚）"按钮，增加"页眉页脚"选项卡。在页眉中插入图片，并输入相应文本。

【步骤 2】 将文本设置为右对齐；选中图片，在"布局选项"选项卡的"文字环绕"选项组中选择"衬于文字下方"选项，设置完成后将图片移动到页眉的左侧。

提示：在页眉中插入图片的操作方法与在文档中插入图片是一样的。

【步骤 3】 单击"页码"下拉按钮，插入"预设样式"为"页脚中间"的页码。

【步骤 4】 在"页眉页脚"选项卡中单击"关闭"按钮。

项目要求 11：从论文标题开始另起一页且从此页开始编写页码，起始页码为"1"。去除封面和目录的页眉和页脚中的所有内容。

知识储备

（5）WPS 文字中的节与分节符

节：文档的一部分，可在不同的节中更改页面设置或页眉和页脚的属性等。使用节时需在

WPS 文字的文档中插入分节符。

分节符：用于表示节的结尾而插入的标记；分节符包含节的格式设置元素，如页边距、页面的方向、页眉和页脚，以及页码的顺序；分节符将文档分成多节，可根据需要设置每节的格式。

具体操作：在"插入"选项卡中单击"（分页）"下拉按钮，在"分页"下拉列表中有 4 种不同类型的分节符，如图 3-101 所示。

① "下一页分节符"：插入一个分节符，新节从下一页开始。

② "连续分节符"：插入一个分节符，新节从同一页开始。

③ "偶数页分节符"或"奇数页分节符"：插入一个分节符，新节从下一个偶数页或奇数页开始。

节中可设置的格式包括页边距、纸张大小或方向、打印机纸张来源、页面边框、垂直对齐方式、页眉和页脚、分栏、页码编排、行号、脚注和尾注。

图 3-101 "分页"下拉列表

> 💡 **提示：** 分节符用于控制其前面文字的格式。如果删除某个分节符，则其前面的文字将合并到后面的节中，并采用后者的格式设置。

（6）删除页眉线

插入页眉后，在其底部会加上一条页眉线，如果不需要，则可将其删除。具体操作：双击页眉部分，将页眉中的内容选中，在"开始"选项卡中单击"段落"功能区中的"边框"下拉按钮，在下拉列表中选择"边框和底纹"选项，弹出"边框和底纹"对话框，在"边框"选项卡的"设置"选项组中选择"无"选项，单击"确定"按钮即可。

 **操作步骤**

【步骤 1】 将光标定位在目录后的论文标题前，在"插入"选项卡中单击"分页-（分页）"下拉按钮，在下拉列表中选择"下一页分节符"选项，插入分节符。

【步骤 2】 整篇文档变为两节，封面和目录为第 1 节，从内容摘要页开始至文档结束为第 2 节。在第 2 节的页眉处双击，进入第 2 节的页眉，如图 3-102 所示。

V3-12 长文档编辑
项目要求 11、12

图 3-102 第 2 节的页眉

【步骤 3】 在"页眉页脚"选项卡中取消选中"（同前节）"按钮，可设置与第 1 节不同的页眉，如图 3-103 所示。

【步骤 4】 在第 2 节的页脚中，使用与页眉相同的方法，取消选中"同前节"按钮。单击页脚区中的"重新编号"按钮，将页码编号设为"1"，如图 3-104 所示。

图 3-103 取消选中"同前节"按钮

图 3-104 重新编号

【步骤5】 选中第1节的页眉和页脚中的所有内容（图片、文本和页码），按<Delete>键将其删除，在"页眉页脚"选项卡中单击"关闭"按钮。

项目要求12：使用组织结构图对论文中的"图7 系统功能结构图"进行重新绘制。

 **操作步骤**

【步骤1】 将光标定位在原图后，在"插入"选项卡中单击"智能图形（智能图形）"按钮，弹出"智能图形"对话框，如图3-105所示。

图3-105 "智能图形"对话框

【步骤2】 选择"SmartArt"选项卡中的"组织结构图"选项，组织结构图即可生成，如图3-106所示。

【步骤3】 在"设计"选项卡中单击"智能图形（系列配色）"下拉按钮，在弹出的"系统配色"下拉列表中选择"主题颜色（主色）"中的第1个选项，如图3-107所示。

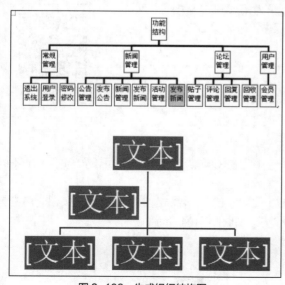

图3-106 生成组织结构图

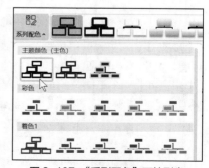

图3-107 "系列配色"下拉列表

【步骤4】 选中"组织结构图"中第2层的对象，按<Delete>键将其删除，效果如图3-108所示。

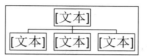

图 3-108　删除第 2 层对象后的效果

【步骤 5】　选中当前第 2 层的第 1 个对象，在"设计"选项卡中单击" 🔓 添加项目 ˅ （添加项目）"下拉按钮，在下拉列表中选择"在后面添加项目"选项，如图 3-109 所示，新的组织结构图如图 3-110 所示。

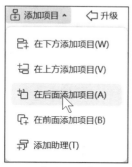

图 3-109　"添加项目"下拉列表

图 3-110　新的组织结构图

【步骤 6】　选中当前第 2 层的第 1 个对象，在"设计"选项卡中单击" 🔓 添加项目 ˅ （添加项目）"下拉按钮，在下拉列表中选择"在下方添加项目"选项，使用同样的方法为第 2 层中的其他对象添加项目并输入文本，如图 3-111 所示。

【步骤 7】　选中组织结构图中第 2 层的对象，在"设计"选项卡中单击" 🔓 布局 ˅ （布局）"下拉按钮，在下拉列表中选择"两者"选项，如图 3-112 所示。

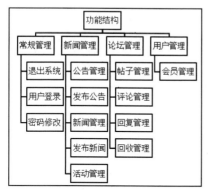

图 3-111　添加项目和输入文本后的组织结构图

图 3-112　"布局"下拉列表

【步骤 8】　选中组织结构图，在"设计"选项卡中选择合适的样式，如图 3-113 所示。调整组织结构图至合适大小，完成后的组织结构图如图 3-114 所示。

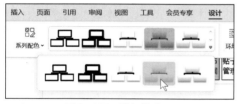

图 3-113　选择样式

图 3-114　完成后的组织结构图

【步骤9】 选择原来的"图7 系统功能结构图"，按<Delete>键将其删除。

项目要求 13：修改参考文献的格式，使其符合规范。

V3-13 长文档编辑
项目要求 13～18

操作步骤

【步骤1】 将全角逗号更改为半角逗号。

【步骤2】 调整文本顺序，使其格式为"作者.书名.出版社,年份:页数范围"。

【步骤3】 设置编号所在段落，将其悬挂缩进 2 字符。

项目要求 14：将"三、系统需求分析（二）开发及运行环境"中的英文字母全部更改为大写。

操作步骤

选中相应文本，在"开始"选项卡的"字体"功能区中单击"变 （拼音指南）"下拉按钮，在下拉列表中选择"更改大小写"选项，弹出"更改大小写"对话框，选中"大写"单选按钮，如图 3-115 所示。英文字母全部更改为大写后的效果如图 3-116 所示。

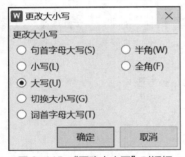

图 3-115 "更改大小写"对话框

> 1. 软件环境
> - 操作系统：WINDOWS·2000/XP·
> - 开发工具：VISUAL·STUDIO·2005·
> - 数据库管理系统：SQL·SERVER·2000·
> 2. 硬件环境
> - 磁盘大小：20GB 以上磁盘空间·
> - 显示分辨率：800×600，建议 1024×768·
> - 具备 PENTIUMⅣ、512MB 的 RAM 及以上配置的微型计算机一台·

图 3-116 英文字母全部更改为大写后的效果

项目要求 15：对全文进行拼写和语法检查。

知识储备

（7）输入时自动检查拼写和语法错误

在默认情况下，WPS 文字会在用户输入的同时自动进行拼写检查，用红色波形下画线表示可能存在的拼写问题，用蓝色波形下画线表示可能存在的语法问题。可在"文件"菜单中选择"选项"命令，在"选项"对话框的"拼写检查"选项卡中进行详细设置，如图 3-117 所示。

若要修改错误内容，则可在有红色或蓝色波形下画线的内容处单击鼠标右键，在弹出的快捷菜单中选择所需的命令。

（8）集中检查拼写和语法错误

在"审阅"选项卡中单击"ABC 拼写检查 （拼写检查）"按钮，弹出"拼写检查"对话框，如图 3-118 所示。单击"更改"或"全部更改"按钮可以修改为系统建议的内容；单击"忽略"或"全部忽略"按钮表示不进行修改；单击"添加到词典"按钮可把该内容添加到词典中，以后遇到同样的内容时，WPS 文字不会再将其提示为错误内容。

图 3-117 "拼写检查"选项卡

图 3-118 "拼写检查"对话框

 **操作步骤**

【步骤1】 在"审阅"选项卡中单击" ^{ABC}拼写检查 ▾ （拼写检查）"按钮，让 WPS 文字自动进行拼写和语法的检查。

【步骤2】 修正"五、系统的详细设计（四）系统实现"中的多处标点符号错误，以及单词拼写错误。完成拼写和语法的检查后，会弹出提示框。

项目要求 16：在有疑问或内容需要修改的地方插入批注。给"二、系统设计相关介绍（一）ASP.NET 技术介绍"中的"UI，简称 USL"文本插入批注，批注内容为"此处写法有逻辑错误，需要修改"。

🛒 **知识储备**

（9）"审阅"选项卡

在"审阅"选项卡中可以添加批注，批注是作者或审阅者为文档添加的注释，显示在文档的右侧。在编写文档时，利用批注可方便地修改或添加注释。"审阅"选项卡中的常用功能如下。

① 显示批注。在"审阅"选项卡中单击" 显示标记 ▾ （显示标记）"下拉按钮，在下拉列表中选中"批注"复选框即可看到文档中的所有批注，取消选中"批注"复选框将隐藏文档中的批注，也可显示或隐藏其他修订标记。

② 记录修订轨迹。在对文档进行编辑时，单击" （修订）"下拉按钮，在下拉列表中选择"修订"选项后，将记录所有的编辑过程，并以各种修订标记显示在文档中，供接收文档的人查阅。

③ 接受或拒绝修订。当打开带有修订标记的文档时，可在"审阅"选项卡中单击" （接受）"或" （拒绝）"按钮，有选择地接受或拒绝其他用户的修订。

💡 **提示**：如果要退出修订状态，则再次单击" （修订）"按钮即可。

  **操作步骤**

【步骤1】 在文档中"二、系统设计相关介绍 （一）ASP.NET 技术介绍"处，选中"UI，简称 USL"文本。

【步骤2】 在"审阅"选项卡中单击" （插入批注）"按钮，在弹出的批注框中输入内容

"此处写法有逻辑错误，需要修改"，插入批注后的效果如图 3-119 所示。

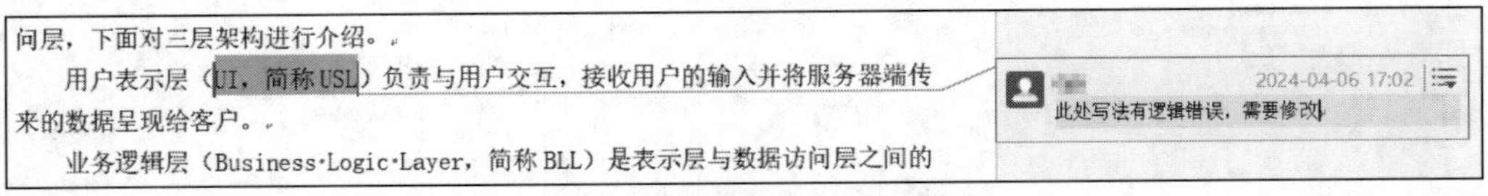

问层，下面对三层架构进行介绍。

　　用户表示层（UI，简称 USL）负责与用户交互，接收用户的输入并将服务器端传来的数据呈现给客户。

　　业务逻辑层（Business·Logic·Layer，简称 BLL）是表示层与数据访问层之间的

2024-04-06 17:02

此处写法有逻辑错误，需要修改

图 3-119　插入批注后的效果

 提示：若要删除单个批注，则可在该批注上单击鼠标右键，在弹出的快捷菜单中选择"删除批注"命令。

项目要求 17：文档格式编辑完成后，更新目录页码。

 **操作步骤**

【步骤 1】　将光标定位在目录中并单击鼠标右键，在弹出的快捷菜单中选择"更新域"命令，如图 3-120 所示。

【步骤 2】　在弹出的"更新目录"对话框中选中"只更新页码"单选按钮，单击"确定"按钮，如图 3-121 所示，完成目录页码的自动更新。

图 3-120　选择"更新域"命令

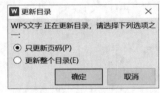

图 3-121　"更新目录"对话框

 提示：如果目录中的内容发生改变，则可选中"更新整个目录"单选按钮。

项目要求 18：同时打开"毕业论文-初稿.docx"和"毕业论文-修订.docx"两个文档，使用"并排查看"功能快速浏览完成的修订。

🛒 **知识储备**

（10）并排查看文档

　　打开两个或两个以上的 WPS 文字文档，在"视图"选项卡中单击"📑（并排比较）"按钮，右侧的"同步滚动"和"重设位置"按钮变得可用，其功能区如图 3-122 所示。

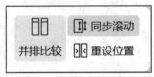

图 3-122　"并排比较"功能区

 **操作步骤**

【步骤 1】　同时打开"毕业论文-初稿.docx"和"毕业论文-修订.docx"两个文档。

【步骤 2】　在"毕业论文-修订.docx"文档中，在"视图"选项卡中单击"📑（并排比较）"按钮。

【步骤3】 再次单击"▦（并排比较）"按钮，可退出并排查看状态。

🎓 知识扩展

（1）高级替换

单击"开始"选项卡中的"查找替换"按钮，弹出"查找和替换"对话框中，在"特殊格式"下拉列表中选择"剪贴板内容"选项，可完成高级替换，如图 3-123 所示。

具体操作：为最终的替换结果设定一个效果，将此效果选中并单击鼠标右键，在弹出的快捷菜单中选择"复制"命令，此效果即自动保存到剪贴板中。在"查找和替换"对话框的"替换"选项卡的"查找内容"文本框中输入相应文本，单击"特殊格式"下拉按钮，在弹出的下拉列表中选择"剪贴板内容"选项，此时，"替换为"文本框中出现"^c"标记，如图 3-124 所示，单击"全部替换"按钮。

图 3-123　"特殊格式"下拉列表

图 3-124　使用剪贴板内容进行高级替换

（2）制表符的设置

制表符是页面中放置和对齐输入内容的定位标记，使用户能够向左、向右或居中对齐文本行，或者使文本与小数符号、竖线符号对齐。

① 制表符类型。WPS 文字中有 4 种制表符类型：左对齐制表符▙——输入的文本以此位置左对齐；居中制表符▟——输入的文本以此位置居中对齐；右对齐制表符▟——输入的文本以此位置右对齐；小数点对齐制表符▟——小数点以此位置居中对齐。

② 设置制表符。在"视图"选项卡中选中"标尺"复选框，单击水平标尺左端的制表符▙，将它更改为所需的制表符类型，在水平标尺上选择要插入制表符的位置。

> 💡 **提示：** 若要设置精确的度量值，则可在"开始"选项卡的"段落"功能区中单击"▦（制表位）"按钮，在"制表位位置"文本框中输入所需度量值，单击"设置"按钮。

③ 利用制表符输入内容。利用制表符可以输入类似于表格的内容，也可以把这些内容转换为表格。

制表符设置完成后，按<Tab>键，插入点跳到第 1 个制表符，输入第 1 列文字。再次按<Tab>键，插入点跳到第 2 个制表符，输入第 2 列文字。以同样的方法输入其他列的内容，第 1 行输入完成后，按<Enter>键换行，第 2 行和第 3 行以同样的方法进行输入。

④ 移动和删除制表符。在水平标尺上左、右拖动制表符标记即可移动该制表符。选定要删除或移动的制表符，将制表符标记向下拖离水平标尺即可删除该制表符。

⑤ 改变制表位。在"制表位"对话框的"制表位位置"文本框中，输入新的制表位，在"对齐方式"选项组中，选择制表位输入文本的对齐方式。在"前导符"选项组中，选择所需前导符的选项，单击"设置"按钮，即可将制表位添加到"制表位位置"列表框中，单击"清除"按钮，可删除添加的制表位，如图 3-125 所示。

（3）多级编号

多级编号用于为列表或文档设置层次结构。一个文档中最多可以有9个级别。

① 多级编号的创建。具体操作：在"开始"选项卡的"段落"功能区中单击"▤▾（编号）"下拉按钮，在下拉列表的"多级编号"选项组中选择一种编号格式，如图3-126所示，输入文本，每输入一项后按<Enter>键换行，多级编号会以同样的级别自动插入到每一行的行首。

图3-125 "制表位"对话框

图3-126 "多级编号"选项组

若要将多级编号项目移动到合适的编号级别，则可在"开始"选项卡的"段落"功能区中单击"▤（增加缩进量）"按钮将项目降至较低的编号级别；单击"▤（减少缩进量）"按钮将项目提升至较高的编号级别。

> 提示：也可以按<Tab>键降低编号级别或按<Shift+Tab>组合键提升编号级别。

② 定义新的多级列表。具体操作：在"开始"选项卡的"段落"功能区中单击"▤▾（编号）"下拉按钮，在下拉列表中选择"自定义编号"选项，在弹出的"项目符号和编号"对话框的"多级编号"选项卡中任意选择一种多级编号，单击"自定义"按钮，在"自定义多级编号列表"对话框中单击"高级"按钮，可对不同的级别设定不同的编号格式，如对齐位置、制表位位置、缩进位置等，如图3-127所示。

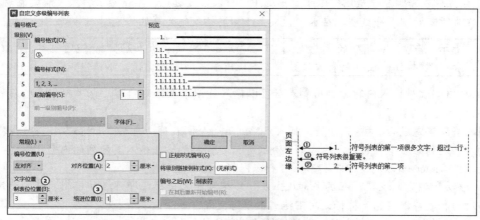

图3-127 多级编号的高级设置

③ 位置详解。

对齐位置：多级编号与页面左边缘的距离。

制表位位置：第1行文本开始处与页面左边缘的距离。

提示： 如果 "制表位位置" 小于 "对齐位置" 或者太大，则 WPS 文字将会忽略此设置。

缩进位置：文本第 2 行的开始处与页面左边缘的距离。如果想让文本其他行都与第 1 行对齐，则可将此处的值与 "制表位位置" 设为相同大小。

④ 将级别链接到样式。每个级别的编号格式均可与 WPS 文字中的样式进行链接。在 "自定义多级编号列表" 对话框的 "将级别链接到样式" 下拉列表中选择样式，即可对当前级别的编号与相应样式进行链接。

（4）题注

题注是 WPS 文字给文档中的表格、图片、公式等添加的名称和编号。插入、删除或移动题注后，WPS 文字会给题注重新编号。当文档中的图、表数量较多时，WPS 文字会自动添加这些序号，既省力又可避免错误发生。题注可手动插入和自动插入。

选中需要添加题注的图或表，在 "引用" 选项卡中单击 "▨ 题注（题注）" 按钮，在弹出的 "题注" 对话框中设置题注的标签及位置即可，如图 3-128 所示。

提示： 也可单击 "新建标签" 按钮，打开 "新建标签" 对话框并自定义标签，如图 3-129 所示。

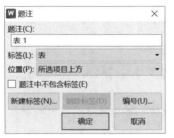

图 3-128　"题注" 对话框

图 3-129　"新建标签" 对话框

（5）插入文件

具体操作：在 "插入" 选项卡中单击 "🔗 附件▾（附件）" 下拉按钮，选择 "文件中的文字" 选项，如图 3-130 所示。在弹出的 "插入文件" 窗口中选择相应文件后，单击 "打开" 按钮，如图 3-131 所示，完成文件内容的插入。

图 3-130　选择 "文件中的文字" 选项

图 3-131　"插入文件" 窗口

（6）设置超链接

超链接是带有颜色和下画线的文字或图形，单击超链接后可以转到其他文件或网页。

💡 **提示：** 在自动生成的目录中按住<Ctrl>键单击标题，即可到达该标题在文档正文中的位置，这就是 WPS 文字中的超链接。

具体操作：选中需要添加超链接的文本或图片并单击鼠标右键，在弹出的快捷菜单中选择"超链接"命令，在"插入超链接"对话框中选择要链接的目标（本文档中的位置、原有文件或网页等），如图 3-132 所示，设置完成后，单击"确定"按钮即可。

图 3-132 "插入超链接"对话框

打开超链接：超链接设置完成后，按住<Ctrl>键，将鼠标指针移动到超链接上时，鼠标指针会变成手的形状，单击即可跳转到指定位置。

删除超链接：在超链接上单击鼠标右键，在弹出的快捷菜单中选择"取消超链接"命令即可。

（7）文档保护

① 设置文档密码。为了保护 WPS 文字文档免遭恶意攻击或者修改，可以对文档设置密码。

在"文件"菜单中选择"文档加密"→"密码加密"命令，如图 3-133 所示。

为了防止非授权用户打开文档，可以在"密码加密"对话框中设置"打开权限"密码，如图 3-134 所示。

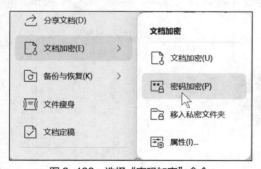

图 3-133 选择"密码加密"命令

图 3-134 设置"打开权限"密码

② 编辑限制。在"文件"菜单中选择"文档加密"→"密码加密"命令，在"密码加密"对话框中设置"编辑权限"密码，如图 3-135 所示。设定完成后，再次打开文档时会出现"文档已设置编辑密码"提示框，如图 3-136 所示，输入"编辑权限"密码后才可编辑文档，否则文档属性为只读。

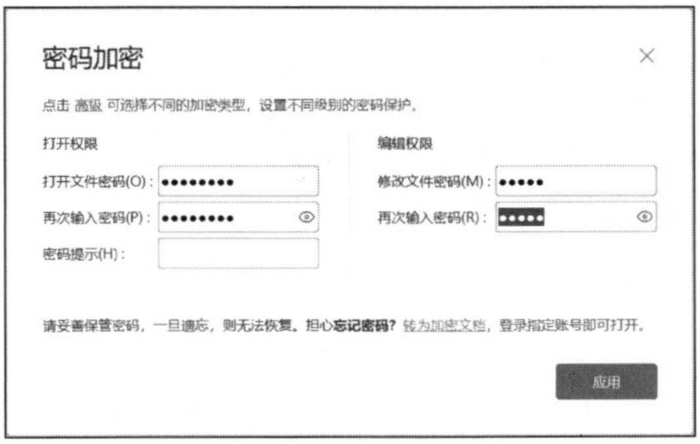

图 3-135 设置“编辑权限”密码

图 3-136 “文档已设置编辑密码”提示框

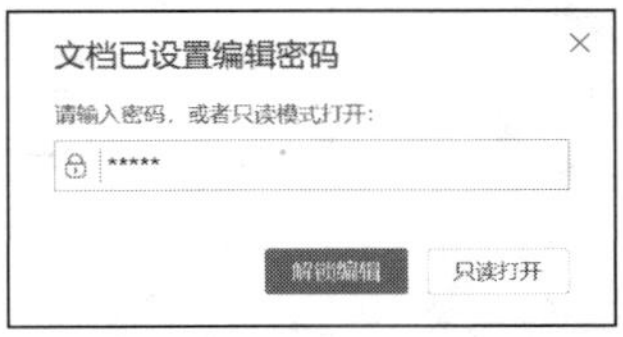

拓展练习

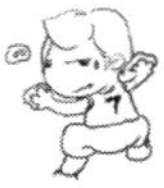

使用提供的文字和图片资料，完成产品说明书的制作。说明书中部分页面的效果如图 3-137 所示，最终效果见“产品说明书.pdf”。

目 录

I. 概览 1
i 概览 1
· 配件 1
ii 按钮 2
· 睡眠/唤醒按钮 2
· 屏幕旋转锁和音量按钮 2
· 麦克风 3
iii 主屏幕 4
· 状态图标 4
iv 屏幕键盘 4
· 键入 4
· 字典 5
· 国际键盘 6
· 搜索 6
v 使用和清洁 iPad 7
· 舒适地使用 iPad 7
· 清洁 iPad 7
II. 使用入门 8
i 设置 iPad 8
· 设置 iPad: 8
ii 同步 9

表 1

项目	用途
10W USB 电源适配器	使用 10W USB 电源适配器，可为 iPad 供电并给电池充电。
基座接口转 USB 电缆	使用此电缆将 iPad 连接到电脑进行同步，或者连接到 10W USB 电源适配器进行充电。将此电缆与可选购的 iPad 基座或 iPad Keyboard Dock 键盘基座搭配使用，或者将此电缆直接插入 iPad。

ii按钮

几个简单的按钮可让您轻松地开启和关闭 iPad、锁定屏幕方向以及调整音量。

· 睡眠/唤醒按钮

如果未在使用 iPad，则可以将其锁定。如果锁定 iPad，在您触摸屏幕时，它不会有任何反应，但是您仍可以聆听音乐以及使用音量按钮。

图 3

· 屏幕旋转锁和音量按钮

通过屏幕旋转锁，使 iPad 屏幕的显示模式保持为竖向或横向。使用音量按钮来调整歌曲和其他媒体的音量以及提醒声音的音量。

2

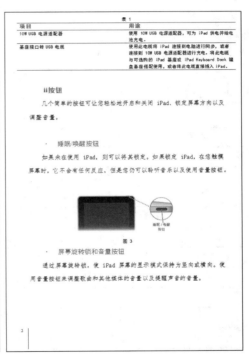

图 3-137 说明书中部分页面的效果

3.5 WPS 文字综合应用

项目情境

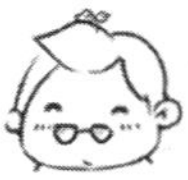

第一学年的学习生活即将结束，系部为了增进宿舍成员之间的学习及生活交流，发起了以“舍友”为刊名的宿舍期刊制作活动。每个宿舍的成员分工合作，努力把最好的作品展现出来。

　　完成名称为"舍友"的期刊的制作。总体要求：纸张大小为 A4，页数至少为 20 页；整体内容编排顺序为封面、日期和成员、卷首语、目录、期刊内容（围绕大学生活，每位宿舍成员至少完成 2 页内容的排版）和封底。

　　内容以原创为主，可适当在网上搜索素材进行补充，但必须注明出处。具体的版式及效果自行设计。具体制作要求如表 3-4 所示。

表 3-4　具体制作要求

序号	具体制作要求
1	刊名为"舍友"，版式、效果自行设计
2	宿舍成员信息真实，内容以原创为主
3	使用的网络素材需经过加工
4	需要用到图片、表格、艺术字、文本框、自选图形等
5	目录自动生成或使用制表符完成
6	色彩协调，标题醒目、突出，同级标题格式统一
7	版面设计合理，风格协调
8	图文并茂，文本字距、行距适中，且清晰易读
9	使用分节符，使页码从期刊内容处开始编码
10	页眉和页脚需根据不同版块设计不同的内容

PART 4

4.1 产品销售表——编辑排版

项目情境

暑期，小 C 来到某饮料公司参加社会实践。该公司办公时使用最多的就是 WPS Office 办公软件，要经常制作产品库存情况、销售情况及送货销量清单等。在市场营销部，小 C 负责制作每天各种饮料销售的数据记录表。

项目分析

1. 用什么制表？WPS 表格是办公软件 WPS Office 的组件之一，它不仅可以用于制作各种类型的表格，还可以对表格数据进行分析统计、根据表格数据制作图表等。企业生产中对产品数量的统计分析、人事岗位上对职工工资的管理与分析、教师岗位上对学生成绩的统计与分析都需要 WPS 表格的帮助。数据的输入、公式的计算、数据的管理与分析知识非常重要，掌握这些知识可以让用户使用尽量少的时间去管理庞大而又复杂的数据。

2. 数据怎么录入？可以在工作表中直接输入数据，也可以通过复制粘贴的方式输入数据。不同的数据类型有不同的输入格式，要严格按照格式进行输入，还要掌握快速输入数据的小技巧。

3. 数据格式如何设置？选中要设置格式的数据所在的单元格，通过"单元格格式"对话框中的"数字""对齐"等选项卡完成相关设置。

第 4 幕热身练习

技能目标

1. 熟悉 WPS 表格的启动与退出方法及基本界面，理解工作簿、工作表等基本概念。
2. 学会对编辑对象进行选定、复制、移动、删除等基本操作。
3. 能进行工作表的管理操作。
4. 学会对单元格进行基本的格式设置。
5. 在学习时能够和 WPS 文字的有关内容进行对比，将各知识点融会贯通、学以致用。
6. 掌握自主学习的方法，如按<F1>键，打开"帮助中心"进行学习。

 重点集锦

某月碳酸饮料送货销量清单

序号	客户名称	送货地区	路线	渠道编号	碳酸饮料CSD																						
					600mL										1.5L					2.5L			355mL						
					百	七	美	青	柚	薇	轻	酱	板	合	百	七	美	青	合	百	七	合	百	七	美	青	薇	西	轻	合
1	百顺超市	望山	1/9	525043334567	16	1	1	2		1	2	1	2	1	3	3	3			20	10		5	1	1	1				
2	百汇超市	望山	1/9	525043334567	12		2	2					1		2	5	5			15	5		5	1	1	1	1			
3	小平超市	望山	1/9	523034567894					1											6	3									
4	农工联超市	东楮	1/9	525043334567	12	1	2	2		2					3	3				8	4		5	1	1		1			
5	供销社批发	东楮	1/9	511023456783																10	5									
6	上海发联超市	东楮	1/9	525043334567	16	1	1	2	2						3					2	2		8		1					
7	凯新小卖部	郑湖	2/9	523034567894	30																									
8	光明小卖部	郑湖	2/9	523034567894	10										5		5	5		5	5									
9	顺发批发	郑湖	2/9	511023456783	50															10	10		50							
10	海明副食品	郑湖	2/9	511023456783	50																									

日期：2024年9月1日 单位：箱

 项目详解

项目要求1：在"4.1 要求与素材.xlsx"工作簿中的"素材"工作表后插入一个新的工作表，将其命名为"某月碳酸饮料送货销量清单"。

 操作步骤

【步骤1】　打开"4.1 要求与素材.xlsx"工作簿。

【步骤2】　在"素材"工作表标签上单击鼠标右键，在弹出的快捷菜单中选择"插入工作表"命令，弹出"插入工作表"对话框，如图 4-1 所示，单击"确定"按钮，得到新的工作表。

【步骤3】　双击新工作表标签，将其重命名为"某月碳酸饮料送货销量清单"。

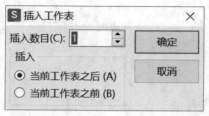

图 4-1　"插入工作表"对话框

V4-1　产品销售表
——编辑排版项目
要求 1～3

项目要求2：将"素材"工作表中的字段名行选择性粘贴（只粘贴数值）到"某月碳酸饮料送货销量清单"工作表的 A1 单元格中。

知识储备

（1）单元格的选取

在进行其他操作之前必须熟悉和掌握选取单元格的操作。

> **提示：** 选定一个以上单元格后，被选定区域左上角的单元格是当前活动单元格，颜色为白色，其他单元格为浅灰色。

① 连续单元格的选定：从要选择的单元格区域的左上角拖曳鼠标到最后一个单元格，即可选择一块连续的单元格区域。

> **提示：** 如果需要选取的是较大的单元格区域，则可以先单击第一个单元格，再按住<Shift>键，单击最后一个单元格。

② 选中一行或一列单元格：直接单击行号或列标即可。

③ 选取不相邻的单元格：选定第一个单元格区域，按住<Ctrl>键，继续选择其他单元格区域。

④ 选取全部单元格：单击工作表左上角的全选按钮，即可选中整个工作表。

> **提示：** 选取全部单元格也可以按<Ctrl+A>组合键。

（2）选择性粘贴

选择性粘贴与平常所说的粘贴是有区别的。粘贴是把所有复制的东西都粘贴下来，包括数值、公式、格式、批注等；选择性粘贴是指把剪贴板中的内容按照一定的规则粘贴到工作表中，是有选择的粘贴，如只粘贴数值、格式或者批注等。

> **提示：** 利用选择性粘贴还可以完成工作表行、列关系之间的交换，实现的方式是单击"开始"选项卡中的"粘贴"下拉按钮，选择"选择性粘贴"选项，选中"选择性粘贴"对话框中的"转置"复选框。

操作步骤

【步骤1】 单击"素材"工作表标签，选中第1～3行的单元格并单击鼠标右键，在弹出的快捷菜单中选择"复制"命令。

【步骤2】 单击"某月碳酸饮料送货销量清单"工作表标签，选中A1单元格并单击鼠标右键，在弹出的快捷菜单中选择"选择性粘贴"命令，弹出"选择性粘贴"对话框，如图4-2所示，选中"粘贴"选项组中的"数值"单选按钮，单击"确定"按钮。

图4-2 "选择性粘贴"对话框

> **项目要求3：** 将"素材"工作表中的前10条数据记录（从A4到AC13单元格）复制到"某月碳酸饮料送货销量清单"工作表从A4开始的单元格区域中，并清除复制后单元格的格式。

知识储备

（3）单元格的清除

粘贴数据时，除了输入数据本身，有时候还会输入数据的格式、批注等信息。清除单元格时，如果使用选定单元格后按<Delete>键或<Backspace>键的方式进行删除，则只能删除单元格中的文本内容，单元格格式和批注等内容依然会保留下来。如要删除单元格格式、批注，或者要将单元格中的所有内容全部删除，则需要在"开始"选项卡中单击"清除"下拉按钮，在下拉列表中选择相应选项。

操作步骤

【步骤1】 单击"素材"工作表标签，选中 A4 单元格，按住<Shift>键，单击 AC13 单元格并单击鼠标右键，在弹出的快捷菜单中选择"复制"命令。

【步骤2】 单击"某月碳酸饮料送货销量清单"工作表标签，选中 A4 单元格并单击鼠标右键，在弹出的快捷菜单中选择"粘贴"命令。

【步骤3】 在新粘贴到工作表中的数据保持选中的情况下，在"开始"选项卡中单击"清除"下拉按钮，在下拉列表中选择"格式"选项，如图 4-3 所示，清除单元格格式。

图 4-3 "清除"下拉列表

项目要求4：在"客户名称"列前插入一列，在 A1 单元格中输入"序号"，在 A4 到 A13 单元格区域中使用填充句柄功能自动填入序号"1、2……"。

知识储备

（4）填充序列和填充句柄

在输入连续性数据时，可使用 WPS 表格提供的填充序列功能以快速输入数据，节省工作时间。能够填充的数据有等差数据序列（如1、2、3……或1、3、5……）、等比数据序列（如1、2、4……或1、4、16……），时间日期（如3：00、4：00、5：00……或6月1日、6月2日、6月3日等），WPS 表格还提供了一些已经设置好的文本系列数据（如甲、乙、丙、丁……或子、丑、寅、卯……）。

只要输入数据序列中的数据，就可以从该数据开始填充序列。填充时需要使用"填充句柄"，即位于当前活动单元格右下方的方块"▭"，当鼠标指针变为黑色的十字形"✚"时，可以拖动填充句柄进行自动填充。

提示：使用鼠标拖动填充句柄的时候，向下和向右是按数据序列顺序填充的，如果向上或向左方向拖动，就会进行倒序填充。如果拖动超出了所需范围，则可以把填充句柄拖回到需要的位置，多余的部分就可以被擦除，或者选定有多余内容的单元格区域，按<Delete>键将其删除。如果数据序列的个数是事先规定好的，则在填充的单元格数目超过序列规定个数时，便会循环填充同样的序列数据。若输入的第一个数据不是已有的序列，拖动填充句柄时就变成了复制操作，选取的每一个单元格都与第一个单元格的数据相同。要对序列数据进行复制，可按住<Ctrl>键再进行填充，下面的操作中会做具体说明。除了使用系统内部的数据序列，用户也可以自定义数据序列。其实现方法是在"文件"菜单中选择"选项"命令，弹出"选项"对话框，选择"自定义序列"选项卡，在"输入序列"文本框中输入自定义序列后，单击"添加"按钮，如图 4-4 所示；也可以从单元格直接导入，具体操作步骤将在后面详细介绍。

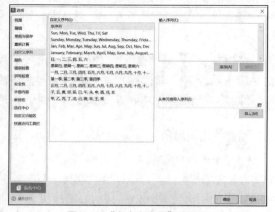

图 4-4 "自定义序列"选项卡

计算机应用情境教学基础教程（Windows 10+WPS Office）（微课版）（第 2 版）

 **操作步骤**

【步骤1】 在"某月碳酸饮料送货销量清单"工作表中，选中 A 列并单击鼠标右键，在弹出的快捷菜单中选择"在左侧插入列"命令，数量设置为 1，便可在"客户名称"列前插入一列。

 提示： 在插入行或列时，可以选择在左侧或右侧插入列或者在上方或下方插入行。

【步骤2】 在 A1 单元格中输入"序号"，在 A4 单元格中输入起始值"1"，按住<Alt>键，拖动 A4 单元格右下角的填充句柄至 A13 单元格，得到等差数据序列，如图 4-5 所示。

图 4-5 拖动填充句柄进行自动填充

V4-2 产品销售表
——编辑排版项目
要求 4～6

 提示： 除了以上提到的按住<Alt>键拖动填充句柄填充等差序列的方法，还可以在第一个单元格中输入数据序列的起始值，选中要填充的所有单元格，在"开始"选项卡中单击"填充"下拉按钮，在下拉列表中选择"序列"选项，弹出"序列"对话框，选择序列类型，输入"步长值"和"终止值"，实现数据序列的填充。

项目要求 5： 在"联系电话"列前插入两列，字段名分别为"路线""渠道编号"，并分别输入对应的路线和渠道编号数值。

知识储备

（5）数据的录入

在 WPS 表格中，录入的数据可以是文字、数字、函数和日期等格式。

在默认状态下，所有文本在单元格中均为左对齐，数字为右对齐，但如果输入的数据大于或等于 12 位，则数据会自动转换为文本类型，WPS 表格会自动在数据前面输入英文状态下的单引号"'"，如"123456789123456789"，如果不想以这种格式显示数据，则可以单击数据所在单元格前方出现的错误提示按钮，在列表框中选择"转换为数字"选项，此时数字会以科学记数法的形式呈现。

 提示： 如果单元格内出现若干个"#"，则并不意味着该单元格中的数据已被破坏或丢失，只是表明单元格的宽度不够，以致不能显示数据内容或公式结果。改变单元格的宽度后，就可以看到单元格的实际内容了。

日期的默认对齐方式为右对齐，输入时常用的日期格式有"2024-9-1""2024/9/1""24-9-1""24/9/1""9-1""9/1"等，以上日期格式（除"9-1""9/1"以外）在单元格中都会以"2024/9/1"的形式呈现，"9-1""9/1"在单元格中显示为"9 月 1 日"。

 **操作步骤**

【步骤1】 在"某月碳酸饮料送货销量清单"工作表中，选中 D 列并单击鼠标右键，在弹出的快捷菜单中选择"插入"→"在左侧插入列"命令，设置列数为 2，即可在"联系电话"列前插入两列。

【步骤2】 在 D1 单元格中输入"路线"，在 D4 单元格中输入"0"、空格、"1/9"，按<Enter>键得到路线编号，如图4-6所示，其他路线编号使用同样的方法输入。

【步骤3】 在 E1 单元格中输入"渠道编号"，在 E4 单元格中直接输入 12 位渠道编号，如图4-7所示，其他渠道编号使用同样的方法输入。

图4-6 输入"0"、空格、"1/9"时
得到的路线编号

图4-7 直接输入 12 位渠道编号

项目要求6：删除字段名为"联系电话"的列。

 **操作步骤**

【步骤1】 在该工作表中选中 F 列。

【步骤2】 在选中区域内单击鼠标右键，在弹出的快捷菜单中选择"删除"命令。

项目要求7：在 A14 单元格中输入"日期:"，在 B14 单元格中输入当前日期，并设置日期类型为"2001 年 3 月 7 日"，在 C14 单元格中输入"单位:"，在 D14 单元格中输入"箱"。

 **操作步骤**

【步骤1】 在该工作表中选中 A14 单元格，输入文字"日期:"。

【步骤2】 选中 B14 单元格，输入当前日期，如"2024-9-1"，单击鼠标右键，在弹出的快捷菜单中选择"设置单元格格式"命令，弹出"单元格格式"对话框，在"数字"选项卡的"分类"列表框中选择"日期"选项，在"类型"列表框中选择第 1 种日期类型，如图4-8所示，单击"确定"按钮。

V4-3 产品销售表
——编辑排版项目
要求 7～12

图4-8 "单元格格式"对话框的"数字"选项卡

【步骤3】 适当调整 B 列的列宽，以显示 B14 单元格的全部内容。

提示： 调整行高和列宽时，除了直接使用鼠标拖动行与行或列与列之间的分隔线，还可以使用对话框实现。在"开始"选项卡中单击"行和列"下拉按钮，在下拉列表中选择"行高"或"列宽"选项，弹出"行高"或"列宽"对话框，直接输入需要的行高或列宽值即可；也可以直接选择"行和列"下拉列表中的"最适合的行高"或"最适合的列宽"选项进行行高和列宽的设置。

【步骤4】 选中 C14 单元格，输入文字"单位："。

【步骤5】 选中 D14 单元格，输入文字"箱"。

项目要求 8：将工作表中所有的"卖场"替换为"超市"。

操作步骤

【步骤1】 在该工作表中，在"开始"选项卡中单击"查找"下拉按钮，在下拉列表中选择"替换"选项，弹出"替换"对话框。

【步骤2】 在"查找内容"文本框中输入"卖场"，在"替换为"文本框中输入"超市"，单击"全部替换"按钮，在弹出的提示对话框中单击"确定"按钮，完成替换操作。

项目要求9：在第一行上方插入一行，将 A1 到 AE1 单元格格式设置为"跨列居中"，并输入标题"某月碳酸饮料送货销量清单"。

操作步骤

【步骤1】 在该工作表中选中第一行并单击鼠标右键，在弹出的快捷菜单中选择"插入"→"在上方插入行"命令，行数设置为1。

【步骤2】 选中 A1 到 AE1 之间的所有单元格并单击鼠标右键，在弹出的快捷菜单中选择"设置单元格格式"命令，弹出"单元格格式"对话框，在"对齐"选项卡的"水平对齐"下拉列表中选择"跨列居中"选项，并选中"文本控制"选项组中的"合并单元格"复选框，如图 4-9 所示，单击"确定"按钮。

【步骤3】 选中 A1 单元格，输入标题"某月碳酸饮料送货销量清单"。

项目要求10：调整表头格式，使用文本控制和文本对齐方式合理设置字段名，并将表格中所有文本的对齐方式设置为居中对齐。

操作步骤

【步骤1】 选中 A2 至 A4 之间的单元格并单击鼠标右键，在弹出的快捷菜单中选择"设置单元格格式"命令，弹出"单元格格式"对话框，在"对齐"选项卡中设置文本控制方式为"合并单元格"，文本水平对齐和垂直对齐方式均为"居中"，如图 4-10 所示，单击"确定"按钮。

图 4-9　设置单元格格式为"跨列居中"

图 4-10　设置文本水平对齐和垂直对齐方式均为"居中"

提示：同时设置了"合并单元格"与"居中"后，等同于在"开始"选项卡中单击"合并"下拉按钮，在下拉列表中选择"合并居中"选项，可配合"垂直居中"按钮完成设置。

【步骤2】　使用同样的方法处理其他字段名，各字段名对应的单元格区域如下："客户名称"对应 B2:B4；"送货地区"对应 C2:C4；"路线"对应 D2:D4；"渠道编号"对应 E2:E4；"碳酸饮料 CSD"对应 F2:AE2；"600mL"对应 F3:O3；"1.5L"对应 P3:T3；"2.5L"对应 U3:W3；"355mL"对应 X3:AE3。其中，在"送货地区"文本中间按<Alt+Enter>组合键换行，将该字段名分两行显示。

提示：在 WPS 表格的单元格中换行需要按<Alt+Enter>组合键；直接按<Enter>键是确认数据输入结束，此时活动单元格的位置会下移一行，在新的单元格中继续输入数据。

【步骤3】　选中A2至AE15之间的单元格，在"开始"选项卡中单击"三（水平居中）"按钮。

项目要求11：设置标题文字字体为"仿宋"，字号为11磅，蓝色；设置字段名行的文字字体为"仿宋"，字号为9磅，加粗；设置记录行和表格说明文字字体为"宋体"，字号为9磅。

操作步骤

【步骤1】　选中 A1 单元格的标题并单击鼠标右键，在弹出的快捷菜单中选择"设置单元格格式"命令，弹出"单元格格式"对话框，在"字体"选项卡中设置字体为"仿宋"，字号为 11磅，颜色为蓝色，单击"确定"按钮。

【步骤2】　选中 A2 至 AE4 之间的字段名并单击鼠标右键，在弹出的快捷菜单中选择"设置单元格格式"命令，弹出"单元格格式"对话框，在"字体"选项卡中设置字体为"仿宋"，字号为9磅，字形为"粗体"，单击"确定"按钮。

【步骤3】　选中 A5 至 AE15 之间的记录行及表格说明文字并单击鼠标右键，在弹出的快捷菜单中选择"设置单元格格式"命令，弹出"单元格格式"对话框，在"字体"选项卡中设置字体为"宋体"，字号为9磅，单击"确定"按钮。

项目要求12：为该表的所有行和列设置最适合的行高和列宽。

操作步骤

【步骤1】　选中整个工作表，在"开始"选项卡中单击"行和列"下拉按钮，在下拉列表中选择"最适合的行高"选项，如图 4-11 所示。

【步骤2】　保持数据的选中状态，在"开始"选项卡中选择"行和列"下拉列表中的"最适合的列宽"选项。

提示：当改变单元格内的字体或字号时，单元格的行高与列宽会根据具体的设置发生变化。

项目要求13：将工作表中除第 1 行和第 15 行外的数据区域边框格式设置为外边框粗实线，内边框实线。

 **操作步骤**

【步骤】 选中 A2 到 AE14 的所有单元格并单击鼠标右键，在弹出的快捷菜单中选择"设置单元格格式"命令，弹出"单元格格式"对话框，在"边框"选项卡中选择线条样式为"粗实线"，单击"预置"选项组中的"外边框"按钮；继续选择线条样式为"实线"，单击"预置"选项组中的"内部"按钮，如图 4-12 所示，单击"确定"按钮。

V4-4 产品销售表
——编辑排版项目
要求 13～18

图 4-11 "最适合的行高"选项　　图 4-12 "单元格格式"对话框的"边框"选项卡

> 提示：单击"开始"选项卡的"字体"功能区中的"田▾（边框）"下拉按钮，在下拉列表中有 8 种边框样式，可以快速设置边框效果。

项目要求14： 将工作表中字段名部分 A2 到 E4 数据区域的边框格式设置为外边框粗实线、内边框粗实线。将工作表字段名部分 F3 到 AE4 数据区域的边框格式设置为外边框粗实线。将工作表中记录行部分 A5 到 E14 数据区域的边框格式设置为内边框垂直线条（粗实线）。

 **操作步骤**

【步骤 1】 选中 A2 到 E4 的所有单元格并单击鼠标右键，在弹出的快捷菜单中选择"设置单元格格式"命令，弹出"单元格格式"对话框，在"边框"选项卡中选择线条样式为"粗实线"，单击"预置"选项组中的"外边框"按钮和"内部"按钮，单击"确定"按钮。

【步骤 2】 选中 F3 到 AE4 的所有单元格并单击鼠标右键，在弹出的快捷菜单中选择"设置单元格格式"命令，弹出"单元格格式"对话框，在"边框"选项卡中选择线条样式为"粗实线"，单击"预置"选项组中的"外边框"按钮，单击"确定"按钮。

【步骤 3】 选中 A5 到 E14 的所有单元格并单击鼠标右键，在弹出的快捷菜单中选择"设置单元格格式"命令，弹出"单元格格式"对话框，在"边框"选项卡中选择线条样式为"粗实线"，单击边框预览图中间的垂直线条，单击"确定"按钮。

项目要求 15： 将工作表中 F3 到 O14 数据区域和 U3 到 W14 数据区域的背景颜色设置为"80% 蓝色"（第 2 行第 5 列的颜色）。

 **操作步骤**

【步骤】 选中 F3 到 O14 数据区域中的所有单元格，按住<Ctrl>键，继续选中 U3 到 W14 数据区域中的所有单元格，单击鼠标右键，在弹出的快捷菜单中选择"设置单元格格式"命令，

弹出"单元格格式"对话框，在"图案"选项卡的"单元格底纹"选项组中，设置颜色为"80%蓝色"（第 2 行第 5 列的颜色），单击"确定"按钮。

项目要求16：设置所有销量大于 15 箱的单元格字体颜色为蓝色，字形为加粗。

操作步骤

【步骤】 选中 F5 到 AE14 单元格，在"开始"选项卡中单击"条件格式"下拉按钮，在弹出的下拉列表中选择"新建规则"选项，弹出"新建格式规则"对话框。设置"选择规则类型"为"只为包含以下内容的单元格设置格式"，"编辑规则说明"内容为"单元格值""大于""15"，如图 4-13 所示，单击"格式"按钮，在弹出的"单元格格式"对话框的"字体"选项卡中，设置字体颜色为蓝色，字形为"粗体"，单击"确定"按钮。

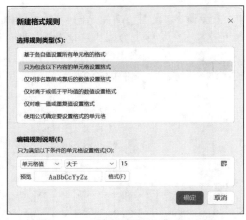

图 4-13 "新建格式规则"对话框

提示： 如果有多个条件格式要一起设置，则需要在对话框中一次性完成设置，不能多次设置，否则后面的格式设置会把前面已经设置好的格式结果替换掉。

项目要求 17：在 B17 单元格中输入"产品销售额累计"，并超链接至"产品销售额累计.xlsx"文档。

操作步骤

【步骤】 选中 B17 单元格，输入"产品销售额累计"，按<Enter>键确认。重新选中该单元格，在"插入"选项卡中单击"超链接"按钮，在弹出的"插入超链接"对话框中选择"产品销售额累计.xlsx"后，单击"确定"按钮，完成超链接的设置。

项目要求18：复制"某月碳酸饮料送货销量清单"工作表，将新工作表重命名为"某月碳酸饮料送货销量清单备份"。

操作步骤

【步骤】 在"某月碳酸饮料送货销量清单"工作表标签上单击鼠标右键，在弹出的快捷菜单中选择"创建副本"命令，得到一个名为"某月碳酸饮料送货销量清单（2）"的工作表副本，将其重命名为"某月碳酸饮料送货销量清单备份"。

知识扩展

（1）工作簿的新建

启动 WPS Office，单击"新建"按钮，选择"Office 文档"→"表格"选项，在"新建表格"界面中单击"空白表格"按钮，如图 4-14 所示，新建一个空白工作簿，默认名为"工作簿 1"，如果需要根据模板创建工作簿，则可以在新建表格时，在下方模板中选择合适的创建选项。下载后的模板可打开使用，也可以根据自身需要进行编辑。另外，当制作好的表格需要进行重复使用时，可以考虑把表格做成模板。和 WPS 文字相同，WPS 表格也有其他的新建方式。

图 4-14　新建工作簿

① 在快速访问工具栏中单击 "（新建）" 按钮，可以打开一个新的空白工作簿，在已有 "工作簿 1" 的基础上，默认名为 "工作簿 2"，以此类推。

② 在标签栏中单击 " （新建）" 下拉按钮，选择下拉列表中的 "表格" 选项，可以打开一个新的空白工作簿，命名方式同上。

③ 直接在 Windows 中创建工作簿。在需要创建工作簿的目标文件夹的空白区域单击鼠标右键，在弹出的快捷菜单中选择 "新建" → "XLSX 工作表" 命令。

（2）工作簿的保存

新建工作簿只是打开了一个临时的工作簿文件，要真正实现工作簿的建立，需要对临时工作簿文件进行保存。单击快速访问工具栏中的 " 保存" 按钮，在 "另存为" 对话框（见图 4-15）中设置保存路径及文件名称，单击 "保存" 按钮。

图 4-15　"另存为" 对话框

> **提示：** 对已经保存过的工作簿文件进行保存时，可以直接单击快速访问工具栏中的 " 保存" 按钮或按<Ctrl+S>组合键。如果要将文件存储到其他位置，则需要选择 "文件" 菜单中的 "另存为" 命令。使用 WPS 表格提供的自动保存功能，可以在断电或死机的情况下最大限度地减少损失。要打开自动保存功能，可以在 "文件" 菜单中选择 "选项" 命令，弹出 "选项" 对话框，在 "备份中心" 选项卡中单击 "本地备份设置" 按钮进行设置。

（3）工作簿的查看

① 冻结窗口。对于一些数据清单较少的工作表，可以很容易地看到整个工作表的内容，但是对于一个大型表格来说，要想在一个窗口中同时查看整个表格的数据内容是很费力的，此时可使用拆分窗口和冻结窗口的功能来简化操作。

设置冻结窗口时，可以在"视图"选项卡中单击"冻结窗格"下拉按钮，在下拉列表中选择相关选项。

> **提示：** 冻结窗口主要有 3 种形式，即冻结首行、冻结首列和冻结拆分窗格。冻结首行是指滚动工作表其他部分时保持首行不动；冻结首列是指滚动工作表其他部分时保持首列不动；冻结拆分窗格是指滚动工作表其他部分时，保持某行和某列不动。

② 拆分窗口。可以将当前工作表拆分成多个窗格，并且在每个被拆分的窗格中都可以通过滚动条来显示整个工作表的各个部分。

选定拆分分界位置的单元格，在"视图"选项卡中单击"拆分窗口"按钮，系统会将工作表窗口拆分成 4 个不同的窗格。利用工作表右侧及下方的 4 个滚动条，可以清楚地在每个部分中查看整个工作表的内容。

> **提示：** 如果要拆分成上、下两个窗格，则应当先选中要拆分位置下面的相邻行；如果要拆分成左、右两个窗格，则应当先选中拆分位置右侧的相邻列；如果要拆分成 4 个窗格，则应当先选中要拆分位置右下方的单元格。
>
> 若要调整拆分位置，则可以将鼠标指针指向拆分框，当鼠标指针变为双向箭头 ╫ 后，可通过上、下、左、右拖动拆分框来改变每个窗格的大小。
>
> 要撤销拆分，可以通过单击"视图"选项卡中的"取消拆分"按钮进行撤销操作或者通过双击拆分线来实现。

（4）工作簿的保护

要防止他人偶然或恶意更改、移动或删除重要数据，可以通过保护工作簿或工作表来实现，单元格的保护要与工作表的保护结合使用才会生效。

① 保护工作簿。对工作簿文件的各项操作完成后，单击快速访问工具栏中的"保存"按钮（如果是已保存过的工作簿文件，则可选择"文件"菜单中的"另存为"命令），弹出"另存为"对话框，选择好要保存的文件位置和文件名后，单击该对话框下方的"加密"按钮，弹出"密码加密"对话框，如图 4-16 所示。

在该对话框中可以给工作簿设置打开权限和编辑权限，单击"应用"按钮后，继续完成文件保存（已保存过的文件会提示"当前位置存在同名文件，是否替换？"，单击"替换文件"按钮）。当下次要打开或修改这个工作簿时，系统就会提示输入密码，如果密码不对，则不能打开或修改工作簿。

图 4-16 "密码加密"对话框

> **提示：** 在图 4-16 所示的"密码加密"对话框中，删除密码框中的所有内容即可删除密码，撤销对工作簿的保护。

② 保护单元格。全选工作表并单击鼠标右键，在弹出的快捷菜单中选择"设置单元格格式"命令，弹出"单元格格式"对话框，选择"保护"选项卡，取消选中"锁定"复选框，单击"确定"按钮。选中需要保护的数据区域，重新选中"保护"选项卡中的"锁定"复选框，单击"确定"按钮。再执行工作表保护操作，即可实现对单元格的保护。

> **提示：** 如果要隐藏任何不希望在单元格中显示的公式，则可选中"保护"选项卡中的"隐藏"复选框。

③ 保护工作表。选择要保护的工作表"Sheet1"，单击"审阅"选项卡中的"保护工作表"按钮，弹出"保护工作表"对话框，如图 4-17 所示。在该对话框中设置保护密码，选择允许其他

用户进行修改的内容，单击"确定"按钮。

工作表被保护后，当用户在被锁定的区域内输入内容时，系统会弹出图 4-18 所示的警告框，提示无密码的用户无法输入内容。

图 4-17　"保护工作表"对话框　　　　图 4-18　试图修改被保护单元格内容时弹出的警告框

提示： 密码是可选的，如果没有密码，则任何用户都可取消对工作表的保护并更改被保护的内容；如果设置了密码，则要确保记住设置好的密码，因为密码丢失后将无法编辑工作表中被保护的内容。

在保护工作表中设置可编辑数据区域：选定允许编辑区域，单击"审阅"选项卡中的"允许用户编辑区域"按钮，弹出图 4-19 所示的"允许用户编辑区域"对话框。

单击"新建"按钮，在图 4-20 所示的"新区域"对话框中可以设置单元格区域及密码。单击"权限"按钮，可以设置各类用户权限。单击"确定"按钮，再单击"保护工作表"按钮，便可进行工作表保护设置。

图 4-19　"允许用户编辑区域"对话框　　　　图 4-20　"新区域"对话框

④ 工作表的隐藏。选中需要隐藏的工作表标签并单击鼠标右键，在弹出的快捷菜单中选择"隐藏"命令，即可把该工作表隐藏起来。工作表被隐藏后，工作表标签就看不见了，但工作表内的数据仍然可以使用。选中工作簿内的任意工作表标签并单击鼠标右键，在快捷菜单中选择"取消隐藏"命令，打开"取消隐藏"对话框，单击"确定"按钮即可取消对该工作表的隐藏。

（5）工作表数据的修改

输入数据后，若发现错误或者需要修改单元格内容，则可以先选中单元格，再在数据编辑栏中进行修改；或者先双击单元格，再将光标定位到单元格内相应的修改位置处进行修改。

（6）工作表数据的移动

在工作表中移动数据时，可以先选定待移动的单元格区域，将鼠标指针指向选定区域的边框，当鼠标指针变为"✛"时，将选定区域拖动到目标区域，松开鼠标左键，WPS 表格将用选定区域替换目标区域中的任何现有数据。

（7）工作表数据的复制

复制工作表中的数据时，应先选定需复制的单元格区域，将鼠标指针指向选定区域的边框，当鼠标指针变为"✛"时，按住<Ctrl>键，将选定区域拖动到粘贴区域，松开鼠标左键，完成数据的复制。

 提示： 移动操作和复制操作也可以通过分别按<Ctrl+X>配合<Ctrl+V>组合键，以及<Ctrl+C>组合键配合<Ctrl+V>组合键来完成。

（8）单元格的删除

删除单元格与清除单元格是不同的。删除单元格时不但删除了单元格中的内容、格式和批注，还删除了单元格本身。

具体操作：先选定要删除的单元格、行或列，单击鼠标右键，在弹出的快捷菜单中选择"删除"子菜单中的相关命令，如图 4-21 所示，可以选择对单元格或者对工作表中的行或列进行删除操作。

图标	命令
⊣⊢	右侧单元格左移(L)
⊐	下方单元格上移(U)
⊟	整行(R)
⊞	整列(C)

图 4-21 "删除"子菜单

（9）行和列的隐藏

如果有些行或列不需要参与操作，则可以使用隐藏的方式来处理，隐藏后数据还存在，只是不参与操作，需要再次使用时，只要取消隐藏即可。

具体操作：先选定对应的行或列并单击鼠标右键，在弹出的快捷菜单中选择"隐藏"命令即可隐藏行或列；要显示被隐藏的行或列时，只要选择被隐藏的行或列的相邻行或列并单击鼠标右键，在弹出的快捷菜单中选择"取消隐藏"命令即可。

 提示： 如果被隐藏的是第 1 行或第 A 列，则在取消隐藏时，选择第 2 行或第 B 列即可。WPS 表格还提供了"展开隐藏内容"按钮，单击即可显示隐藏内容。

拓展练习

制作图 4-22 所示的员工基本信息表。

市场营销部员工基本信息表										
编号	姓名	性别	民族	籍贯	身份证号码	学历	毕业院校	部门	现任职务	专业技术职务	基本工资
1	张军	男	汉	淮安	32108219891028××××	研究生	东南大学	市场营销部	经理	营销师	¥8,000.00
2	郭波	男	汉	武进	32147819990301××××	研究生	苏州大学	市场营销部	营销人员	助理营销师	¥2,000.00
3	赵喜	女	汉	镇江	32001419980520××××	研究生	西南交通大学	市场营销部	营销人员	助理营销师	¥2,000.00
4	张浩	男	汉	常州	32943419970512××××	本科	南京大学	市场营销部	营销人员	营销师	¥2,000.00
部门性别比例： （女/男）	1/3										
									制表日期：		2024年9月1日

图 4-22 员工基本信息表

4.2 产品销售表——公式函数

 项目情境

小 C 认真完成了主管交代的数据整理工作，得到了主管的肯定。月初，主管让他对上个月的销售数据进行汇总与统计，以进一步了解上个月的实际销售情况。

月初，主管要求小C对上个月的销售数据进行汇总与统计，以进一步了解上个月的实际销售情况……

 项目分析

1. 将 WPS 文字中的公式与函数同 WPS 表格中的相关内容联系起来。
2. WPS 表格中公式与函数的具体应用。

 技能目标

1. 学会 WPS 表格中公式的编辑与使用。
2. 了解 WPS 表格中绝对地址、二维地址、三维地址的应用。
3. 学会在多张不同的工作表中引用数据。
4. 学会利用公式处理具体问题。

 重点集锦

1. 绝对地址和二维地址的应用

AF	AG	AH	AI	AJ
销售额合计	折后价格	上月累计	本月累计	每月平均
=O4*产品价格表!$D$3+T4*产品价格表!$D$4+W4*产品价格表!$D$5+AE4*产品价格表!$D$6				
￥364	￥364	￥6,799	￥7,163	￥1,023

2. 三维地址的应用

AF	AG	AH	AI	AJ
销售额合计	折后价格	上月累计	本月累计	每月平均
￥2,643	￥2,114	=[产品销售额累计.xlsx]产品销售额!F4		
￥1,994	￥1,795	￥8,667	￥10,462	￥1,495

3. IF()函数的应用

AF	AG	AH	AI	AJ
销售额合计	折后价格	上月累计	本月累计	每月平均
￥2,643	=IF(AF4>=2000,AF4*0.8,IF(AF4>=1000,AF4*0.9,			
￥1,994	AF4))			
￥364	￥364	￥6,799	￥7,163	￥1,023

项目详解

项目要求1： 在"某月碳酸饮料送货销量清单"工作表中的淡蓝色背景区域内计算本月 30 位客户购买 600mL、1.5L、2.5L、355mL 这 4 种不同规格的饮料箱数的总和。

 知识储备

（1）单元格位置引用

进行公式计算时，要用到单元格的地址，也就是单元格位置引用，分为以下几种。

① 相对地址引用：单元格引用地址会随着公式所在单元格的变化而发生变化，它的表示方式是列标加行号，如"A1"。

② 绝对地址引用：将公式复制到不同的单元格中时，公式中的单元格引用始终不变，这种引用叫作绝对地址引用。它的表示方式是在列标及行号前加"$"符号，如"$A$1"。

③ 混合地址引用：如果在单元格的地址引用中，既有绝对地址又有相对地址，则称该引用地址为混合地址，如"A$1"。

> **提示：** 完成单元格位置引用后，按<F4>键可在相对地址、绝对地址和混合地址中进行切换。

（2）函数的使用

函数是系统内部预先定义好的公式，通过函数可以实现对工作表数据的加、减、乘、除基本运算和各种类型的计算，使用起来方便快捷。

WPS 表格有 200 多个内部函数，包括财务函数、逻辑函数、文本函数、日期和时间函数、查找与引用函数、数学和三角函数等。

在日常工作中，经常用到的函数有求和函数 SUM()、求平均值函数 AVERAGE()、求最大值函数 MAX()、求最小值函数 MIN()、条件函数 IF()、计数函数 COUNT()、条件计数函数 COUNTIF()、取整函数 INT()、四舍五入函数 ROUND()、排位函数 RANK()、条件求和函数 SUMIF()和条件求平均值函数 AVERAGEIF 等。

① SUM（number1, number2,…）：计算所有参数数值的和。参数 number1、number2……代表需要计算的值，可以是具体的数值、引用的单元格（区域）、逻辑值等，参数不能超过 30 个。

② AVERAGE（number1, number2,…）：计算参数的平均值。参数含义同上。

③ MAX（number1, number2,…）：求出一组数中的最大值。参数含义同上。

④ MIN（number1, number2,…）：求出一组数中的最小值。参数含义同上。

⑤ IF（logical_test, value_if_true, value_if_false）：对指定的条件 logical_test 进行真假逻辑判断，如果为真，则返回 value_if_true 的内容；如果为假，则返回 value_if_false 的内容。

⑥ COUNT（value1, value2,…）：计算参数中包含数字的单元格的个数。参数可以是单个的值或单元格区域，最多为 30 个。文本、逻辑值、错误值和空白单元格将被忽略。

⑦ COUNTIF（range, criteria）：对区域中满足单个指定条件的单元格进行计数。参数 range 是需要计算其中满足条件的单元格数目的单元格区域；criteria 用于定义对哪些单元格进行计数，可以是数字、表达式、单元格引用或文本字符串。

⑧ INT（number）：将数字向下取整为最接近的整数。

⑨ ROUND（number, num_digits）：按指定的位数对数值进行四舍五入。参数 number 是用于进行四舍五入的数字，参数 num_digits 是四舍五入后取到的位数，不能省略。

⑩ RANK（number, ref, order）：返回一个数字在数字列表中的排位。参数 number 是需要计算其排位的一个数字；参数 ref 是包含一组数字的数组或引用（其中的非数值型内容将被忽略）；

参数 order 是一个数字，指明了数字排位的方式。如果 order 为 0 或省略，则表示降序排列；如果 order 不为 0，则表示升序排列。

⑪ SUMIF(range, criteria, sum_range)：返回某个区域内满足给定条件的所有单元格数值的和。参数 range 为条件区域，用于条件判断；参数 criteria 是满足条件，由数字、逻辑表达式等组成；参数 sum_range 为实际求和区域，可以是需要求和的单元格、区域或引用，当省略第三个参数时，条件区域就是实际求和区域。在 criteria 参数中可以使用通配符（包括问号"?"和星号"*"），问号用于匹配任意单一字符，星号用于匹配任意一串字符，如果要查找实际的问号或星号，则需要在该字符前输入波浪号"～"。

⑫ AVERAGEIF (range, criteria, average_range)：返回某个区域内满足给定条件的所有单元格的平均值（算术平均值）。其前两个参数含义同上；参数 average_range 为计算平均值的实际区域，如果省略，则使用 range 的区域。

<table>
<tr><td>
提示：在使用函数处理数据时，如果不知道使用什么函数比较合适，则可以使用 WPS 表格的"查找函数"功能来帮助缩小函数的选择范围，直到挑选出合适的函数。单击"公式"选项卡中的"插入"按钮，弹出"插入函数"对话框，在"查找函数"文本框中输入要求，如"COUNT"，系统会将和计数有关的函数显示在"选择函数"列表框中，如图 4-23 所示。结合相关帮助文档，即可快速确定所需要的函数。
</td><td>

图 4-23 使用"查找函数"功能来帮助缩小函数的选择范围
</td></tr>
</table>

操作步骤

【步骤1】 打开"4.2 要求与素材.xlsx"工作簿。

【步骤2】 单击"某月碳酸饮料送货销量清单"工作表标签，选中 O4 单元格，输入"="，单击 F4 单元格，继续输入"+"，单击 G4 单元格，继续输入"+"，单击 H4 单元格，继续输入"+"，重复此操作至 N4 单元格，如图 4-24 所示。按<Enter>键确认，得到 1 号客户购买 600mL 规格饮料的箱数。

V4-5 产品销售表
——公式函数项目
要求 1、2

| 16 | 1 | 1 | 2 | 1 | 2 | 1 | 2 | =F4+G4+H4+I4+J4+K4+L4+M4+N4 |

图 4-24 输入计算公式

【步骤3】 选中 O4 单元格，将鼠标指针移动到单元格的右下角，拖动填充句柄至 O33 单元格，得到所有客户购买 600mL 规格饮料的箱数，也可通过双击 O4 单元格的填充句柄来实现。

提示：公式可以在单元格内输入，也可以在数据编辑栏内输入，如果公式内容较长，则建议在数据编辑栏中输入。

【步骤4】 选中 T4 单元格，单击"公式"选项卡中的" ∑ 求和 （自动求和）"按钮，选中 P4:S4 单元格区域，按<Enter>键确认，得到 1 号客户购买 1.5L 规格饮料的箱数。

【步骤5】 选中 T4 单元格，将鼠标指针移动到单元格的右下角，拖动填充句柄至 T33 单元格，得到所有客户购买 1.5L 规格饮料的箱数。

【步骤6】 选中 W4 单元格，单击"公式"选项卡中的"插入"按钮，弹出"插入函数"对话框，如图 4-25 所示。在"选择函数"列表框中选择"SUM"函数，单击"确定"按钮，弹出"函数参数"对话框，如图 4-26 所示。设置"数值 1"参数的数据内容为"U4：V4"单元格，即用鼠标指针直接选取 U4:V4 单元格区域，单击"确定"按钮，得到 1 号客户购买 2.5L 规格饮料的箱数。

图 4-25 "插入函数"对话框

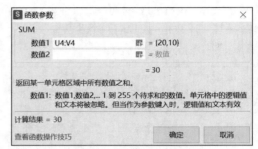

图 4-26 "函数参数"对话框

> **提示：** 除了可以单击"公式"选项卡中的"插入"按钮来弹出"插入函数"对话框，也可以单击"求和"下拉按钮，选择下拉列表中的"其他函数"选项，以及单击选项组中的各种函数分类下拉按钮，选择下拉列表中的"插入"选项来弹出"插入函数"对话框。

【步骤 7】 选中 W4 单元格，将鼠标指针移动到单元格的右下角，拖动填充句柄至 W33 单元格，得到所有客户购买 2.5L 规格饮料的箱数。

【步骤 8】 使用以上 3 种方法中最适合自己的一种，计算所有客户购买 355mL 规格饮料的箱数。

> **项目要求 2：** 在"某月碳酸饮料送货销量清单"工作表中的"销售额合计"列中计算所有客户本月销售额合计，销售额的计算方法为不同规格产品销售箱数乘以对应价格的总和，不同规格产品的价格在"产品价格表"工作表内。

操作步骤

【步骤 1】 单击"某月碳酸饮料送货销量清单"工作表标签，单击 AF4 单元格，输入"="，单击 O4 单元格，输入"*"；单击"产品价格表"工作表标签，单击 D3 单元格，输入"+"；单击"某月碳酸饮料送货销量清单"工作表标签，单击 T4 单元格，输入"*"；单击"产品价格表"工作表标签，单击 D4 单元格，输入"+"；单击"某月碳酸饮料送货销量清单"工作表标签，单击 W4 单元格，输入"*"；单击"产品价格表"工作表标签，单击 D5 单元格，输入"+"；单击"某月碳酸饮料送货销量清单"工作表标签，单击 AE4 单元格，输入"*"；单击"产品价格表"工作表标签，单击 D6 单元格，按<Enter>键确认，得到 1 号客户的本月销售额合计。

【步骤 2】 选中 AF4 单元格，在数据编辑栏中，将光标定位在"D3"中间，按<F4>键，将相对地址"D3"转换为绝对地址"$D$3"。使用同样的方法，将 D4、D5、D6 均转换为绝对地址，如图 4-27 所示，按<Enter>键确认。

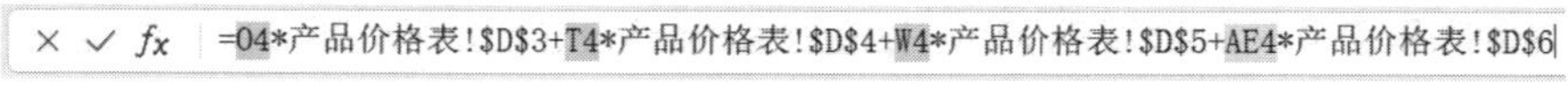

=O4*产品价格表!\$D\$3+T4*产品价格表!\$D\$4+W4*产品价格表!\$D\$5+AE4*产品价格表!\$D\$6

图 4-27　将相对地址转换为绝对地址

【步骤 3】　拖动填充句柄至 AF33 单元格，得到所有客户的本月销售额合计。

项目要求 3：根据用户销售额在 2000 元以上（含 2000 元）享受八折优惠、1000 元以上（含 1000 元）享受九折优惠的规定，在"某月碳酸饮料送货销量清单"工作表的"折后价格"列中计算所有客户本月销售额的折后价格。

 **操作步骤**

V4-6　产品销售表
——公式函数项目
要求 3

【步骤 1】　单击"某月碳酸饮料送货销量清单"工作表标签，单击 AG4 单元格，输入"=IF(AF4>=2000,AF4*0.8,IF(AF4>=1000,AF4*0.9,AF4))"，按<Enter>键确认，得到 1 号客户本月销售额的折后价格。

> 提示：IF（logical_test, value_if_true, value_if_false）函数对指定的条件 logical_test 进行真假逻辑判断，如果为真，则返回 value_if_true 的内容；如果为假，则返回 value_if_false 的内容。logical_test 代表逻辑判断条件的表达式；value_if_true 表示当判断条件为逻辑"真（True）"时的显示内容，如果忽略则返回"True"；value_if_false 表示当判断条件为逻辑"假（False）"时的显示内容，如果忽略则返回"False"。
>
> 将 IF( )函数的第 3 个数据变成另一个 IF( )函数，以此类推，每一次可以将一个 IF( )函数作为上一个基本函数的第 3 个数据，这样就形成了 IF( )函数的嵌套，最多可嵌套 7 层。
>
> 如果对函数的格式较熟悉，则不用打开"插入函数"对话框，直接在单元格中输入公式即可。

【步骤 2】　拖动填充句柄至 AG33 单元格，得到所有客户的本月销售额的折后价格。

项目要求 4：在"某月碳酸饮料送货销量清单"工作表的"上月累计"列中填入"产品销售额累计"工作簿的"产品销售额"工作表的"上月累计"列中的数据。

知识储备

（3）三维地址引用

　　如果在不同的工作簿中引用单元格地址，则系统会提示所引用的单元格地址是哪个工作簿文件中的哪个工作表，数据编辑栏中显示的三维地址格式为"[工作簿名称]工作表名!单元格地址"。

操作步骤

【步骤 1】　打开"产品销售额累计"工作簿。

【步骤 2】　单击"某月碳酸饮料送货销量清单"工作表标签，选中 AH4 单元格，输入"="，单击"产品销售额累计"工作簿中的"产品销售额"工作表标签，单击 F4 单元格，按<Enter>键确认，得到 1 号客户的上月销售额累计。

【步骤 3】　选中"4.2 要求与素材"工作簿中的"某月碳酸饮料送货销量清单"中的 AH4 单元格，将光标定位在"[产品销售额累计.xlsx] 产品销售额!\$F\$4"中的"\$F\$4"之间，按<F4>键，将绝对地址"\$F\$4"转换为相对地址"F4"，如图 4-28 所示。

V4-7　产品销售表
——公式函数项目
要求 4、5

$\times$ $\checkmark$ f_x | =[产品销售额累计.xlsx]产品销售额!F4

图4-28　将绝对地址转换为相对地址

> 💡 **提示**：三维地址的单元格引用会直接使用绝对地址，在需要的时候要将绝对地址转换为相对地址。

【步骤4】　拖动填充句柄至 AH33 单元格，得到所有客户的上月销售额累计。

项目要求5：在"某月碳酸饮料送货销量清单"工作表的"本月累计"列中计算截至本月所有客户的销售额总和。

 **操作步骤**

【步骤1】　单击"某月碳酸饮料送货销量清单"工作表标签，选中 AI4 单元格，输入"="，单击 AG4 单元格，继续输入"+"，再单击 AH4 单元格，按<Enter>键确认，得到 1 号客户截至本月的销售额总和。

【步骤2】　拖动填充句柄至 AI33 单元格，得到所有客户截至本月的销售额总和。

项目要求6：在"某月碳酸饮料送货销量清单"工作表的"每月平均"列中计算本年度前 7 个月所有客户的销售额平均值。

操作步骤

【步骤1】　单击"某月碳酸饮料送货销量清单"工作表标签，选中 AJ4 单元格，输入"="，单击 AI4 单元格，继续输入"/"及数字"7"，按<Enter>键确认，得到 1 号客户本年度前 7 个月的销售额平均值。

【步骤2】　拖动填充句柄至 AJ33 单元格，得到所有客户本年度前 7 个月的销售额平均值。

V4-8　产品销售表
——公式函数项目
要求6~8

项目要求7：将"销售额合计""折后价格""上月累计""本月累计""每月平均"所在列的文本格式设置为保留小数点后 0 位，并加上人民币符号"￥"。

操作步骤

【步骤】　选中"销售额合计""折后价格""上月累计""本月累计""每月平均"所在列的单元格，即 AF4:AJ33 单元格区域，单击鼠标右键，在弹出的快捷菜单中选择"设置单元格格式"命令，弹出"单元格格式"对话框，在"数字"选项卡中选择"分类"列表框中的"货币"选项，设置小数位数为"0"，货币符号选择人民币符号"￥"，单击"确定"按钮。

项目要求8：在"每月平均"列最下方计算前 7 个月平均销售额大于 1000 元的客户数量。

操作步骤

【步骤1】　单击"某月碳酸饮料送货销量清单"工作表标签，选中 AF34 单元格，输入"前7 个月平均销售额大于 1000 元的客户数量为:"。

【步骤2】　选中 AJ34 单元格，单击"公式"选项卡中的"插入"按钮，弹出"插入函数"对话框。在"查找函数"文本框中输入"COUNT"，在"选择函数"列表框中选择"COUNTIF"

函数，单击"确定"按钮，弹出"函数参数"对话框。设置"区域"参数的数据内容为 AJ4 至 AJ33 的所有单元格，设置"条件"参数的内容为">1000"，单击"确定"按钮，即可得到前 7 个月平均销售额大于 1000 元的客户数量。

知识扩展

（1）公式中的运算符

在 WPS 表格中，有算术、比较、文本和引用 4 类运算符。其中常用的是算术运算符，其他运算符可以简单了解。

① 算术运算符：+（加号）、−（减号或负号）、*（乘号）、/（除号）、%（百分号）、^（乘方号，如 2^2 表示 2 的平方）。

② 比较运算符：=（等号）、>（大于号）、<（小于号）、>=（大于等于号）、<=（小于等于号）、<>（不等号）。

③ 文本运算符：&，文本运算符可以将两个文本连接起来生成一串新文本，如在 A1 单元格中输入"公式"，在 B1 单元格中输入"=A1&'函数'"（常量用双引号括起来），按〈Enter〉键，B1 单元格内容显示为"公式函数"。

④ 引用运算符：区域运算符":"，SUM(A1:D4)表示对 A1 到 D4 共 16 个单元格的数值进行求和；联合运算符","，SUM(A1,D4)表示对 A1 和 D4 共两个单元格的数值进行求和；交叉运算符"␣"（空格），SUM(A1:D4 B2:E5)表示对 B2 到 D4 共 9 个单元格的数值进行求和。

（2）公式中的错误信息

在 WPS 表格中输入或编辑公式时，可能因为各种原因无法正确计算出结果，此时系统会提示错误信息。下面介绍几种在 WPS 表格中常常出现的错误信息，对引起错误的原因进行分析，并提供纠正这些错误的方法。

① ＃＃＃＃：表示输入单元格中的数据太长或单元格公式所产生的结果太大，在单元格中无法完全显示，可以通过调整列宽来改变。WPS 表格中的日期和时间必须为正值，如果日期或时间中有负值，则会在单元格中显示"＃＃＃＃"，如果要显示这个数值，则可在"单元格格式"对话框的"数字"选项卡中，选定一个不是日期或时间的格式。

② #DIV/0!：输入的公式中包含除数 0，或在公式中除数使用了空白单元格（当运算区域是空白单元格时，WPS 表格默认将其当作零），或包含零值的单元格被引用。解决办法是修改单元格引用或者输入不为零的除数。

③ #VALUE!：使用不正确的参数或运算符时，将产生错误信息 #VALUE!。在需要数字或逻辑值时输入了文本，WPS 表格不能将文本转换为正确的数据类型，故会显示这种错误信息。此时，应确认公式或函数所用的运算符或参数是否正确，公式引用的单元格中是否包含有效的数值。

④ #NAME?：在公式中使用了 WPS 表格所不能识别的文本时将产生错误信息 #NAME?。此时，可以从以下几方面进行检查：检查是否有名称或者函数拼写错误；检查公式中使用的所有区域引用是否都使用了冒号（:）；检查公式中的文本是否都放在双引号中。

⑤ #NUM!：当公式或函数中存在不正确的数字时会产生错误信息 #NUM!。首先，要确认函数中使用的参数类型是否正确；其次，可能是因为公式产生的数字太大或太小，系统不能表示，如果是这种情况，则要修改公式，使其结果在 -1×10^{307} 到 1×10^{307} 之间。

⑥ #N/A：这是在函数或公式中没有可用数值时产生的错误信息。如果某些单元格暂时没有数值，则可以在这些单元格中输入"#N/A"。这样，公式在引用这些单元格时便不进行数值计算，而是返回"#N/A"。

⑦ #REF!：这是该单元格引用无效时产生的错误信息。例如，删除了有其他公式引用的单元

格或者把移动单元格粘贴到了其他公式引用的单元格中。

⑧ #NULL!：这是试图为两个并不相交的区域指定交叉点时产生的错误。例如，使用了不正确的区域运算符或不正确的单元格引用等。

 拓展练习

完成拓展练习工作簿中与员工工资相关的公式及函数的计算，掌握 IF( )、MAX( )等常用函数的使用。

4.3 产品销售表——数据分析

 项目情境

主管对小 C 在两次任务中的表现非常满意，想再好好考验他一下，于是要求小 C 对销售数据做进一步分析，小 C 决定好好迎接挑战。

 项目分析

1. 怎么排序？排序的方式有简单排序、复杂排序、自定义排序。在数据输入时一般按照数据的输入顺序排序，在数据分析时可以根据某些项目值对工作表进行重新排序。

2. 怎么找到符合条件的记录？使用筛选功能，将那些满足条件的记录显示出来，并将不满足条件的记录隐藏起来。

3. 怎么按类型进行统计？使用数据的分类汇总功能。当想要对不同类别的对象分别进行统计时，就可以使用数据的分类汇总来完成。

 技能目标

1. 学会自定义序列排序。
2. 掌握使用筛选的方法查询数据。
3. 学会使用分类汇总。
4. 能综合应用数据分析的多种工具。

1. 复杂排序

序号	客户名称	送货地区		销售额合计	折后价格
9	顺发批发	郑湖		¥4,220	¥3,376
27	美食餐厅	郑湖		¥1,820	¥1,638
10	海明副食品	郑湖		¥2,000	¥1,600
8	光明小卖部	郑湖		¥1,165	¥1,049
7	凯新小卖部	郑湖		¥1,200	¥1,080
19	上海联众超市	郑湖		¥240	¥240
18	上海如海超市	郑湖		¥0	¥0
20	水中鹤文化用品	郑湖		¥0	¥0
29	宏源	郑湖		¥0	¥0
17	时代大超市	郑湖		¥0	¥0
28	学生平价超市	郑湖		¥0	¥0
30	朋友小卖部	郑湖		¥0	¥0
22	红心副食品	望山		¥3,561	¥2,849
1	百顺超市	望山	......	¥2,643	¥2,114
2	百汇超市	望山		¥1,994	¥1,795
12	新旺副食品	望山		¥1,800	¥1,620
13	上海联华超市	望山		¥1,124	¥1,012
11	新亚副食品	望山		¥1,200	¥1,080
3	小平超市	望山		¥364	¥364
21	望亭餐厅	望山		¥180	¥180
23	晨光文化用品	望山		¥0	¥0
24	项路餐厅	东楮		¥1,978	¥1,780
4	农工联超市	东楮		¥1,594	¥1,435
6	上海发超联超市	东楮		¥1,375	¥1,238
26	顺天餐厅	东楮		¥1,100	¥990
5	供销社批发	东楮		¥540	¥540
14	董记批发	东楮		¥296	¥296
16	好又佳超市	东楮		¥0	¥0
25	浪淘沙餐厅	东楮		¥0	¥0
15	鑫鑫超市	东楮		¥0	¥0

2. 高级筛选

筛选条件如下。

600mL合	1.5L合	2.5L合	355mL合
>=5	>=5	>=5	>=5

筛选结果如下。

序号	客户名称	送货地区	渠道编号		销售额合计	折后价格
1	百顺超市	望山	525043334567	......	¥2,643	¥2,114
2	百汇超市	望山	525043334567		¥1,994	¥1,795
4	农工联超市	东楮	525043334567		¥1,594	¥1,435

高活跃率客户数:　　　3

3. 分类汇总

序号	客户名称		渠道名称		销售额合计	折后价格
5	供销社批发		二批/零兼批		¥540	¥540
9	顺发批发	......	二批/零兼批	......	¥4,220	¥3,376
10	海明副食品		二批/零兼批		¥2,000	¥1,600
11	新亚副食品		二批/零兼批		¥1,200	¥1,080
12	新旺副食品		二批/零兼批		¥1,800	¥1,620
14	董记批发		二批/零兼批		¥296	¥296
			二批/零兼批 汇总			¥8,512
			非规模OT超市 汇总			¥7,833
3	小平超市		零售商店		¥364	¥364
7	凯新小卖部		零售商店		¥1,200	¥1,080
8	光明小卖部		零售商店		¥1,165	¥1,049
20	水中鹤文化用品		零售商店		¥0	¥0
22	红心副食品		零售商店		¥3,561	¥2,849
23	晨光文化用品		零售商店		¥0	¥0
30	朋友小卖部		零售商店		¥0	¥0
		......	零售商店 汇总	......		¥5,341
21	望亭餐厅		餐厅		¥180	¥180
24	项路餐厅		餐厅		¥1,978	¥1,780
25	浪淘沙餐厅		餐厅		¥0	¥0
26	顺天餐厅		餐厅		¥1,100	¥990
27	美食餐厅		餐厅		¥1,820	¥1,638
			餐厅 汇总			¥4,588
			总计			¥26,274

项目详解

项目要求1：将"某月碳酸饮料送货销量清单"工作表中的数据区域按照"销售额合计"降序重新排列。

知识储备

（1）数据排序

数据排序是数据分析的基本内容之一，为了方便查找数据，往往需要对数据进行排序。数据排序是指将工作表中的数据按照要求的次序重新排列，主要包括简单排序、复杂排序和自定义排序。在排序过程中，每个关键字均可按升序（即递增方式）或降序（即递减方式）进行排列。以升序为例介绍 WPS 表格的排序规则：对于数字，从最小的负数到最大的正数进行排列；对于字母，按 A~Z 的字母顺序进行排序。

V4-9　产品销售表
——数据分析项目
要求 1~3

操作步骤

【步骤1】　打开"4.3 要求与素材.xlsx"工作簿。

【步骤2】　单击"某月碳酸饮料送货销量清单"工作表标签，选中 K 列中任意一个有数据的单元格，在"数据"选项卡中单击"排序"下拉按钮，选择下拉列表中的"降序"选项。

提示： 在排序之前，要么选定一个有数据的单元格，要么选定所有的数据单元格。如果只选定某一列或某几列数据，那么排序时可能只有这一列或这几列中的数据发生变化，导致各行中的数据错位。

项目要求2：将该工作表重命名为"简单排序"，复制该工作表，将复制得到的新工作表重命名为"复杂排序"。

 操作步骤

【步骤1】　在"某月碳酸饮料送货销量清单"工作表标签上单击鼠标右键，在弹出的快捷菜单中选择"重命名"命令，将该工作表重命名为"简单排序"。

【步骤2】　在"简单排序"工作表标签上单击鼠标右键，在弹出的快捷菜单中选择"创建副本"命令，得到一个名为"简单排序（2）"的工作表。

【步骤3】　在得到的新工作表的工作表标签上单击鼠标右键，在弹出的快捷菜单中选择"重命名"命令，将新工作表重命名为"复杂排序"。

项目要求3：在"复杂排序"工作表中，将数据区域以"送货地区"为第一关键字按照郑湖、望山、东楮的顺序，"销售额合计"为第二关键字降序，"客户名称"为第三关键字按笔画升序进行排列。

操作步骤

【步骤1】　在"数据"选项卡中单击"排序"下拉按钮，选择"自定义排序"选项，弹出"排序"对话框，在第一个排序条件中的"次序"下拉列表中选择"自定义序列"选项，如图 4-29

所示。弹出"自定义序列"对话框，在"自定义序列"列表框中选择"新序列"选项，在"输入序列"文本框中输入"郑湖、望山、东楮"（中间用回车符或半角逗号隔开），如图 4-30 所示，单击"添加"按钮，新定义的"郑湖、望山、东楮"序列就添加到了"自定义序列"列表框中，单击"确定"按钮。

图 4-29 "排序"对话框

图 4-30 在"自定义序列"对话框中添加自定义序列

【步骤 2】 选中整个数据清单，在"数据"选项卡中单击"排序"下拉按钮，选择"自定义排序"选项，弹出"排序"对话框，在"主要关键字"下拉列表中选择"送货地区"选项，按升序排列，在排序条件的"次序"下拉列表中选择刚刚定义好的序列，单击"添加条件"按钮，在新增的"次要关键字"下拉列表中选择"销售额合计"选项，按降序排列，继续单击"添加条件"按钮，在新增的"次要关键字"下拉列表中选择"客户名称"选项，按升序排列，单击"选项"按钮，在弹出的"排序选项"对话框的"方式"选项组中选中"笔画排序"单选按钮，如图 4-31 所示，单击"排序选项"对话框中的"确定"按钮，再单击"排序"对话框中的"确定"按钮。

图 4-31 设置排序条件

项目要求4：复制"复杂排序"工作表，将复制得到的新工作表重命名为"筛选"，在此工作表内统计本月无效客户数，即销售量合计为 0 的客户数。

 知识储备

（2）数据筛选

数据筛选是通过操作把满足条件的记录显示出来，同时将不满足条件的记录暂时隐藏起来。使用数据筛选功能可以从大量的数据记录中检索到所需的信息，其实现的方法是使用"自动筛选"或"高级筛选"功能。其中，"自动筛选"功能是进行简单条件的筛选；"高级筛选"功能是针对复杂的条件进行筛选。

操作步骤

【步骤 1】　在"复杂排序"工作表标签上单击鼠标右键，在弹出的快捷菜单中选择"创建副本"命令，得到一个名为"复杂排序（2）"的工作表。

【步骤 2】　在复制得到的新工作表标签上单击鼠标右键，在弹出的快捷菜单中选择"重命名"命令，将该工作表重命名为"筛选"。

【步骤 3】　单击"筛选"工作表标签，选中整个数据清单，单击"数据"选项卡中的"筛选"按钮。

【步骤 4】　单击"销售量合计"字段名所在单元格的下拉按钮，仅使"0"处于选中状态。

> **提示：** 对数据进行自动筛选时，单击字段名所在单元格的下拉按钮，除了"升序""降序""颜色排序"选项和具体的记录项，文本类型和数字类型的数据还分别设置了"文本筛选"和"数字筛选"两类选项。"文本筛选"下拉列表中包括"等于""不等于""开头是""结尾是""包含""不包含""自定义筛选"等选项；"数字筛选"下拉列表中包括"等于""不等于""大于""大于或等于""小于""小于或等于""介于""前十项""高于平均值""低于平均值""自定义筛选"等选项。其中，"前十项"用于显示前 n 项或所占百分比最大或最小的记录，n 并不限于 10 个；"自定义筛选"用于显示满足自定义筛选条件的记录，选择该选项后会弹出"自定义自动筛选方式"对话框，其中的"与"单选按钮表示两个条件必须同时满足，"或"单选按钮表示只要满足其中的一个条件即可。通配符"*"和"?"可以用来进行模糊查询，"*"代表"任何字符序列"，包括空字符，当搜索时，可以用来代替零个、单个或多个字符；"?"代表任何单个字符，当搜索时，可以用来代替一个字符。

项目要求5： 在 B33 单元格内输入"本月无效客户数:"，在 C33 单元格内输入符合筛选条件的记录数。

操作步骤

【步骤 1】　在"筛选"工作表中选中 B33 单元格，输入"本月无效客户数:"。

【步骤 2】　选中 C33 单元格，输入"="，在数据编辑栏左侧选择 COUNT()函数，按住<Ctrl>键，选择符合筛选条件记录中有数字的列的记录行，如 J 列或 K 列中的有效数据，如图 4-32 所示，单击"确定"按钮。选择 COUNT()函数的目的是示范该函数的使用方法，针对具体情境，此处选用"4.2 产品销售表——公式函数"中的"项目要求 8"操作步骤中提到的 COUNTIF()函数更简便、合理。

	COUNT		× ✓ fx	=COUNT(J16, J17, J18, J19, J21, J24, J26, J29, J30, J31)							
▲	A	B	C	D	E	F	G	H	I	J	K	L
1	序号	客户名称	送货地区	渠道编号	渠道名称	600ML	1.5L	2.5L	355ML	销售量合计	销售额合计	折后价
16	15	鑫鑫超市	东楮	525043334567	非规模OT超市	0	0	0	0	0	¥0	¥
17	16	好又佳超市	东楮	525043334567	非规模OT超市	0	0	0	0	0	¥0	¥
18	17	时代大超市	郑湖	525043334567	非规模OT超市	0	0	0	0	0	¥0	¥
19	18	上海如海超市	郑湖	525043334567	非规模OT超市	0	0	0	0	0	¥0	¥
21	20	水中鹤文化用品	郑湖	523034567894	零售商店	0	0	0	0	0	¥0	¥
24	23	晨光文化用品	翠山	523034567894	零售商店	0	0	0	0	0	¥0	¥
26	25	浪淘沙餐厅	东楮	535347859494	餐厅	0	0	0	0	0	¥0	¥
29	28	学生平价超市	郑湖	525043334567	非规模OT超市	0	0	0	0	0	¥0	¥
30	29	宏源	郑湖	525043334567	非规模OT超市	0	0	0	0	0	¥0	¥
31	30	朋友小卖部	郑湖	523034567894	零售商店	0	0	0	0	0	¥0	¥
32												
33		本月无效客户数:	=COUNT(J16, J17, J18, J19, J21, J24, J26, J29, J30, J31)									

图 4-32　使用 COUNT()函数统计记录数

项目要求6：复制"筛选"工作表，将复制得到的新工作表重命名为"高级筛选"，并使其显示全部记录。筛选出本月高活跃率客户，即表格中本月购买的4种产品均在5箱以上（含5箱）的客户，将筛选出的结果复制至A36单元格中。

操作步骤

【步骤1】　在"筛选"工作表标签上单击鼠标右键，在弹出的快捷菜单中选择"创建副本"命令，得到一个名为"筛选（2）"的工作表。

【步骤2】　在复制得到的新工作表标签上单击鼠标右键，在弹出的快捷菜单中选择"重命名"命令，将该工作表重命名为"高级筛选"。

【步骤3】　单击"数据"选项卡中的"筛选"按钮，取消筛选并显示全部数据。

【步骤4】　选中F1:I1单元格区域，分别复制"600mL合"字段名、"1.5L合"字段名、"2.5L合"字段名、"355mL合"字段名至F33单元格、G33单元格、H33单元格、I33单元格中。选中F34:I34单元格区域，输入">=5"，按<Ctrl+Enter>组合键，将要输入的内容填入F34:I34数据区域内，完成筛选条件的建立，如图4-33（a）所示。

> 提示：按<Ctrl+Enter>组合键，工作表中被选定的单元格中就会显示刚才输入的全部内容。

【步骤5】　选中整个数据清单，单击"数据"选项卡中的"筛选"下拉按钮，选择"高级筛选"选项，弹出"高级筛选"对话框，设置"方式"为"将筛选结果复制到其他位置"，列表区域为数据清单区域，条件区域为F33:I34单元格区域，将其复制到A36:L36单元格区域中，如图4-33（b）所示，单击"确定"按钮。

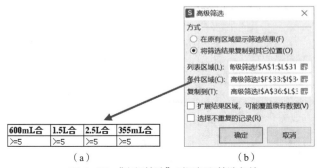

图4-33　"高级筛选"对话框和筛选条件

> 提示："高级筛选"功能可以方便快速地完成多个条件的筛选，还可以完成一些自动筛选无法完成的工作。"高级筛选"功能建立的条件一般与数据清单间隔一行或一列，这样可以方便地使用系统默认的数据清单区域，也能够方便地将筛选结果复制到其他位置。

项目要求7：在A41单元格内输入"望山区高活跃率客户实际销售额："，在D41单元格内输入符合筛选条件的销售额。

操作步骤

【步骤1】　在"高级筛选"工作表中选中A41单元格，输入"望山区高活跃率客户实际销售额："。

【步骤2】　选中D41单元格，单击"公式"选项卡中的"插入"按钮，弹出"插入函数"对话框。在"选择函数"列表框中选择"SUMIF"选项，单击"确定"按钮，弹出"函数参数"对话框，设置"区域"参数的数据内容为 C37:C39 单元格区域，设置"条件"参数的内容为"=望山"，设置"求和区域"参数的数据内容为 L37:L39 单元格区域，单击"确定"按钮，即可得到望山区高活跃率客户的实际销售额。

V4-11 产品销信表
——数据分析项目
要求 7～10

项目要求 8：复制"简单排序"工作表，将复制得到的新工作表重命名为"分类汇总"，在该工作表中统计不同渠道的折后价格总额。

 知识储备

（3）分类汇总

分类汇总是一种对数据清单中的数据分类进行求和、求平均等汇总的一种基本数据分析方法。它不需要建立公式，因为系统会自动创建公式、插入分类汇总与总计行，并自动分级显示数据。分类汇总分为两部分：一部分是对要汇总的字段进行排序，把相同类别的数据放在一起，即完成分类操作；另一部分内容是把分类后的数据按照要求分别求出总和、平均值等，即完成汇总操作。

> **提示**：在使用分类汇总功能之前，必须先对数据清单中要进行汇总的项进行排序。

（4）分类汇总的分级显示

进行分类汇总后，数据清单左侧上方会出现带有数字"1""2""3"的按钮，其下方又会出现带有"+""-"符号的按钮，如图 4-34 所示，这些都是用来分级显示汇总结果的。

1 2 3	▲	A	B	C	D	E	F	G	H	I	J	K	L
	1	序号	客户名称	送货地区	渠道编号	渠道名称	600ML合	1.5L合	2.5L合	355ML合	销售量合计	销售额合计	折后价格
	2	5	供销社批发	东楮	511023456783	二批/零兼批	0	0	15	0	15	¥540	¥540
	3	9	顺发批发	郑湖	511023456783	二批/零兼批	50	0	20	50	120	¥4,220	¥3,376
	4	10	海明副食品	郑湖	511023456783	二批/零兼批	50	0	0	0	50	¥2,000	¥1,600
	5	11	新亚副食品	望山	511023456783	二批/零兼批	30	0	0	30	¥1,200	¥1,080
	6	12	新旺副食品	望山	511023456783	二批/零兼批	30	0	0	20	50	¥1,800	¥1,620
	7	14	董记批发	东楮	511023456783	二批/零兼批	2	0	0	8	¥296	¥296
	8					二批/零兼批 汇总							¥8,512
	21					非规模OT超市 汇总							¥7,833
	22	3	小平超市	望山	523034567894	零售商店	1	0	9	0	10	¥364	¥364
	23	7	凯新小卖部	郑湖	523034567894	零售商店	30	0	0	30	¥1,200	¥1,080
	24	8	光明小卖部	郑湖	523034567894	零售商店	10	15	10	0	35	¥1,165	¥1,049
	25	20	水中鹤文化用品	郑湖	523034567894	零售商店	0	0	0	0	¥0	
	26	22	红心副食品	望山	523034567894	零售商店	60	3	5	30	98	¥3,561	¥2,849
	27	24	晨光文化用品	望山	523034567894	零售商店	0	0	0	0	¥0	
	28	30	朋友小卖部	郑湖	523034567894	零售商店	0	0	0	0	¥0	
	29					零售商店 汇总							¥5,341
	30	21	望亭餐厅	望山	535347859494	餐厅	0	0	0	5	¥180	¥180
	31	23	顼路餐厅	东楮	535347859494	餐厅	40	6	6	52	¥1,978	¥1,780
	32	25	浪海沙餐厅	东楮	535347859494	餐厅	0	0	0	0	¥0	
	33	26	顺天餐厅	东楮	535347859494	餐厅	20	0	10	30	¥1,100	¥990
	34	27	美食餐厅	郑湖	535347859494	餐厅	20	0	20	10	50	¥1,820	¥1,638
	35					餐厅 汇总							¥4,588
	36					总计							¥26,274

图 4-34 分级显示分类汇总结果

① 单击"1"按钮，只显示总计数据。

② 单击"2"按钮，显示各类别的汇总数据和总计数据。

③ 单击"3"按钮，显示明细数据、各类别的汇总数据和总计数据。

④ 单击在数据清单的左侧出现的"+""-"按钮也可以实现分级显示，还可以选择显示部分明细和部分汇总。

 **操作步骤**

【步骤 1】 在"简单排序"工作表标签上单击鼠标右键，在弹出的快捷菜单中选择"移动"命令，打开"移动或复制工作表"对话框，选择"移至最后"选项，选中"建立副本"复选框，单击"确定"按钮。

【步骤 2】 在复制得到的新工作表标签上单击鼠标右键，在弹出的快捷菜单中选择"重命名"命令，将该工作表重命名为"分类汇总"。

【步骤 3】 选中"渠道名称"列中的任意一个有数据的单元格，单击"数据"选项卡中的"排序"按钮（升序、降序均可）。

【步骤 4】 单击"数据"选项卡中的"分类汇总"按钮，在弹出的"分类汇总"对话框中设置"分类字段"为"渠道名称"，"汇总方式"为"求和"，"选定汇总项"为"折后价格"，并取消选中其他汇总项，如图 4-35 所示，单击"确定"按钮。

图 4-35 "分类汇总"对话框

提示：选择好汇总项后应该通过滚动条进行查看，因为系统会默认选定一些汇总项，如果不需要这些汇总项，则取消选中即可。

项目要求9：复制"简单排序"工作表，将复制得到的新工作表重命名为"数据透视表"，在该工作表中统计各送货地区中不同渠道的销售量总和以及实际销售价格总和。

知识储备

（5）数据透视表

排序可以将数据重新排列，筛选能将符合条件的数据查询出来，分类汇总能对数据有一个总的分析，这 3 项工作都是从不同的角度来对数据进行分析的。而数据透视表能一次完成以上 3 项工作，它是一种交互的、交叉制表的报表，是基于一个已有的数据清单（或外部数据库）从不同角度进行数据分析而生成的报表。数据透视表可快速合并和比较大量数据。倒置其行和列可以看到源数据的不同汇总，还可以显示区域的明细数据。如果要分析相关的汇总值（尤其是统计数据较多的表），并对其中的数据进行多种比较，则可以使用数据透视表。

操作步骤

【步骤 1】 在"简单排序"工作表标签上单击鼠标右键，在弹出的快捷菜单中选择"移动"命令，打开"移动或复制工作表"对话框，选择"移至最后"选项，选中"建立副本"复选框，单击"确定"按钮。

【步骤 2】 在复制得到的新工作表标签上单击鼠标右键，在弹出的快捷菜单中选择"重命名"命令，将该工作表重命名为"数据透视表"。

【步骤 3】 选中数据区域内的任意单元格，单击"插入"选项卡中的"数据透视表"按钮，弹出"创建数据透视表"对话框，如图 4-36 所示。

【步骤 4】 在"请选择要分析的数据"选项组中设置选择区域为系统默认的整个工作表数据区域，也可以自行选择数据区域的单元格区域引用。

【步骤 5】 以"现有工作表"作为数据透视表的显示位置，并将显示区域设置为"数据透视表"工作表中的 A33 单元格，单击"确定"按钮，在"数据透视表"工作表中会生成一个"数据透视表"框架，并弹出"数据透视表"窗格，如图 4-37 所示。

【步骤 6】 拖动"送货地区"字段到"数据透视表"窗格的"行"区域中，拖动"渠道名称"字段到"列"区域中，拖动"销售量合计"和"折后价格"字段到"值"区域中，调整"值求和"字段到"行"区域中，并设置数据透视表内的字号为 9 磅，设置列宽为"最适合的列宽"。数据透视表生成后的效果如图 4-38 所示。

图 4-36 "创建数据透视表"对话框

图 4-37 "数据透视表"框架和"数据透视表"窗格

图 4-38 数据透视表生成后的效果

项目要求 10：复制"简单排序"工作表，将复制得到的新工作表重命名为"数据合并"，在该工作表中统计各送货地区的销售量和实际销售价格的平均值。

知识储备

（6）数据合并

在 WPS 表格中，经常需要将某个工作表中的多个数据合并在一起或者将多个工作表的数据汇总到一个工作表中，并对这些数据进行求和或者其他运算，这些数据合并操作需要使用 WPS 表格中的"合并计算"功能实现。

操作步骤

【步骤1】 在"简单排序"工作表标签上单击鼠标右键，在弹出的快捷菜单中选择"移动"命令，打开"移动或复制工作表"对话框，选择"移至最后"选项，选中"建立副本"复选框，单击"确定"按钮。

【步骤 2】　在复制得到的新工作表标签上单击鼠标右键，在弹出的快捷菜单中选择"重命名"命令，将该工作表重命名为"数据合并"。

【步骤 3】　删除除字段"送货地区""销售量合计""折后价格"之外的其他列，单击 A33 单元格，输入"各送货地区的销售量和实际销售价格的平均值"，单击 A34 单元格，单击"数据"选项卡中的"合并计算"按钮，弹出"合并计算"对话框。

【步骤 4】　在"函数"下拉列表中选择"平均值"选项，在"引用位置"中选择 A1:C31 单元格区域内的数据，按<Enter>键后单击"添加"按钮，将其添加至"所有引用位置"文本框中，在"标签位置"选项组中选中"首行"和"最左列"复选框，单击"确定"按钮，得到各送货地区的销售量和实际销售价格的平均值。

【步骤 5】　在 A34 单元格内输入"送货地区"，因为合并计算放置结果区域左上角字段是空白的，所以需要手动输入内容。

> **提示**：多个工作表数据的合并可以在"合并计算"对话框中通过添加"所有引用位置"来实现，多个工作表合并计算不需要左侧名称顺序完全相同。合并计算的内容除了本例中的求"平均值"，还包括"求和""计数""最大值""最小值""乘积""计数""标准偏差"等内容，在合适的时候选用合并计算进行数据分析，比使用函数、分类汇总或数据透视表等更快捷。

🎓 知识扩展

（1）"分类汇总"对话框中的其他选项

① 选中"替换当前分类汇总"复选框后，会在进行第二次分类汇总时，把第一次分类汇总的结果替换掉。

② 选中"每组数据分页"复选框后，会把汇总后的每一类数据放在不同页中。

③ 选中"汇总结果显示在数据下方"复选框后，会把汇总后的每一类数据放在该类数据的最后一个记录后面。

④ 单击"全部删除"按钮，可删除分类汇总的结果。

（2）数据透视图

数据透视图是提供交互式数据分析的图表，与数据透视表类似，可以更改数据的视图，查看不同级别的明细数据，或通过拖动字段、显示或隐藏字段中的项目来重新组织图表的布局。数据透视图也可以像图表一样进行修改。

（3）数据透视表中的其他操作

① 隐藏与显示数据。在数据透视表中可以看到"行标签（送货地区）"和"列标签（渠道名称）"字段名旁边各有一个下拉按钮，它们是用来决定哪些分类值将被隐蔽、哪些分类值将要显示在表中的。例如，单击"行标签（送货地区）"下拉按钮，取消选中"郑湖"复选框，数据透视表中就不会再出现郑湖地区的汇总数据。

② 改变字段排列。在"数据透视表"窗格中，通过拖动字段到相应的位置，可以改变数据透视表中的字段排列。当不需要数据透视表中的某个字段时，可以把该字段拖动出数据透视表。

③ 改变数据的汇总方式。选定表中的字段，单击"分析"选项卡中的"字段设置"按钮，弹出"值字段设置"对话框，如图 4-39 所示。通过该对话框，可以改变数据的汇总方式，

图 4-39　"值字段设置"对话框

如平均值、最大值和最小值等。

④ 数据透视表的排序。选定要排序的字段后，单击"数据"选项卡中的"排序"下拉按钮，选择下拉列表中的"升序"与"降序"选项，即可按升序或降序排列各数据。

⑤ 删除数据透视表。单击数据透视表，单击"分析"选项卡中的"清除"下拉按钮，在下拉列表中选择"全部清除"选项。

 提示： 删除数据透视表后，将会冻结与其相关的数据透视图，不可再对其进行更改。

 拓展练习

完成拓展练习工作簿中与员工信息相关的数据分析，掌握数据排序、数据筛选、数据分类汇总等常用数据分析方法。

4.4 产品销售表——图表分析

 项目情境

在完成任务的过程中，小 C 认识到了 WPS 表格在数据处理方面的强大功能。通过进一步的学习，他发现 WPS 表格的图表作用很大，于是动手学着制作了两张图表，以更形象的方式对销售情况进行了说明。

 项目分析

1. 图表在商业沟通中扮演了重要的角色，与文字表述相比较，图表可以更加形象地表达意图，因而在进行各类沟通时，经常看到图表的身影。

2. 图表的作用：图表可以迅速传达信息，使观众直接关注到重点，明确地显示对象之间的关系，使信息的表达更加鲜明生动。

3. 成功的图表具有的关键要素：每张图表都能传达明确的信息；图表与标题相呼应；内容少而精，清晰易读；格式简单明了且前后连贯。

4. 图表类型（饼图、条形图、柱形图、折线图等）：根据要展示的内容选择图表类型，例如，进行数据的比较可选择柱形图、曲线图；展示数据的比例构成可选择饼图；寻找数据之间的关联可选择散点图、气泡图等。

5. 成功设计一个图表的要点如下。

（1）分析数据并确定要表达的信息。

（2）确定图表类型。

（3）创建图表。

（4）针对细节部分，对图表进行相关编辑。

6. 图表应遵循的标准格式如下。

（1）轴标签、数据标签等用于表达图表所传达的信息。

（2）图表标题用于表达图表的主题。

（3）使用图例对图表进行说明（可选项）。

 技能目标

1. 了解不同的图表在数据分析中的作用。

2. 学会创建普通数据区域的图表的方法。

3. 学会利用数据进行图表创建。

4. 学会组合图表。

5. 能较熟练地对图表进行各种编辑、修改和格式设置。

 重点集锦

1. **各销售渠道所占销售份额**

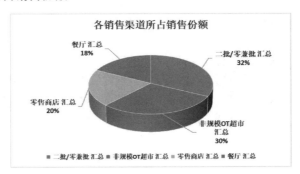

2. **各地区对 600mL 和 2.5L 两种容量产品的需求量比较**

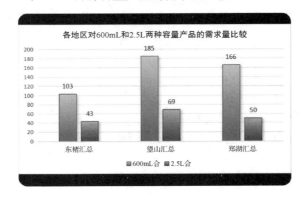

项目要求 1：利用提供的数据，选择合适的图表类型来表达"各销售渠道所占销售份额"。

知识储备

（1）图表类型

WPS 表格提供了 11 种不同的图表类型，在选用图表类型的时候要根据图表所要表达的内容选择合适的图表类型，以最有效的方式展现出工作表的数据。

使用较多的基本图表类型有饼图、折线图、柱形图、条形图等。

饼图常用来表示各条目在总额中的分布比例，如表示磁盘空间中已用空间和可用空间的分布情况；折线图常用于显示数据在一段时间内的趋势走向，如显示股票价格走向；柱形图常用来表示分散的各项数据，并比较各项的大小，如比较城市各季度的用电量的大小；条形图常用于项目较多的数据比较，如对不同观点的投票率的统计。折线图和柱形图有时候也会混用，但折线图强调变化趋势，而柱形图强调大小的比较。

（2）数据源的选取

进行数据源的选取时，要注意选择数据表中的有效数据，千万不要看到数据就选择。

（3）嵌入式图表与独立式图表

嵌入式图表是将图表看作一个图形对象插入工作表，它可以与工作表数据一起显示或打印。独立式图表是将创建好的图表放在一个独立的工作表中，它与数据分开显示在不同的工作表中。

> 提示：在 WPS 表格中插入独立式图表可以通过将嵌入式图表移动至新工作表来实现，独立式图表不可以改变图表区的位置和大小。

（4）图表的编辑

用户可以根据需要对图表进行修改与调整，将鼠标指针移动到图表的对应位置时，会弹出提示框解释对应的内容。

如果对默认的图表格式不满意，则可以对其进行修改。在需要修改的图表对象上单击鼠标右键，在弹出的快捷菜单中选择不同对象对应的"格式"命令，弹出该对象对应的格式设置对话框，在其中进行修改；也可以在"图表工具"选项卡中进行调整。

V4-12　产品销售表
——图表分析项目
要求 1

 操作步骤

【步骤 1】　打开"4.4 要求与素材.xlsx"工作簿。

【步骤 2】　在"素材"工作表标签上单击鼠标右键，在弹出的快捷菜单中选择"创建副本"命令，得到一个名为"素材（2）"的工作表。

【步骤 3】　在复制得到的新工作表标签上单击鼠标右键，在弹出的快捷菜单中选择"重命名"命令，将该工作表重命名为"各销售渠道所占销售份额"。

【步骤 4】　选中"渠道名称"列中的任意一个有数据的单元格，单击"数据"选项卡中的"排序"下拉按钮，选择下拉列表中的"升序"选项。

【步骤 5】　单击"数据"选项卡中的"分类汇总"按钮，在弹出的"分类汇总"对话框中设置"分类字段"为"渠道名称"，"汇总方式"为"求和"，在该对话框的"选定汇总项"列表框中选中"折后价格"复选框，并取消选中其他汇总项，单击"确定"按钮。单击左侧的"2"按钮，显示各类别的汇总数据和总计数据，如图 4-40 所示。

	A	B	C	D	E	F	G	H	I	J	K	L	M
1	序号	客户名称	送货地区	渠道编号	渠道名称	600ML合	1.5L合	2.5L合	355ML合	销售量合计	销售额合计	折后价格	
8					二批/零兼批 汇总							¥8,512	
21					非规模OT超市 汇总							¥7,833	
29					零售商店 汇总							¥5,341	
35					餐厅 汇总							¥4,588	
36					总计							¥26,274	
37													

图 4-40　在工作表中选中有效数据区域

【步骤 6】 按住<Ctrl>键，依次选中 E8、E21、E29、E35、L8、L21、L29、L35 单元格。

【步骤 7】 单击"插入"选项卡中的"饼图"下拉按钮，在弹出的下拉列表中选择"三维饼图"选项，选择合适的三维饼图，完成基本图表的创建，如图 4-41 所示。

【步骤 8】 在"图表标题"区域中修改图表标题为"各销售渠道所占销售份额"。

【步骤 9】 选中图表，在"图表工具"选项卡中单击"添加元素"下拉按钮，选择"数据标签"→"更多选项"选项，如图 4-42 所示。弹出"属性"窗格，在"标签选项"选项卡中选中"类别名称""百分比""显示引导线"复选框，取消选中其他复选框，如图 4-43 所示。

【步骤 10】 在图例区域中单击鼠标右键，在弹出的快捷菜单中选择"设置图例格式"命令，弹出"属性"窗格，在"图例选项"选项卡中设置图例位置，这里保持默认的"靠下"位置，如图 4-44 所示。

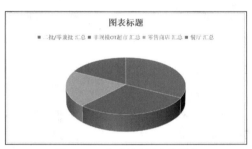

图 4-41　完成基本图表的创建

图 4-42　选择"更多选项"选项

图 4-43　设置数据标签格式

图 4-44　设置图例位置

【步骤 11】 选中图表，将其拖曳至合适的位置，用鼠标拖动图表控制点""，将图表调整至合适大小，调整数据标签的位置并将图表标题、数据标签和图例文字设置为黑色、加粗，增强图表的可读性，如图 4-45 所示。

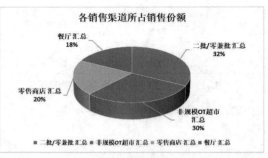

各销售渠道所占销售份额

图4-45　合理调整图表及相关元素的大小和位置

> **提示**：选中用于建立图表的数据区域，按<F11>键可以快速生成图表。
>
> 如果对快速生成的图表类型不满意，则可以对其进行修改。在图表上单击鼠标右键，在弹出的快捷菜单中选择"更改图表类型"命令，弹出"更改图表类型"对话框，在该对话框中选择所需要的图表类型即可。
>
> 如果生成图表的数据区域出错，则可在图表上单击鼠标右键，在弹出的快捷菜单中选择"选择数据"命令，弹出"编辑数据源"对话框，在该对话框中删除"图表数据区域"中的单元格引用，重新选择正确的数据区域。

项目要求2：利用提供的数据，选择合适的图表类型来表达"各地区对 600mL 和 2.5L 两种容量产品的需求量比较"。

操作步骤

【步骤1】　打开"4.4 要求与素材.xlsx"工作簿。

【步骤2】　在"素材"工作表标签上单击鼠标右键，在弹出的快捷菜单中选择"移动"命令，打开"移动或复制工作表"对话框，选择"移至最后"选项，选中"建立副本"复选框，单击"确定"按钮。

【步骤3】　在复制得到的新工作表标签上单击鼠标右键，在弹出的快捷菜单中选择"重命名"命令，将该工作表重命名为"各地区对 600mL 和 2.5L 两种容量产品的需求量比较"。

【步骤4】　选中"送货地区"列中的任意一个有数据的单元格，单击"数据"选项卡中的"排序"按钮。

【步骤5】　单击"数据"选项卡中的"分类汇总"按钮，在弹出的"分类汇总"对话框中设置"分类字段"为"送货地区"，"汇总方式"为"求和"，在该对话框的"选定汇总项"列表框中选中"600mL 合"和"2.5L 合"复选框，并取消选中其他汇总项，单击"确定"按钮。单击左侧的"2"按钮，显示各类别的汇总数据和总计数据。

V4-13　产品销售表
——图表分析项目
要求2

【步骤6】　按住<Ctrl>键，依次选中 C1、C11、C21、C34、F1、F11、F21、F34、H1、H11、H21、H34 单元格，如图 4-46 所示。

⬚	A	B	C	D	E	F	G	H	I	J	K	L
1	序号	客户名称	送货地区	渠道编号	渠道名称	600mL合	1.5L合	2.5L合	355mL合	销售量合计	销售额合计	折后价格
11			东楼 汇总			103		43				
21			望山 汇总			185		69				
34			郑潮 汇总			166		50				
35			总计			454		162				

图4-46　选中各单元格

【步骤7】　单击"插入"选项卡中的"柱形图"下拉按钮，在弹出的下拉列表中选择"簇状柱形图"选项，选择一个合适的簇状柱形图，完成基本图表的创建，如图 4-47 所示。

【步骤 8】　选中图表，在"图表工具"选项卡中单击"添加元素"下拉按钮，选择"数据标签"→"更多选项"选项，弹出"属性"窗格，在"标签选项"选项卡中选中"值"和"显示引导线"复选框，取消选中其他复选框，"标签位置"设为"数据标签外"。

【步骤 9】　选中图表，将其拖曳至合适的位置，用鼠标拖曳图表控制点"🧭"，将图表调整至合适大小，如图 4-48 所示。

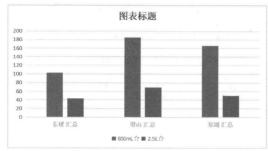

图 4-47　完成基本图表的创建

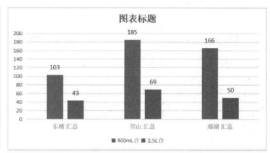

图 4-48　添加数据标签并调整图表大小和位置

【步骤 10】　选中创建的图表，单击"图表工具"选项卡中的"样式 4"按钮，将选中的图表样式应用到图表中，如图 4-49 所示。

【步骤 11】　单击"插入"选项卡中的"形状"下拉按钮，在弹出的下拉列表中选择"圆角矩形"选项，拖动鼠标绘制一个圆角矩形，合理调整圆角半径，并将其线条颜色设置为"无"，填充色设置为"深蓝"。在圆角矩形上单击鼠标右键，调整其叠放次序为"置于底层"，如图 4-50 所示。

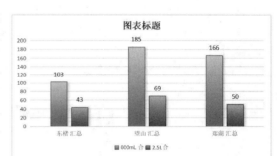

图 4-49　应用图表样式

【步骤 12】　将图表标题重命名为"各地区对 600mL 和 2.5L 两种容量产品的需求量比较"，并设置标题的文本字体为"微软雅黑"，不加粗，字号为 11 磅，如图 4-51 所示。

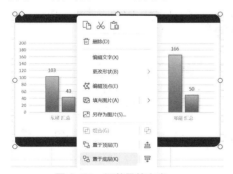

图 4-50　调整叠放次序

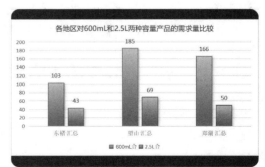

图 4-51　修改图表标题并设置文本格式

> 💡 **提示**：与 WPS 文字一样，在 WPS 表格中直接使用上、下、左、右方向键来调整对象位置时，移动的距离会比较大，配合<Ctrl>键可以实现对象的微移。

【步骤 13】　按住<Ctrl>键，依次选择所有图表对象并单击鼠标右键，在弹出的快捷菜单中选择"组合"→"组合"命令，对组成图表的所有对象进行组合，如图 4-52 所示。

图表最终效果如图 4-53 所示。

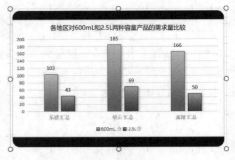

图 4-52　对组成图表的所有对象进行组合 　　　　　图 4-53　图表最终效果

 提示： 在实际创建和修饰图表时，不必拘泥于某一种标准形式，应围绕基本图表的创建，做到有意识地表达图表主题，有创意地美化图表外观。

知识扩展

（1）其他的图表编辑技巧

① 使用图片替代图表区和绘图区。除了可以在 WPS 表格中通过绘图工具来辅助绘制图表区域，也可以直接使用背景图片替代图表区和绘图区，此时相关的图表区和绘图区的边框及区域颜色要设置为透明，如图 4-54 所示。

② 使用矩形框或线条绘图对象来自制图例。与图表提供的默认图例相比，自行绘制的图例无论是在样式上还是在位置上都更为灵活，如图 4-54 所示。

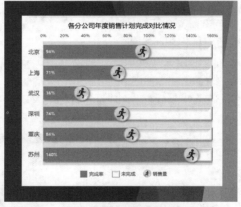

图 4-54　使用背景图片和自制图例来美化图表

（2）美化图表的基本原则

图表的表现应尽可能简洁，可以省略一些不必要的元素，避免形式大于内容，如图 4-55 所示，左侧图表修饰过度，反而弱化了图表的表现力。

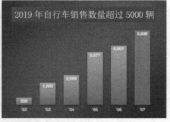

图 4-55　修饰过度的图表与普通图表的对比

拓展练习

利用提供的数据，采用图表的方式来表示以下信息。

1. 产品在一定时间内的销售增长情况，如图 4-56 所示。

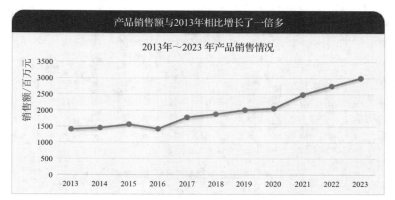

图 4-56 产品在一定时间内的销售增长情况

2. 产品销售方在一定时间内市场份额的变化，如图 4-57 所示。

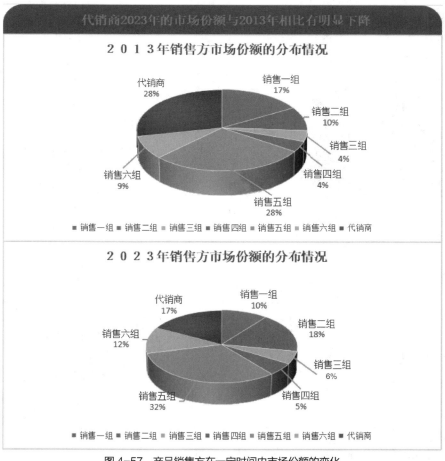

图 4-57 产品销售方在一定时间内市场份额的变化

3. 出生人数与产品销售的关系，如图 4-58 所示。

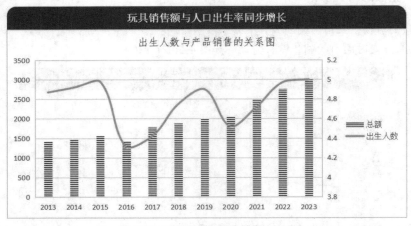

图 4-58　出生人数与产品销售的关系

4.5　WPS 表格综合应用

 项目情境

小 C 完成社会实践返校后，碰巧遇上系内专业调研的数据处于整理阶段，小 C 觉得自己在公司学习到的知识可以派上用场，就自告奋勇，要协助老师完成毕业生信息分析工作。

根据以下步骤，完成图 4-59 所示的"2023 年度毕业生江浙沪地区薪资比较"图表，请根据自己的理解设置图表外观，不需要与图 4-59 完全一致。

1. 复制此工作簿文件（4.5 综合应用要求与素材.xlsx）中的"素材"工作表，并将得到的新工作表命名为"2023 年度毕业生江浙沪地区薪资比较"。

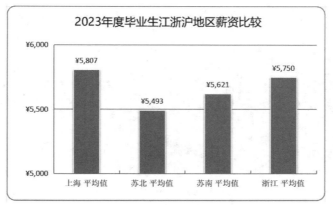

图 4-59 "2023 年度毕业生江浙沪地区薪资比较"图表

2. 将"薪资情况"字段的数据按照以下标准把薪资范围替换为具体的值：①<5000 替换为 4800，②≥5000 且<6000 替换为 5500，③≥6000 且≤7000 替换为 6500，④>7000 替换为 7500。薪资单位：元。

3. 根据要统计的项目对数据区域进行排序和分类汇总。

4. 制作图表。

5. 对图表进行格式编辑。

第 5 幕

演示文稿之 WPS 演示

计算机应用情境教学基础教程（Windows 10+WPS Office）（微课版）（第2版）

项目情境

很快，小 C 到了实习阶段，他来到一家服务外包公司工作。在工作中，经理发现他的组织能力较强，就交给他一项任务：为一家电子企业新研发的产品举行发布会，提高新产品的影响力。于是小 C 开始做各项准备，其中最关键的部分是新产品的推荐。

项目分析

1. 用什么样的形式进行发布？可以使用 WPS 演示。WPS 演示是 WPS Office 的组件之一，基于 Windows 平台，是一种不用编写程序就能制作出集声音、影片、图像、图形、文字于一体的演示文稿系统。WPS 演示是人们进行思想交流、学术探讨、信息发布和产品介绍的强有力的工具。

2. 文本怎么输入？图形、表格、图片等对象又该怎么插入？通过在幻灯片的占位符中输入或插入文本、图形、表格和图片等对象（也可以复制、粘贴）的方式来实现。

3. 文本和对象如何编辑？其操作方法与 WPS 文字中文本的编辑操作方法相同。

4. 如何控制演示文稿的外观？可以通过改变幻灯片版式、背景、设计模板、母版及配色方案等方法来实现。

5. 如何添加切换效果和动画方案？可利用"放映"选项卡添加动画和幻灯片的切换效果，以丰富播放效果。

6. 如何流畅地进行幻灯片跳转？利用"插入"选项卡中的超链接建立相关幻灯片之间的连接，使幻灯片之间的跳转更方便。

7. 如何进行幻灯片放映？只需创建幻灯片并保存演示文稿，使用幻灯片浏览视图就可以按顺序看到所有的幻灯片。按<F5>键是播放幻灯片最简单的方法，还可以利用选项卡中的按钮播放幻灯片。

 **技能目标**

1. 熟悉 WPS 演示的启动、退出及基本界面，理解幻灯片、演示文稿的基本概念。
2. 掌握 WPS 演示中视图的概念及用途。
3. 学会演示文稿的几种创建方法。
4. 学会在幻灯片中插入文本、图片、艺术字、表格等对象。
5. 学会对幻灯片中的文本、图片、艺术字、表格等对象进行格式设置。
6. 学会对演示文稿的版式、背景、主题、母版及配色方案等进行格式设置。
7. 合理地为幻灯片添加切换效果和动画方案。
8. 根据要求建立相关幻灯片之间的超链接。

 重点集锦

1. 插入艺术字，如图 5-1 所示。

图 5-1　插入艺术字

2. 插入图片、自绘图形，如图 5-2 所示。

图 5-2　插入图片、自绘图形

3. 插入智能图形，如图 5-3 所示。

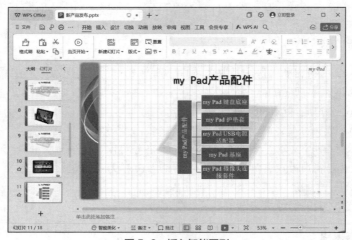

图 5-3　插入智能图形

4. 修改母版，如图 5-4 所示。

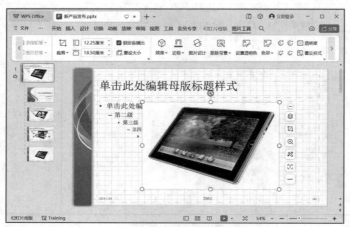

图 5-4　修改母版

5. 添加自定义动画，如图 5-5 所示。

图 5-5　添加自定义动画

6. 超链接的设置，如图 5-6 所示。

图 5-6　超链接的设置

7. 绘图笔的使用，如图 5-7 所示。

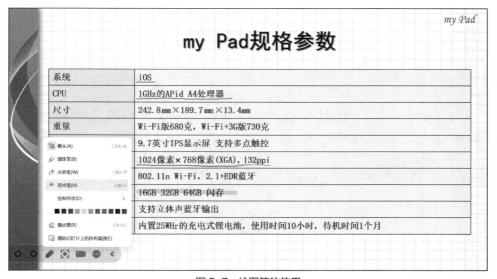

图 5-7　绘图笔的使用

 **项目详解**

项目要求1：创建一个名为"新产品发布"的演示文稿并保存该演示文稿。

 知识储备

（1）认识 WPS 演示的基本界面

在使用 WPS 演示之前，首先要了解它的基本界面，如图 5-8 所示。

大纲/幻灯片区

编辑区

备注区

图5-8　WPS演示的基本界面

WPS演示基本界面中的快速访问工具栏、标题栏和功能区与WPS文字、WPS表格的类似，它们的使用方法这里不赘述。需要指出的是，对于WPS演示的新建文档，系统建立时的默认文档名为"演示文稿1""演示文稿2""演示文稿3"等。此外，WPS演示文稿与WPS文字、WPS表格不同的3个部分如下。

① 编辑区：居于屏幕中部的大部分区域，是对演示文稿进行编辑和处理的区域。在演示文稿的建立和修改活动中，所有操作都应该是面向当前编辑区中的当前幻灯片的。

② 大纲/幻灯片区："大纲"的作用主要是浏览页面的文字内容，也称大纲视图，可显示演示文稿的文本内容和组织结构，它显示的是各个页面的标题内容（主要是文字标题），不显示图形、图像、图表等对象，在大纲视图中可以编辑演示文稿文字内容，如图5-9所示。在"幻灯片"中可以查看所有幻灯片，调整各幻灯片的前后顺序。此外，也可以通过此区域快速地把某一幻灯片设为当前幻灯片，以便进行编辑。

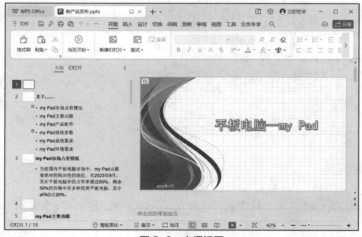

图5-9　大纲视图

③ 备注区：用来记录编辑幻灯片时的一些备注文本。

（2）演示文稿和幻灯片的概念

① 演示文稿。演示文稿就是用来演示的稿件。使用WPS演示制作演示文稿时，首先要创建

演示文稿的底稿。底稿由一张或若干张幻灯片组成，上面有预先设置好的色彩和图案。通常所说的创建演示文稿就是创建演示文稿的底稿。

② 幻灯片。幻灯片是用来体现演示文稿内容的版式。在制作演示文稿时，先将需要演示的内容输入一张张幻灯片，再对幻灯片进行适当的修改，配以必要的图片、动画和声音等，这样就可以制作出一份完整的演示文稿了，最后通过多媒体计算机直接播放或连接投影仪演示播放即可。

（3）WPS 演示中视图的概念及用途

WPS 演示的"视图"选项卡提供了 4 种视图，如图 5-10 所示。

① 普通视图。普通视图如图 5-11 所示，是 WPS 演示的默认视图，它将工作区分为 3 个窗格，最大的窗格显示了一张单独的幻灯片，

图 5-10　WPS 演示的视图

可以在此编辑幻灯片的内容；左边的窗格显示了所有幻灯片的滚动列表和文本的大纲；靠近底部的窗格采用了简单的文字处理方式，可输入演讲者的备注。用户可以通过拖动边框来调整各窗格的大小。

图 5-11　普通视图

② 幻灯片浏览视图。幻灯片浏览视图如图 5-12 所示，在幻灯片浏览视图中，用户可查看按次序排列的各张幻灯片，了解演示文稿的整体效果，并可轻松地调整各幻灯片的先后次序，增加或删除幻灯片，设置每张幻灯片的放映方式和时间。如果设置了切换效果，则幻灯片的下方会出现带有相应切换效果的图标和符号。

图 5-12　幻灯片浏览视图

③ 备注页视图。在该视图中，显示了一幅带有编辑/演讲者备注的预览页，如图5-13所示。WPS演示用幻灯片的副本和备注文本为每张幻灯片创建了一个独立的备注页。根据需要可以移动备注页中的幻灯片和文本框，也可以添加更多的文本框和图形，但是不能改变该视图中幻灯片的内容。

图 5-13　备注页视图

④ 阅读视图。阅读视图如图5-14所示，可用于预览演示文稿的实际效果。

图 5-14　阅读视图

（4）WPS演示文稿的创建方法

在启动WPS Office后，单击标题栏右侧的"＋"按钮，在弹出的对话框中选择"演示"选项，创建一个空白演示文稿。

在演示文稿窗口中，打开"文件"菜单，选择"新建"命令，也可直接新建空白演示文稿或基于模板新建演示文稿，如图5-15所示。

图 5-15　新建演示文稿

 **操作步骤**

【**步骤 1**】　启动 WPS Office，单击标题栏右侧的"＋"按钮，在弹出的对话框中选择"演示"选项，单击"空白演示文稿"按钮，如图 5-16 所示，新建一个空白演示文稿。

V5-1　演示文稿的
制作项目要求 1、2

图 5-16　新建一个空白演示文稿

【**步骤 2**】　选择"文件"菜单中的"保存"命令，在弹出的"另存为"对话框中选择文件存放的位置，并将文件重命名为"新产品发布.pptx"，单击"保存"按钮。

项目要求 2：新建幻灯片，在每张幻灯片中插入相关文字、图片、艺术字、智能图形和表格等对象，并对它们进行基本格式设置，以美化幻灯片。

知识储备

（5）占位符的概念

占位符是边框为虚线的框，在绝大部分幻灯片版式中都能见到它，这些框能容纳标题和正文，以及图表、表格和图片等对象，如图 5-17 所示。

在插入对象之前，占位符中是一些提示性文字，单击占

图 5-17　占位符

位符内的任意位置，占位符将显示虚线框，用户可直接在框内输入文本内容或插入对象。若想在占位符以外的位置输入文本，则需先插入一个文本框，再在文本框中输入内容，插入的文本框将随输入文本的增加而自动向下扩展；若想在占位符以外的位置插入图片、艺术字等对象，则可以直接利用"插入"选项卡插入各对象，并利用鼠标拖动调整其位置。

单击占位符后出现的虚线框，其大小和位置与插入的文本框一样，都可以改变。

（6）幻灯片的插入、移动、复制和删除方法

在创建演示文稿的过程中，可以调整幻灯片的先后顺序，也可以插入幻灯片或删除不需要的幻灯片。这些操作若是在幻灯片浏览视图中进行的，则将非常方便和直观。

① 选定幻灯片。在幻灯片浏览视图中，单击某幻灯片可以选定该幻灯片。选定某幻灯片后，按住<Shift>键，单击另一张幻灯片，可选定连续的若干张幻灯片；按住<Ctrl>键，依次单击各幻灯片，可选取不连续的若干张幻灯片。

② 移动幻灯片。在大纲/幻灯片区，直接拖动选定的幻灯片到指定位置，即可完成对幻灯片的移动操作，如图5-18所示。此外，也可以选中要移动的幻灯片，单击鼠标右键，在弹出的快捷菜单中选择"✂（剪切）"命令，再将鼠标指针移至要插入的位置，单击鼠标右键，在弹出的快捷菜单中选择"📋（粘贴）"命令。剪切功能可以通过按<Ctrl+X>组合键完成，粘贴功能可以通过按<Ctrl+V>组合键完成。

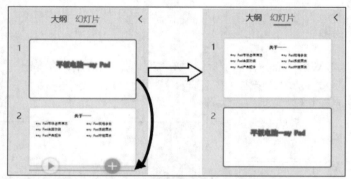

图5-18　通过拖动完成对幻灯片的移动操作

③ 插入幻灯片。

方法一：先选定插入位置，再单击"开始"选项卡中的"新建幻灯片"下拉按钮，在弹出的"新建单页幻灯片"下拉列表中选择"版式"选项，单击WPS下方的相应版式即可插入幻灯片。

方法二：选定插入位置，单击"开始"选项卡中的"🖹（新建幻灯片）"按钮，即可插入一张默认版式的幻灯片。

方法三：在窗口左侧的大纲/幻灯片区选择"幻灯片"选项卡，将鼠标指针移至已有幻灯片上，单击出现的新建幻灯片按钮"➕"插入新幻灯片，并将幻灯片移动到指定位置。此外，也可以通过在"幻灯片"选项卡的空白处单击鼠标右键，在弹出的快捷菜单中选择"新建幻灯片"命令来插入新幻灯片。

④ 复制幻灯片。在大纲/幻灯片区，选定要复制的幻灯片，单击鼠标右键，在弹出的快捷菜单中选择"复制幻灯片"命令，再将幻灯片移动到指定位置。此外，也可以单击鼠标右键，在弹出的快捷菜单中选择"📋（复制）"命令，再将鼠标指针移至要插入的位置，单击鼠标右键，在弹出的快捷菜单中选择"📋（粘贴）"命令。复制功能可以通过按<Ctrl+C>组合键完成。

⑤ 删除幻灯片。先选定要删除的幻灯片，再按<Delete>键即可，或单击鼠标右键，在弹出的快捷菜单中选择"删除幻灯片"命令。

操作步骤

【步骤 1】　选中第 1 张幻灯片，删除占位符，单击"插入"选项卡中的"艺术字"下拉按钮，在弹出的下拉列表中选择"艺术字预设"中的第 1 行第 9 列的选项"填充–白色，轮廓–着色 1"，即可在幻灯片中插入一个艺术字文本框，如图 5-19 所示。

图 5-19　在幻灯片中插入艺术字

【步骤 2】　在"请在此处输入文字"文本框中输入"平板电脑—my Pad"，选中文本，在"开始"选项卡中设置文字字体格式为"黑体"，字号为 60 磅，加粗，添加文字阴影。

【步骤 3】　调整艺术字的位置，如图 5-20 所示。

图 5-20　调整艺术字的位置

【步骤 4】　单击"开始"选项卡中的"新建幻灯片"下拉按钮，在弹出的"新建单页幻灯片"下拉列表中选择"版式"→"两栏内容"选项，新建"两栏内容"幻灯片，如图 5-21 所示。

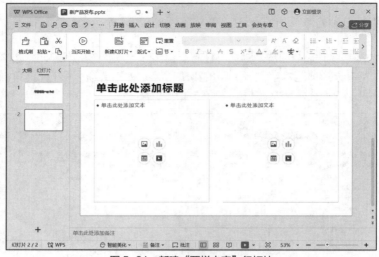

图5-21　新建"两栏内容"幻灯片

【**步骤5**】　在幻灯片的标题占位符中输入标题文字"关于……"，在左侧文本占位符中依次输入"my Pad市场占有情况、my Pad主要功能、my Pad产品配件"，在右侧文本占位符中依次输入"my Pad规格参数、my Pad系统需求、my Pad环境需求"。

【**步骤6**】　选中标题占位符或文字"关于……"，在"开始"选项卡中设置字体为"黑体"，字号为36磅，添加文字阴影，居中对齐。

【**步骤7**】　选中两栏文本占位符或文本内容，在"开始"选项卡中设置字体为"黑体"，字号为28磅，文本填充为"黑色,文本1"；再单击段落功能区中的"↘（对话框启动器）"按钮，如图5-22所示，弹出"段落"对话框，选择"缩进和间距"选项卡，在"间距"选项组中设置1.3倍行距，段前12磅，段后0磅，其他选项保持默认，最终效果如图5-23所示。

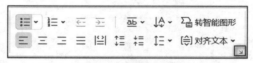

图5-22　对话框启动器

图5-23　"关于……"幻灯片最终效果

【步骤 8】　在"开始"选项卡中单击"新建幻灯片"下拉按钮，在弹出的下拉列表中选择"版式"→"两栏内容"选项，建立第 3 张幻灯片。

【步骤 9】　在幻灯片的标题占位符中输入标题文字"my Pad 市场占有情况"，在左侧文本占位符中输入相应文本内容。

【步骤 10】　选中标题占位符或文字"my Pad 市场占有情况"，在"开始"选项卡中设置字体为"黑体"，字号为 36 磅，添加文字阴影，居中对齐。

【步骤 11】　选中左侧文本占位符或文本内容，在"开始"选项卡中设置字体为"宋体"，字号为 24 磅，文本填充为"黑色,文本 1"；再单击段落功能区的"↘（对话框启动器）"按钮，弹出"段落"对话框，选择"缩进和间距"选项卡，在"间距"选项组中设置 1.5 倍行距，其他选项保持默认。

【步骤 12】　单击右侧文本占位符中的"▮▮（图表）"按钮，在弹出的对话框中选择"饼图"→"三维"选项，选择第一个图表，幻灯片上出现相应的图表，在图表上单击鼠标右键，在弹出的快捷菜单中选择"编辑数据"命令，打开一张 WPS 表格，根据左侧文本内的数据修改内容后关闭表格，幻灯片上的图表便做出相应更新。选中图表，在"图表工具"选项卡中单击"添加元素"按钮，选择"数据标签"→"居中"选项，选中饼图上的数据标签，选择"开始"选项卡，设置字号为 16 磅，文本填充为"白色,背景 1"。选中图表标题，设置字号为 20 磅，选中图例，设置字号为 16 磅。

若对默认图表格式不满意，则可选中图表某部分，双击或者单击鼠标右键，在弹出的快捷菜单中选择修改项进行修改，最终效果如图 5-24 所示。

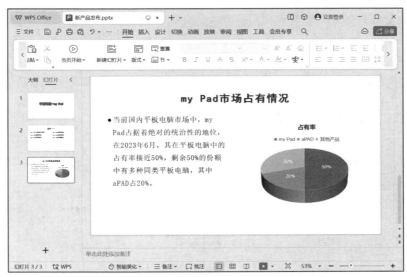

图 5-24　"my Pad 市场占有情况"幻灯片最终效果

【步骤 13】　在"开始"选项卡中单击"新建幻灯片"下拉按钮，在弹出的下拉列表中选择"版式"→"空白"选项，建立第 4 张幻灯片。

【步骤 14】　单击"插入"选项卡中的"图片"按钮，选择"本地图片"选项，在弹出的"插入图片"对话框中选择要插入的图片"图片 1"，并适当调整图片在幻灯片中的位置，如图 5-25 所示。

【步骤 15】　单击"开始"选项卡中的"▤（新建幻灯片）"按钮，插入一张默认版式的幻灯片，在编辑区空白处单击鼠标右键，在弹出的快捷菜单中选择"版式"→"标题和内容"命令，建立第 5 张幻灯片。

图 5-25　插入"图片 1"

【**步骤 16**】　在幻灯片的标题占位符中输入标题文字"my Pad 主要功能",在正文文本占位符中输入相应文本内容。

【**步骤 17**】　选中标题占位符或文字"my Pad 主要功能",在"开始"选项卡中设置字体为"黑体",字号为 36 磅,添加文字阴影,居中对齐。

【**步骤 18**】　选中正文文本占位符或文本内容,在"开始"选项卡中设置字体格式为"宋体",字号为 24 磅,文本填充为"黑色,文本 1";再单击段落功能区的"↘(对话框启动器)"按钮,弹出"段落"对话框,选择"缩进和间距"选项卡,在"间距"选项组中设置 1.5 倍行距,段前 12 磅,段后 0 磅,其他选项保持默认,最终效果如图 5-26 所示。

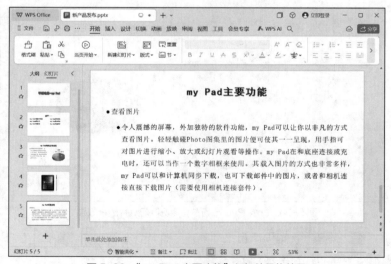

图 5-26　"my Pad 主要功能"幻灯片最终效果

【**步骤 19**】　在大纲/幻灯片区的"幻灯片"选项卡中,将鼠标指针移至第 5 张幻灯片,单击"新建幻灯片"下拉按钮,在弹出的下拉列表中选择"版式"→"空白"选项,建立第 6 张幻灯片。

【**步骤 20**】　单击"插入"选项卡中的"图片"按钮,选择"本地图片"选项,在弹出的"插入图片"对话框中选择要插入的图片"图片 2",并适当调整图片在幻灯片中的位置,如图 5-27 所示。

图 5-27 插入"图片 2"

【步骤 21】 重复步骤 15～步骤 20，制作第 7～10 张幻灯片，如图 5-28 所示。

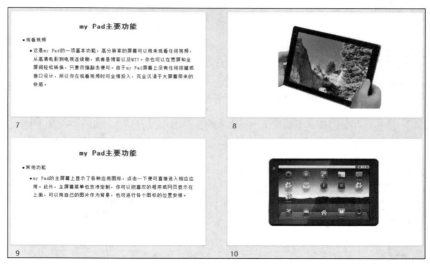

图 5-28 第 7～10 张幻灯片

【步骤 22】 在"开始"选项卡中单击"新建幻灯片"下拉按钮，在弹出的下拉列表中选择"版式"→"标题和内容"选项，建立第 11 张幻灯片。

【步骤 23】 在幻灯片的标题占位符中输入标题文字"my Pad 产品配件"，并选中标题占位符或文字"my Pad 产品配件"，在"开始"选项卡中设置字体为"黑体"，字号为 36 磅，添加文字阴影，居中对齐。

【步骤 24】 在"插入"选项卡中单击"智能图形"按钮，在弹出的"智能图形"对话框中选择"SmartArt"→"层次结构"→"水平多层层次结构"选项。

【步骤 25】 在幻灯片的"水平多层层次结构"中输入相应文本，选中图形中的文本内容，单击"开始"选项卡中字体功能区的"↘（对话框启动器）"按钮，弹出"字体"对话框，在"字体"选项卡中设置西文字体为 Times New Roman，中文字体为"宋体"，字号为 24 磅，其他选项保持默认。

> **提示：** 在默认情况下，水平多层层次结构的层数和每层的文本框数不够多，若在实际应用中不够用，则可进行添加，操作方法是选中某文本框，单击右侧弹出的"吕（添加项目）"按钮，或在"设计"选项卡中单击"添加项目"下拉按钮，根据需要选择即可。

【步骤 26】 选中图形，单击"设计"选项卡中的"更改颜色"下拉按钮，在弹出的下拉列表中选择"彩色"中的第 1 个选项，效果如图 5-29 所示。

图 5-29 "my Pad 产品配件"幻灯片效果

【步骤 27】 重复步骤 15～步骤 20，制作第 12～15 张幻灯片，如图 5-30 所示。

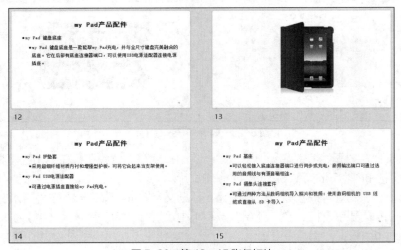

图 5-30 第 12～15 张幻灯片

【步骤 28】 在"开始"选项卡中单击"新建幻灯片"下拉按钮，在弹出的下拉列表中选择"版式"→"标题和内容"选项，建立第 16 张幻灯片。

【步骤 29】 在幻灯片的标题占位符中输入标题文字"my Pad 规格参数"，并选中标题占位符或文字"my Pad 规格参数"，在"开始"选项卡中设置字体为"黑体"，字号为 36 磅，添加文字阴影，居中对齐。

【步骤30】 单击文本占位符中的"⊞（插入表格）"按钮，弹出"插入表格"对话框，设置列数为"2"，行数为"10"，单击"确定"按钮。

【步骤31】 选中表格，单击"表格样式"选项卡中的样式下拉按钮，在弹出的下拉列表中选择"预设样式"→"最佳匹配"→"无样式，网格型"选项。

【步骤32】 选中表格的第1列，单击"表格样式"选项卡中的"填充"下拉按钮，在弹出的下拉列表中选择"其他填充颜色"选项，弹出"颜色"对话框。选择"自定义"选项卡，设置颜色模式为RGB，值为(224,240,253)，再选中表格的第2列，使用相同的方法设置填充颜色模式为RGB，值为(238,248,255)。

【步骤33】 在表格的单元格中输入相应文本。选中表格中的所有文本，在"表格工具"选项卡中设置字体为"宋体"，字号为18磅，文本填充为"黑色，文本1"，加粗。

【步骤34】 选中表格，单击"表格工具"选项卡中的"≡（水平居中）"按钮，将文本设置为垂直、水平对齐。

【步骤35】 根据表格内容调整表格的大小、位置、行高及列宽，效果如图5-31所示。

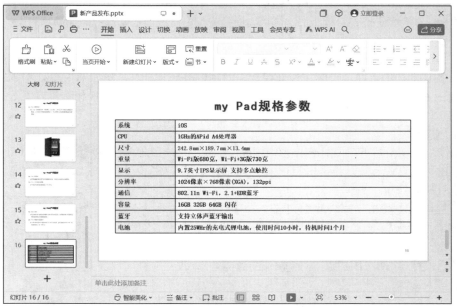

图5-31 "my Pad规格参数"幻灯片效果

【步骤36】 重复步骤28～步骤35，制作第17、18张幻灯片，如图5-32所示。

图5-32 第17、18张幻灯片

> **提示**：幻灯片中文本和插入对象的编辑操作，与 WPS 文字中对文本和对象的编辑操作方法相同。另外，文本的输入和编辑在"大纲"视图或普通视图中进行会更方便。

项目要求 3：为演示文稿"新产品发布"重新选择设计模板，并适当修改演示文稿的母版，以达到理想效果。

知识储备

（7）设计模板

WPS 演示的设计模板是由专业设计人员精心设计的，每个设计模板都包含一种配色方案和一组母版。针对同一个演示文稿，如果选择另一个设计模板，则会带来一种全新的感觉。

设计模板是演示文稿的重要组成部分，一般包含封面、目录、章节页、正文页、结束页等页面。如果要为演示文稿应用其他设计模板，则可以采取以下两种操作方法。

方法一：使用在线设计模板。

打开指定的演示文稿，单击"设计"选项卡中的"全文美化"按钮，在弹出的"全文美化"对话框中选择合适的演示文稿设计模板，也可以单击"单页美化"下拉按钮，在弹出的下拉列表中选择设计模板。选择合适的设计模板后，即可为所有的幻灯片或当前幻灯片添加选定的设计模板。

方法二：使用本地保存的设计模板。

打开指定的演示文稿，单击"设计"选项卡中的"母版"下拉按钮，在弹出的下拉列表中选择"导入模板"选项，通过"应用设计模板"对话框选择需要导入的模板文件。导入的设计模板格式会应用到当前演示文稿中，幻灯片的版式格式、文本样式、背景和配色方案等都会相应改变。

（8）母版

母版决定着幻灯片的外观，也称为幻灯片母版视图，一般分为幻灯片母版、讲义母版和备注母版。其中，幻灯片母版是最常用的一种。使用母版设置功能，可以快速统一地设置应用了相同版式的幻灯片的外观。

幻灯片母版主要用于控制演示文稿中所有幻灯片的外观，存储有关应用的设计模板信息。通过单击"视图"选项卡中的"幻灯片母版"按钮，进入幻灯片母版视图。在幻灯片母版中可以调整各占位符的位置，设置各占位符中内容的字体、字号、颜色，改变项目符号的样式，插入文字、图片、图形、动画和艺术字，改变背景颜色等。修改完毕后，单击"幻灯片母版"选项卡中的"关闭"按钮，便可看到相应版式的幻灯片都已按照母版进行了修改。

图 5-33 "对象属性"窗格

当通过幻灯片母版修改背景颜色时，窗口右侧将弹出"对象属性"窗格，如图 5-33 所示。在修改完成后，若用户单击"✕（关闭）"按钮，则新设置的背景颜色只应用于当前修改的幻灯片版式；若用户单击"全部应用"按钮，则新设置的背景颜色应用于全部幻灯片版式。

操作步骤

【步骤 1】 打开"新产品发布"演示文稿。

【步骤 2】 单击"设计"选项卡中的"母版"下拉按钮，在弹出的下拉列表中选择"导入模板"选项，弹出"应用设计模板"对话框，选择本地保存的"模板.potx"文件，再单击"打开"按钮。

【步骤3】 选中第1张幻灯片，单击"开始"选项卡中的"版式"下拉按钮，在弹出的下拉列表中选择"标题幻灯片"选项。

【步骤4】 为演示文稿中的幻灯片做适当调整，应用模板后的效果如图 5-34 所示。

V5-2　演示文稿的
制作项目要求3～5

图 5-34　应用模板后的效果

【步骤5】 单击"视图"选项卡中的"幻灯片母版"按钮，系统自动切换到"幻灯片母版"选项卡，如图 5-35 所示。

图 5-35　"幻灯片母版"选项卡

【步骤6】 在幻灯片母版视图的左窗格中，最上方显示了一个主母版，当将鼠标指针移动到主母版中时，会出现提示文字"Training 母版：由幻灯片 1-18 使用"，在其下方又有多个版式，将鼠标指针移动到版式上时也会出现提示文字，显示使用该版式的幻灯片编号，当提示文字中显示"无幻灯片使用"的版式时，在该版式上单击鼠标右键，在弹出的快捷菜单中选择"删除版式"命令。

【步骤7】 选择左窗格中的"标题幻灯片版式"母版，单击"插入"选项卡中的"文本框"

下拉按钮，在弹出的下拉列表中选择"横向文本框"选项，在编辑区的左下角拖动鼠标绘制一个横向文本框，输入文字"2023年7月"，并进行简单的格式设置。

【步骤8】 选择左窗格中的"Training母版"主母版，单击"插入"选项卡中的"页眉页脚"按钮，弹出"页眉和页脚"对话框，选择"幻灯片"选项卡，选中"幻灯片编号"复选框，如图 5-36 所示，并单击"全部应用"按钮。

【步骤9】 选中"Training母版"主母版，单击"插入"选项卡中的"图片"按钮，在弹出的下拉列表中选择"本地图片"选项，弹出"插入图片"对话框，选择要插入的图片"图片6"，并适当调整图片的大小和位置，如图 5-37 所示。

图 5-36 设置幻灯片编号

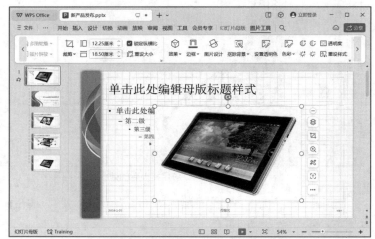

图 5-37 在幻灯片母版中插入图片

【步骤10】 选中图片，单击"图片工具"选项卡中的"设置透明色"按钮，再单击图片中需要设置透明色的部位，使图片周围的白色区域变成透明。单击"图片工具"选项卡中的"效果"下拉按钮，在弹出的下拉列表中选择"柔化边缘"→"10 磅"选项。单击"图片工具"选项卡中的"透明度"按钮，在弹出的对话框中自定义透明度为 90%。设置幻灯片母版图片的最终效果如图 5-38 所示。

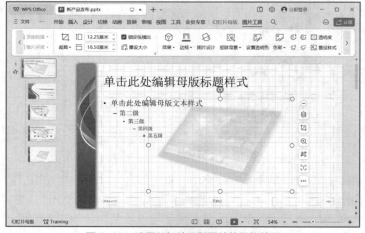

图 5-38 设置幻灯片母版图片的最终效果

 提示： 在母版中插入的图片会以背景图片的形式显示在幻灯片中。

计算机应用情境教学基础教程（Windows 10+WPS Office）（微课版）（第 2 版）

【步骤11】 选择左窗格中的"Training 母版"主母版，单击"插入"选项卡中的"文本框"下拉按钮，在弹出的下拉列表中选择"横向文本框"选项，在编辑区的右上方插入一个横排文本框，输入文字"my Pad"，并进行简单的格式设置。

【步骤12】 设置完毕后，在"幻灯片母版"选项卡中单击"关闭"按钮，可查看到幻灯片都已按照母版进行了修改。

项目要求4：为演示文稿"新产品发布"添加切换效果和自定义动画。

🛒 **知识储备**

（9）设置幻灯片切换效果

使用幻灯片切换效果可以使演示文稿中的幻灯片通过特殊效果从一张切换到另一张，即控制幻灯片进入或移出屏幕的效果，让演示文稿的放映变得更有趣、更生动、更具吸引力。

WPS 演示有几十种幻灯片切换效果可供使用，可对独立的幻灯片或多张幻灯片进行设置。通过设定幻灯片切换效果可控制幻灯片的切换速度、换页方式和换页声音等。

（10）设置自定义动画效果

自定义动画是除幻灯片切换以外的另一种特殊效果，它能为幻灯片中的文本、形状、声音、图像或其他对象添加动画效果，达到突出重点、控制放映流程和增强演示文稿趣味性的目的。例如，文本可以逐字或逐行出现，也可以通过变暗、逐渐展开和逐渐收缩等方式出现。

添加自定义动画可以使对象依次出现，并设置它们的出现方式。此外，还可以设置或更改幻灯片播放动画的顺序。

提示：添加了动画效果的对象会出现"0""1""2""3"……的编号，表示各对象动画播放的顺序。在设置了多个对象动画效果的幻灯片中，若想改变某个对象的动画在整个幻灯片中的播放顺序，则可以选定该对象或对象前的编号，单击"动画窗格"窗格中的"重新排序"列表框中的"⬆"和"⬇"按钮，对象前的编号会随着位置的变化而变化。在"重新排序"列表框中，所有对象始终按照"0""1""2"……或"1""2""3"……的编号排序。

👨‍💻 **操作步骤**

【步骤1】 选中要添加幻灯片切换效果的幻灯片。在选择单张、一组或不相邻的几张幻灯片时，可以分别通过单击或单击配合使用<Shift>键或<Ctrl>键的方法进行选择，选中的幻灯片周围会出现边框。

【步骤2】 单击"切换"选项卡中的切换效果下拉按钮"⌄"，在弹出的下拉列表中选择一种切换效果，如"擦除""百叶窗""随机"等，如图 5-39 所示，再单击"效果选项"按钮，在弹出的下拉列表中选择一种效果。

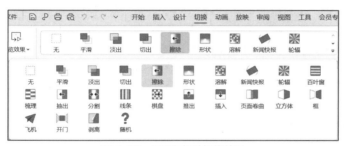

图 5-39 设置幻灯片切换效果

【步骤 3】 单击"声音"下拉按钮，在弹出的下拉列表中选择一种声音类型或选择"来自文件"选项，打开"添加声音"对话框，选择需要的声音文件，以此来增强幻灯片切换时的声音效果；在"速度"微调框中设置每张幻灯片的切换时间，以控制每张幻灯片的切换速度。

【步骤 4】 选中"单击鼠标时切换"复选框，设定在播放状态下通过单击才会切换幻灯片；或选中"自动换片"复选框，并在后方的文本框中输入切换时间，播放时会按设定时间自动切换。

【步骤 5】 单击"应用到全部"按钮，将以上设置的幻灯片切换效果应用到所有幻灯片中，否则切换效果只对当前幻灯片起作用。

【步骤 6】 选中幻灯片中要设置动画的对象，单击"动画"选项卡中的动画样式下拉按钮"⩗"，在弹出的下拉列表中选择对象进入时的效果，如"飞入""百叶窗"等，如图 5-40 所示。若需要更多效果，则可以单击该下拉列表右侧的"⊙（更多选项）"按钮，在展开的下拉列表中选择需要的效果，如"菱形""棋盘"等。此外，可以按照实际需要有选择地设置"强调""退出""动作路径"等效果。

图 5-40 "动画样式"下拉列表

【步骤 7】 随着选定对象、动画样式的变化，"动画样式"下拉列表右侧的"动画属性"和"文本属性"下拉按钮将产生相应变化，其下拉列表中的内容也将同时发生变化。根据实际情况在下拉列表中选择相应的属性状态，如为文本设置动画"百叶窗"时，"动画属性"下拉列表中的内容变为"水平""垂直"选项，通过选择来控制动画播放的方向；"文本属性"下拉列表中的内容变为"整体播放""按段落播放""逐字播放"，通过选择来控制动画播放的方式。

【步骤 8】 单击"动画"选项卡中的"动画窗格"按钮，窗口右侧弹出"动画窗格"窗格。在动画对象列表框中选中要设置动画的对象，单击鼠标右键，在弹出的快捷菜单中选择"效果选项"命令，如图 5-41 所示。

图 5-41　选择"效果选项"命令

【**步骤 9**】　此时会弹出与所选动画相应的对话框，如图 5-42 所示，可以在"效果""计时""正文文本动画"3 个选项卡中对所选的动画效果做更详细的设置。

【**步骤 10**】　单击"播放"按钮，播放动画效果，或者单击"动画"选项卡中的"预览效果"按钮，预览动画效果。此外，可以直接在幻灯片放映过程中看到动画效果。

> **项目要求 5**：为演示文稿"新产品发布"的目录（第 2 张幻灯片）与相应的幻灯片建立超链接，并确保超链接能成功使用。

🛒 **知识储备**

图 5-42　效果选项对话框

（11）设置幻灯片动作

WPS 演示提供了一些常用的动作按钮，如换页到下一张幻灯片、跳转到起始幻灯片进行放映等。采用动作设置可以链接到文本、对象、表格、图表或图像，并且可以决定是当鼠标指针移动到对象上时还是单击时开始动作。对象被链接后，只有更改源文件后，数据才会更新。

先选中幻灯片上要设置动作的对象，再单击"插入"选项卡中的"动作"按钮，弹出"动作设置"对话框，如图 5-43 所示。

在"鼠标单击"或"鼠标移过"选项卡中进行相关设置即可决定是单击时开始动作还是鼠标指针移过时开始动作。较为常用的功能介绍如下。

① 超链接到：在当前幻灯片放映时转到某一特定的幻灯片。

② 运行程序：选中该单选按钮后，单击"浏览"按钮，查找程序的位置。

如果选中"播放声音"复选框，那么单击"动作"按钮时会有声音播放。在其下拉列表中可以选择想要播放的声音。为了检测动作对象，在该对话框中单击"确定"按钮，并单击"幻灯片放映"

图 5-43　"动作设置"对话框

按钮，单击动作对象，确保这些动作能够正确运行。

如果不选择内置动作，则可以采用设置超链接的方式。选中要设置超链接的文字或图片，单击"插入"选项卡中的"超链接"按钮，在弹出的"插入超链接"对话框中设置要链接到的文件或幻灯片，单击"确定"按钮。

（12）创建幻灯片放映

创建幻灯片放映不需要做任何特殊的操作，只需创建幻灯片并保存演示文稿即可。使用幻灯片浏览视图可以按顺序看到所有的幻灯片。

① 重新安排幻灯片放映。单击位于窗口右下方的"□□（幻灯片浏览）"按钮或单击"视图"选项卡中的"幻灯片浏览"按钮，此时会显示若干张幻灯片。

在幻灯片浏览视图中，要想改变幻灯片的显示顺序，可以直接把幻灯片从原来的位置拖动到另一个位置，并保存该演示文稿。单击"视图"选项卡中的"显示比例"或"适应窗口大小"按钮，可以在屏幕上看到更多或更少的幻灯片。要删除幻灯片时，选中幻灯片并按<Delete>键即可；也可以选中幻灯片并单击鼠标右键，在弹出的快捷菜单中选择"删除幻灯片"命令。

如果用户想在该幻灯片的前后切换放映的内容，则可以通过设置动作按钮从一个部分转移到另一个部分，甚至可以转移到其他程序。

② 添加批注。在普通视图中可以为幻灯片添加批注。

在演示文稿最终定稿之前，审阅演示文稿时可以用到批注功能；如果把演示文稿发送给相关人员，则每个人都可以添加自己的批注，还可以看到其他人的批注，每个批注都将以作者名字开头。另外，每个人都可选择放映具有批注的或者不加批注的幻灯片。

下面说明批注的使用。

在普通视图中，单击"审阅"选项卡中的"插入批注"按钮，随后在编辑区左上角弹出批注编辑框，如图5-44所示。单击"审阅"选项卡中的"上一条"或"下一条"按钮，可以从一个批注转到另一个批注。插入幻灯片中的每个批注都可以随意移动位置，甚至可以移动到幻灯片以外。

图5-44 批注编辑框

③ 添加演讲者备注。演讲者备注是演讲者在演讲过程中用来引导演讲思路的备注，以下是其添加方法。

只有在普通视图的备注区中，才能输入演讲者备注。向上拖动边框，可以扩大此部分在屏幕上的显示面积。

此外，可以单击"视图"选项卡中的"备注页"按钮进入备注页视图，使演讲者备注整页显示。幻灯片图像在备注的顶部，包含备注的文本框在底部，如图 5-45 所示，备注中的文本如同其他文本一样可以进行格式设置。

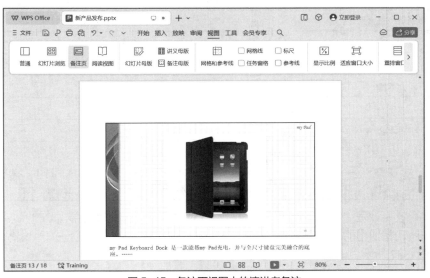

图 5-45　备注页视图中的演讲者备注

④ 讲义。讲义是包含若干张幻灯片的一种版面，可以将它打印出来分发给观众，作为演示文稿内容的提示。若要设置一页讲义中包含幻灯片的数量，则可打开"文件"菜单，选择"打印"命令，在弹出的"打印"对话框右侧进行设置，如图 5-46 所示。

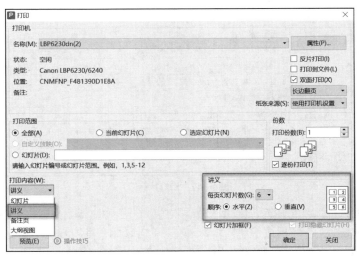

图 5-46　设置一页讲义中包含幻灯片的数量

（13）幻灯片放映

按<F5>键是放映幻灯片的简便方法，以下是幻灯片放映的其他方法。

① 单击"视图"选项卡中的"阅读视图"按钮。

② 单击"放映"选项卡中的"从头开始" 🔲 从头开始(W) 或"当页开始" ▶ 当页开始(C) 按钮。

③ 单击屏幕右下方的 "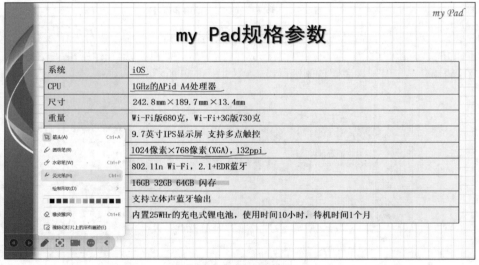（幻灯片放映）" 按钮（从当前的幻灯片开始播放）。

当播放幻灯片且需要在幻灯片之间进行移动时，按<Home>键，可移动到第一张幻灯片；按<End>键，可移动到最后一张幻灯片。当要结束幻灯片放映时，可按<Esc>键。幻灯片的鼠标或键盘快捷操作如表 5-1 所示。

表 5-1　幻灯片的鼠标或键盘快捷操作

移到下一张幻灯片	移到上一张幻灯片
<Enter>	<Backspace>
<→>	<←>
<↓>	<↑>
<N>	<P>
<Page Down>	<Page Up>
<Space>	单击鼠标右键 （先选择 "文件" 菜单中的 "选项" 命令，取消选中 "视图" 选项卡中的 "右键单击快捷菜单" 复选框）

在幻灯片放映过程中，演讲者可能需要在幻灯片上做标记，此时可单击幻灯片左下方的 "墨迹画笔" 按钮，在弹出的下拉列表中选择 "圆珠笔" "水彩笔" "荧光笔" 选项。拖动鼠标即可做标记，如图 5-47 所示。

图 5-47　幻灯片标记

① 若要选择不同颜色的画笔，则可在放映状态下的任意位置单击鼠标右键，在弹出的快捷菜单中选择 "墨迹画笔" → "墨迹颜色" 命令。如果单击鼠标右键的方式不能使用，则可选择 "文件" 菜单中的 "选项" 命令，在弹出的 "选项" 对话框中选择 "视图" 选项卡，在右侧的 "幻灯片放映" 选项组中选中 "右键单击快捷菜单" 复选框，以预置鼠标右键单击。

② 按<Esc>键，绘图笔会恢复为鼠标指针，再按一次<Esc>键，会弹出询问 "是否保留墨迹注释？" 对话框，可以选择保留或放弃，在确定选择后会退出演示文稿。

③ 在绘图笔状态下，可以按<Ctrl+A>组合键，将鼠标指针重新改为箭头图标。

④ 单击 "墨迹画笔" 按钮，选择 "擦除幻灯片上的所有墨迹" 选项，可以清除所有的注释；

当选择"橡皮擦"选项时，可以有选择地擦除注释。

（14）设置放映方式

幻灯片放映可以设置为"手动放映"或"自动放映"。

幻灯片放映类型有两种："演讲者放映（全屏幕）"和"展台自动循环放映（全屏幕）"。"演讲者放映（全屏幕）"支持鼠标操作，在整个放映过程中，演讲者具有全部控制权。"展台自动循环放映（全屏幕）"不支持鼠标操作，在放映过程中，除了保留鼠标指针，其他功能将全部失效，如果要停止播放，只能按<Esc>键。具体设置方法如下。

单击"放映"选项卡中的"放映设置"按钮，弹出"设置放映方式"对话框，如图 5-48 所示，在"放映类型"选项组中选择放映类型即可。此外，可以根据需求设置放映范围、循环放映等。

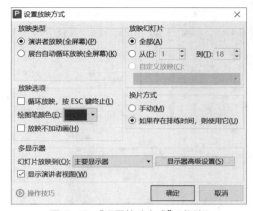

图 5-48　"设置放映方式"对话框

操作步骤

【步骤 1】　在普通视图中，选定第 2 张幻灯片，即目标幻灯片"关于……"。

【步骤 2】　选中"my Pad 市场占有情况"文字，单击"插入"选项卡中的"动作"按钮，弹出"动作设置"对话框，选择"鼠标单击"选项卡。

【步骤 3】　选择"超链接到"下拉列表中的"幻灯片"选项，如图 5-49 所示。弹出"超链接到幻灯片"对话框，在"幻灯片标题"列表框中选择"3．my Pad 市场占有情况"选项，单击"确定"按钮，如图 5-50 所示。

【步骤 4】　重复步骤 2 和步骤 3，设置其他 5 条文字目录的超链接。

【步骤 5】　选定第 4 张幻灯片，单击"插入"选项卡中的"形状"按钮，在弹出的下拉列表中选择"基本形状"→"棱台"选项，在幻灯片右下角绘制一个棱台，并调整其大小。

图 5-49　"动作设置"对话框

图 5-50　"超链接到幻灯片"对话框

【步骤 6】　选中棱台形状，单击"绘图工具"选项卡中形状样式右侧的下拉按钮，在弹出的下拉列表中选择预设样式中的"填充–无线条"选项。

【步骤 7】　选中棱台并单击鼠标右键，在弹出的快捷菜单中选择"编辑文字"命令，输入"返回目录"。

【步骤 8】　选中"返回目录"文本，在"开始"选项卡中设置文本字体为"黑体"，字号为14磅，其效果如图 5-51 所示。

图 5-51　绘制自选图形的效果

【步骤 9】　选中棱台形状，单击"插入"选项卡中的"超链接"按钮，弹出"插入超链接"对话框。在该对话框左侧的"链接到"列表框中选择"本文档中的位置"选项，在右侧的"请选择文档中的位置"列表框中选择"2.关于……"选项，如图 5-52 所示，单击"确定"按钮。

图 5-52　设置超链接

【步骤 10】　重复步骤 5～步骤 9，分别为第 10、15、16、17、18 张幻灯片设置相同的"返回目录"的超链接。

知识扩展

（1）更换幻灯片版式

如果已有幻灯片版式不能满足要求，则可以更换幻灯片版式。更换幻灯片版式的操作步骤如下。

选中需要修改版式的幻灯片，单击"开始"选项卡中的"版式"按钮，在下拉列表中选择合适的幻灯片版式即可。也可以在编辑区空白处单击鼠标右键，在弹出的快捷菜单中选择"版式"命令来更改幻灯片版式。

更换前的幻灯片版式如图 5-53 所示，更换后的幻灯片版式如图 5-54 所示。

图 5-53　更换前的幻灯片版式

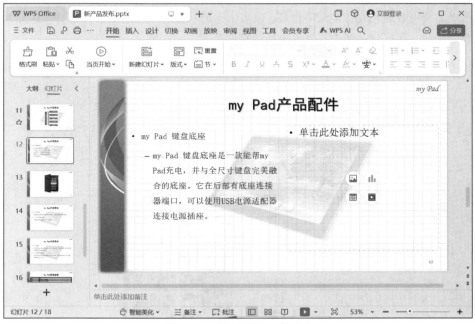

图 5-54　更换后的幻灯片版式

（2）调整背景

对于创建好的幻灯片，可以进行一些背景的设置和修改。

幻灯片的背景是指每张幻灯片底层的色彩和图案，在背景之上，可以放置其他图片或对象。

调整幻灯片的背景会改变整张幻灯片的视觉效果。

调整幻灯片背景的步骤如下。

单击"设计"选项卡中的"背景"下拉按钮，在弹出的下拉列表中选择"背景填充"选项，此时在窗口右侧弹出"对象属性"窗格，如图 5-55 所示。直接单击"设计"选项卡中的"▨（背景）"按钮也会弹出"对象属性"窗格。在幻灯片空白处单击鼠标右键，在弹出的快捷菜单中选择"设置背景格式"命令，也可以弹出"对象属性"窗格。根据需要，在该窗格中进行相应设置后，单击"关闭"或"全部应用"按钮即可。

（3）应用配色方案

图 5-55　"对象属性"窗格

配色方案主要用于背景、文本和线条、阴影、标题文本、填充、强调、强调和超链接、强调和尾随超链接等设置。制作演示文稿时，选定了配色方案也就确定了颜色，配色方案的改变将引起颜色的变化。一般情况下，演示文稿中各幻灯片应采用统一的配色方案，但用户也可根据需要对指定的幻灯片应用其他配色方案或自定义配色。

① 选择配色方案。为当前幻灯片选择配色方案的操作步骤如下：单击"设计"选项卡中的"配色方案"按钮，在弹出的对话框中选择"推荐方案"选项卡，再按照需要选择一种配色方案，选定的配色方案即可应用于当前打开的演示文稿。

② 新建配色方案。如果不想使用 WPS 演示提供的配色方案，则可以创建配色方案，操作步骤如下：单击"设计"选项卡中的"配色方案"按钮，在弹出的对话框中选择"自定义"选项卡，选择"创建自定义配色"选项，弹出"自定义颜色"对话框，如图 5-56 所示。在"主题颜色"选项组中有构成主题颜色的各种颜色设置，选择要修改的选项，单击其右侧的下拉按钮，在弹出的下拉列表中选择一种颜色或自定义一种颜色，在上方的"名称"文本框中输入配色方案名称，单击"保存"按钮，即可将该配色方案应用到幻灯片中。

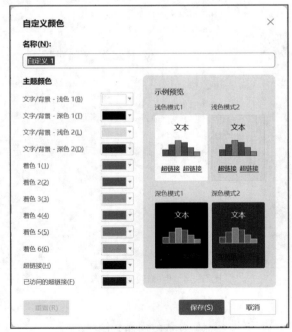

图 5-56　"自定义颜色"对话框

（4）打包演示文稿

打包演示文稿可以避免因文档中插入的音频、视频文件的位置产生变化而导致演示文稿无法播放，也可以方便演示文稿的重新编辑。演示文稿可以打包成文件夹，也可以打包成压缩文件，具体操作方法如下。

选择"文件"菜单中的"文件打包"→"将演示文档打包成文件夹"或"将演示文档打包成压缩文件"命令，在弹出的"演示文件打包"对话框中设置好文件夹名称和位置等，单击"确定"按钮。

（5）演示文稿的打印

① 页面设置。因为幻灯片可以使用不同的设备播放，所以打印时的页面设置会有所不同，具体操作方法如下：单击"设计"选项卡中的"幻灯片大小"下拉按钮，在弹出的下拉列表中选择"标准""宽屏"或"自定义大小"选项，当选择"自定义大小"选项时，弹出"页面设置"对话框，如图 5-57 所示，选择纸张的大小、要打印的幻灯片的编号范围和幻灯片内容的打印方向，单击"确定"按钮。

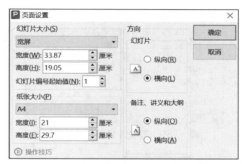

图 5-57 "页面设置"对话框

② 打印预览。选中要打印的幻灯片，选择"文件"菜单中的"打印"→"打印预览"命令，打开"打印预览"窗口，如图 5-58 所示。

图 5-58 打印预览

此时，可以选择幻灯片的打印范围、打印内容、是否需要根据纸张调整大小，以及是否需要打印出幻灯片的边框等。在页面左侧预览区中可以看到将要打印出来的幻灯片的外观。此外，可以查看打印机是否支持彩色打印，如果支持，则能选择彩色打印。

③ 打印演讲者备注。在打印演讲者备注时，选择"文件"菜单中的"打印"命令，在"打印内容"选项组中选择"备注页"选项，其他选项与打印幻灯片的选项是相同的。在打印之前，单击"插入"选项卡中的"页眉页脚"按钮，在弹出的"页眉和页脚"对话框中选择"备注和讲义"选项卡，通过设置可以插入页眉和页脚，如图 5-59 所示。

图 5-59 "页眉和页脚"对话框

④ 打印讲义。打印讲义时，选择"文件"菜单中的"打印"命令，弹出"打印"对话框，在"打印内容"下拉列表中选择"讲义"选项，在右侧的"讲义"选项组中选择需要的样式，如图 5-60 所示，其他选项与打印幻灯片的选项是相同的。另外，可以选择在一页中打印幻灯片的数量以及幻灯片在该页中的顺序。

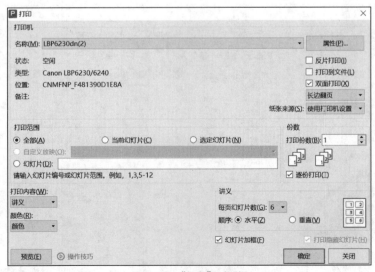

图 5-60 "打印"对话框

⑤ 打印"大纲"视图。"大纲"视图与普通视图中大纲/幻灯片区中的"大纲"中所显示的内容一样，无论显示大纲的哪一级，都可以将其打印出来。

拓展练习

自选主题并选择合适的内容素材，制作一个演示文稿，具体要求如下。

（1）至少要有 20 张幻灯片。

（2）第 1 张幻灯片是片头引导页（写明主题、作者及日期等）。

（3）第 2 张幻灯片是目录页。

（4）其他幻灯片中要有能够返回到目录页的超链接。

（5）使用在线设计模板或本地保存的设计模板，并利用母版功能修改演示文稿的风格（在适当位置放置符合主题的 Logo 或插入背景图片，在时间和日期区中插入当前日期，在页脚区中插入幻灯片编号），以更贴切的方式体现主题。

（6）选择适当的幻灯片版式，使用图、文、表混排内容（包括艺术字、文本框、图片、文字、自选图形、表格和图表等），要求内容新颖、充实、健康，版面协调美观。

（7）为幻灯片添加切换效果和动画效果，以播放方便、适用为主，使演示文稿更具吸引力。

（8）合理组织信息内容，要有一个明确的主题和清晰的流程。

第 6 幕
新一代信息技术

6.1 物联网——物物相连的互联网

 项目情境

毕业后，小 C 进入一家媒体公司工作，上班路上，他打开导航软件，根据交通情况选择最优路线驱车到达公司，通过车牌自动识别系统进入公司停车场，使用工牌刷卡乘坐电梯直达公司所在楼层。

 学习清单

物联网的基本概念、主要特征，三层体系结构、RFID 技术、EPC 技术、传感器技术、ZigBee 技术、Wi-Fi 技术、蓝牙技术，主要应用领域、未来发展趋势。

 **具体内容**

6.1.1　物联网概述

1．物联网的基本概念

物联网是一个基于互联网、传统电信网等信息承载体，让所有能够被独立寻址的普通物理对象实现互联互通的网络。通过射频识别、红外感应器、全球定位系统、激光扫描器等信息传感设备，按约定的协议，把任何物品与互联网连接起来，进行信息交换和通信，以实现智能化识别、定位、跟踪、监控和管理。

2．物联网的主要特征

物联网并不是互联网的翻版，也不是互联网的一个接口，而是互联网的一种延伸。物联网对物品实现连接和操控，通过技术手段的扩张，赋予网络新的含义，实现人与物之间的互动，甚至是交流与沟通。

（1）整体感知

物联网的特点之一是整体感知，即通过多种感知技术，如 RFID、传感器、二维码等，全方位地收集和测量物体的信息，实现对物体的全面感知。

（2）可靠传输

物联网通过不同的协议格式进行数据传输，确保不同传感器的通信协议转化为统一的通信协议。通过通信网关，将不同传感器的信息实时、准确地传递给互联网或无线网络，以实现信息的交流与分享。

（3）智能处理

通过云计算、模糊识别等智能计算技术，物联网可以实现物品和人员的智能识别、定位、追踪、监测、管理等功能。其中，智能处理技术包括传感器、嵌入式芯片和专用软件，通过这些技术，物联网能够实现从感知到传输再到决策的全面自动化和智能化。

6.1.2　物联网关键技术

1．物联网三层体系结构

物联网的三层体系结构包括应用层、网络层、感知层，如图 6-1 所示。应用层是物联网和用户的接口，它与行业需求结合，实现物联网的智能应用。网络层由各种私有网络、互联网、有线和无线通信网、网络管理系统和云计算平台等组成。感知层由各种传感器及传感器网关构成。

2．物联网感知层关键技术

（1）RFID 技术

射频识别（Radio Frequency Identification，RFID）俗称电子标签，是一种非接触式自动识别技术，可识别高速运动的物体并可同时识别多个标签，操作快捷方便。RFID 通过射频信号自动识别对象并获取相关数据完成信息的自动采集工作，是物联网最关键的一种技术，它为物体贴上电子标签，实现高效灵活的管理。

（2）EPC 技术

电子产品代码（Electronic Product Code，EPC）技术（物联网）是指在计算机互联网和 RFID 技术的基础上，利用全球统一标识系统编码技术给每一个实体对象一个唯一的代码，构造了一个实现全球物品信息实时共享的实物互联网"Internet of things"。

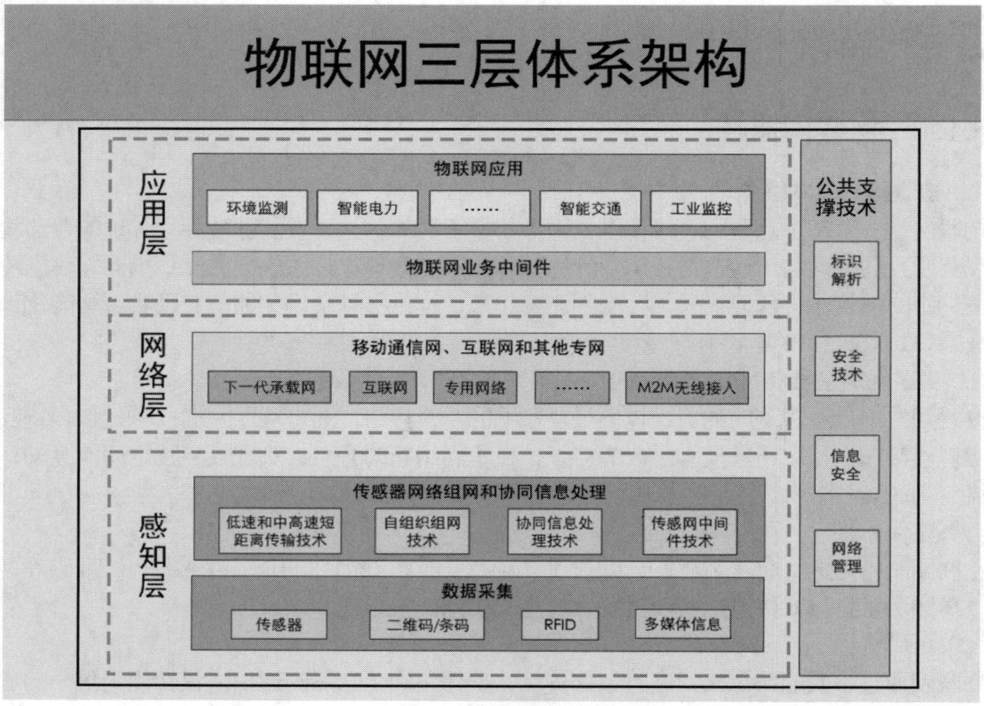

物联网三层体系架构

图6-1 物联网三层体系结构

（3）传感器技术

传感器是指能感知预定的被测指标并按照一定规律转换成可用信号的器件和装置，通常由敏感元件和转换元件组成。传感器是一种检测装置，能感受到被测量的信息，并能将其按一定规律转换成电信号或其他所需形式的信息输出，以满足信息的传输、处理、存储、显示、记录和控制等要求。

3. 物联网网络层关键技术

（1）ZigBee技术

ZigBee技术是一种近距离、低复杂度、低功耗、低速率、低成本的双向无线通信技术。这一名称来源于蜜蜂的八字舞，蜜蜂（bee）是靠飞翔和"嗡嗡"（zig）地抖动翅膀的"舞蹈"来向同伴传递花粉所在方位信息的，依靠这样的方式构成了群体中的通信网络。

ZigBee网络的主要特点是功耗低、成本低、时延短、网络容量大、可靠、安全，主要适用于自动控制和远程控制领域，可以嵌入各种设备。

（2）Wi-Fi技术

Wi-Fi是一种可以将个人计算机、手持设备[如手持移动设备（Personal Digital Assistant，PDA）、手机]等终端以无线方式互相连接的技术。Wi-Fi无线电波的覆盖范围广，传输速度非常快，厂商进入该领域的门槛也比较低。

（3）蓝牙技术

蓝牙是一种支持设备短距离通信（一般在10m内）的无线电技术，能在包括移动电话、PDA、无线耳机、笔记本电脑、相关外设等众多设备之间进行无线信息交换，其蓝牙连接稳定、全球可用、设备范围广、易于使用、传输速度非常快。

4. 物联网应用层关键技术

物联网、大数据、云计算和人工智能之间存在着紧密的联系，从技术体系结构来看，云计算和大数据是比较接近的，都是以分布式存储和分布式计算为核心的，但是云计算主要提供服务，而大数据主要完成数据的价值化。物联网的层次结构能够很好地呈现出与大数据、云计算和人工智能之间的关系。在物联网的各大层次当中,算力部分需要由云计算来支撑,也有一部分需要边缘计算来提供服务,数据分析主要采用大数据技术来实现,而应用层则主要由人工智能技术来实现,在未来,人工智能技术在应用层的作用会越来越重要。

6.1.3　物联网的主要应用领域和未来发展趋势

1. 物联网的应用领域

（1）智慧物流

智慧物流指以物联网、大数据、人工智能等信息技术为支撑,在物流的运输、仓储、配送等各个环节实现系统感知、全面分析及处理等功能。当前,物联网应用于物流领域主要体现在 3 个方面——仓储、运输监测及快递终端等,通过物联网技术实现对货物的监测及运输车辆的监测,包括货物车辆位置、车辆状态,及货物温湿度、油耗及车速等。物联网技术的使用能提高运输效率,提升整个物流行业的智能化水平。

（2）智慧医疗

在智慧医疗领域,新技术的应用必须以人为中心。而物联网技术是数据获取的主要途径,能有效地帮助医院实现对人的智能化管理和对物的智能化管理。对人的智能化管理指的是通过传感器对人的生理状态（如心跳频率、体力消耗、血压高低等）进行监测,如使用医疗可穿戴设备,将获取的数据记录到电子健康文件中,方便个人或医生查阅。除此之外,通过 RFID 技术还能对医疗设备、用品进行监控与管理,实现医疗设备、用品可视化,主要表现为数字化医院。

（3）智能家居

智能家居使用不同的方法和设备来提高人们的生活品质,使家庭变得更加舒适、安全。物联网应用于智能家居领域,能够对家居类产品的位置、状态进行监测,分析其变化特征,并根据人的需要,在一定的程度上进行反馈。智能家居行业发展主要分为 3 个阶段:单品连接、物物联动和平台集成。其发展的方向首先是连接智能家居单品,随后走向不同单品之间的联动,最后向智能家居系统平台发展。当前,各个智能家居类企业正处于从单品连接向物物联动的过渡阶段。

（4）智能制造

智能制造领域的市场体量巨大,是物联网的一个重要应用领域,主要体现在数字化及智能化的工厂改造上,包括工厂机械设备监控和工厂的环境监控。通过在设备上加装相应的传感器,设备厂商可以远程随时随地对设备进行监控、升级和维护等,更好地了解产品的使用状况,完成产品全生命周期的信息收集,指导产品设计和售后服务;而针对工厂的环境,主要是采集温湿度、烟感等信息。

（5）智能交通

智能交通是物联网的一种重要体现形式,利用信息技术将人、车和路紧密地结合起来,改善交通运输环境、保障交通安全、提高资源利用率。运用物联网技术的具体应用,包括智能公交车、共享单车、车联网、充电桩监测、智能红绿灯及智慧停车等。其中,车联网是近些年来各大厂商及互联网企业争相进入的领域。

（6）现代农业

现代农业指的是利用物联网、人工智能、大数据等现代信息技术与农业进行深度融合,实现农业生产全过程的信息感知、精准管理和智能控制的一种全新的农业生产方式,可实现农业可视化诊断、远程控制及灾害预警等功能。物联网应用于农业主要体现在两个方面:农业种植和畜牧养殖。

2. 物联网的未来发展趋势

物联网作为一种把任何物品与互联网连接起来进行信息交换和通信的网络，伴随着信息技术的快速发展，已经成为计算机和互联网之后的第三次信息技术浪潮。经过 20 多年的发展，在工业控制、农业生产、交通物流、环境监测和公共安全等领域，物联网技术都得到了广泛的应用，万物互联互通的时代正在到来。

6.2 云计算——数字时代的创新引擎

 项目情境

小 C 在公司已经工作了一段时间，期间时常会在工作群中收到各种在线编辑文档以收集相关信息，而小 C 会实时协作编辑文档，无须担心版本控制问题。在工作中，小 C 也会遇到一些不懂的内容，他便会利用虚拟助手帮助自己解决问题。

 学习清单

云计算的基本概念、主要特征，分布式存储技术、虚拟化技术、海量数据管理技术、并行编程技术，公有云、私有云、混合云，服务模型，国内外主流云服务提供平台。

 具体内容

6.2.1 云计算概述

1. 云计算的基本概念

云计算是分布式计算的一种，通过网络"云"将巨大的数据计算处理程序分解成无数个小程序，然后利用多部服务器组成的系统对这些小程序进行处理和分析，并将结果返回给用户。

从狭义上讲，云计算就是一种提供资源的网络，使用者可以随时获取"云"上的资源，按需求量使用。从广义上说，云计算是与信息技术、软件、互联网相关的一种服务，这种计算资源共享池叫作"云"，云计算把许多计算资源集合起来，通过软件实现自动化管理。

2. 云计算的主要特征

（1）按需自助服务

用户可以根据自己的需要购买服务，甚至可以按使用量进行精确计费，这能大大节省 IT 成本，资源的整体利用率也将得到明显的提升。

（2）广泛的网络接入

通过不同的客户端可以实现对网络的广泛访问，这意味着供应商的资源可以通过互联网获取，并且能以标准机制访问。

（3）资源池化

通过将资源以共享的方式统一管理，将不同用户的需求和资源分配给不同的消费者。资源池化的实现可以使资源的使用更加灵活和高效，也可以更好地满足不同用户的需求。

（4）快速弹性伸缩

云计算中的物理或虚拟资源能够快速地水平扩展，具有强大的弹性，可以根据用户的需求自动调整计算资源，实现弹性伸缩，避免了资源浪费或不足的问题。

（5）高可靠性

通过多副本容错技术和计算节点同构可互换等措施来实现高可靠性。多副本容错技术确保了数据在多个地方备份，从而在出现故障时能够快速恢复。而计算节点同构可互换则意味着节点之间可以相互替换，进一步增强了系统的稳定性。

6.2.2 云计算关键技术

1. 分布式存储技术

分布式存储技术是云计算的关键技术之一，它将数据分散存储到多台服务器上，并在多个节点上并发执行，最后汇总结果。这种存储方式可以保证数据的高可靠性和高可用性，也可以满足大规模数据的性能需求。

2. 虚拟化技术

虚拟化技术可用于部署计算资源，将多个硬件设备、软件应用和数据隔离开来，实现全系统的虚拟化，打破硬件配置、软件部署和数据分布的界限。虚拟化技术可以高效地管理和利用资源，实现资源的集中管理和灵活的资源利用，提高系统适应需求和环境的能力。虚拟化技术主要包括虚拟机和容器技术，前者将多个虚拟机或实例运行在一起，后者将多个虚拟机或实例组合在一起运行。

3. 海量数据管理技术

海量数据管理技术是云计算中至关重要的一种技术，它能够高效地处理大量的数据，并从中找到特定的数据。此外，云数据管理也需要保证数据的安全和访问的高效。

4. 并行编程技术

通过并行编程技术，用户可以实现多个计算任务同时运行，提高计算效率和性能。云计算中的编程模式需要选择合适的技术和工具，并且需要保证后台的并行执行和任务调度透明，以提高用户体验。通过并行编程，用户可以轻松地利用云计算提供的服务，并且可以快速编写简单的程序以实现特定的目的。

6.2.3 云计算的主要应用领域

1. 云计算的部署模型

（1）公有云

云基础架构为公共或者一个大的工业群体所使用，并出售云服务。"公有"反映了这类云服务并非用户所拥有，是面向大众提供计算资源的服务。

（2）私有云

云基础架构由一个组织独立操作，可能被这个组织或者第三方机构所管理，可能存在于某种条件下或者无条件存在。私有云是企业传统数据中心的延伸和优化，能够针对各种功能提供存储容量和处理能力。

（3）混合云

云基础架构由两个或者两个以上的云组成，这些云保持着唯一的实体，但是通过标准或者特有的技术结合在一起，这些技术使得数据或者应用程序具有可移植性。

2. 云计算的服务模型

（1）基础设施即服务

基础设施即服务（Infrastructure as a Service，IaaS）是把 IT 基础设施作为一种服务通过网络对外提供，并根据用户对资源的实际使用量或占用量进行计费的一种服务模式。

（2）平台即服务

平台即服务（Platform as a Service，PaaS）是指将软件研发的平台作为一种服务，以 SaaS 的模式提交给用户。因此，PaaS 也是 SaaS 模式的一种应用。

（3）软件即服务

软件即服务（Software as a Service，SaaS）即通过网络提供软件服务。

SaaS 平台供应商将应用软件统一部署在自己的服务器上，用户可以根据工作实际需求，通过互联网向厂商订购所需的应用软件服务，按订购的服务多少和时间长短向厂商支付费用，并通过互联网获得 SaaS 平台供应商提供的服务。

3. 国内外主流云服务提供平台

（1）阿里云

阿里云创立于 2009 年，是全球领先的云计算及人工智能科技公司，致力于以在线公共服务的方式提供安全、可靠的计算和数据处理能力，让计算和人工智能成为普惠科技。阿里云服务着制造、金融、政务、交通、医疗、电信、能源等众多领域的领军企业，包括中国联通、12306、中石化、中石油、飞利浦、华大基因等大型企业客户，以及微博、知乎等公司。在天猫"双十一"全球狂欢节、12306 春运购票等极富挑战的应用场景中，阿里云保持着良好的运行记录。

（2）华为云

华为云成立于 2005 年，隶属于华为公司，专注于云计算中公有云领域的技术研究与生态拓展，致力于为用户提供一站式云计算基础设施服务。华为云立足于互联网领域，通过基于浏览器的云管理平台，以互联网线上自助服务的方式，为用户提供包括云主机、云托管、云存储等基础云服务、超算、内容分发与加速、视频托管与发布、企业 IT、云电脑、云会议、游戏托管、应用托管等服务和解决方案。

（3）腾讯云

腾讯云是腾讯公司旗下的产品，为开发者及企业提供云服务、云数据、云运营等整体一站式服务方案。具体包括云服务器、云存储、云数据库和弹性 Web 引擎等基础云服务；腾讯云分析（MTA）、腾讯云推送（信鸽）等腾讯整体大数据能力；QQ 互联、QQ 空间、微云、微社区等云端链接社交体系。正是这些腾讯云可以提供的差异化优势，造就了可支持各种互联网使用场景的高品质的腾讯云技术平台。

6.3 大数据——"数据"成为新的生产要素

 项目情境

小 C 每天都是自驾上班，某天在上班途中遇到严重堵车，为了避免上班迟到，他便打开导航软件，根据软件上显示的实时交通路况选择了另外一条交通顺畅的道路，顺利在打卡时间截止前到达公司。

 学习清单

大数据的基本概念、主要特征，爬虫技术、数据清洗技术、数据分析与挖掘技术、数据可视化技术，主要应用领域、未来发展趋势。

 具体内容

6.3.1 大数据概述

1. 大数据的基本概念

大数据的概念出现于 1980 年，未来学家阿尔文·托夫勒（Alvin Toffler）将大数据热情地赞颂为"第三次浪潮的华彩乐章"。

麦肯锡对大数据的定义如下：大数据指的是大小超出常规的数据库工具获取、存储、管理和分析能力的数据集。

国际数据公司（International Data Corporation，IDC）从大数据的 4 个特征来定义，即海量的数据规模（Volume）、快速的数据流转和动态的数据体系（Velocity）、多样的数据类型（Variety）、巨大的数据价值（Value）。

在以"云计算相遇大数据"为主题的 EMC World 2011 会议中，EMC（易安信）给出了大数据的概念：大数据是指无法在一定时间内用传统数据库软件工具对其内容进行抓取、管理和处理的数据集合。

2. 大数据的主要特征

（1）数据量大

大数据的第一个特征是数据量庞大，包括采集、存储和计算在内的量都非常大。大数据的起始计量单位至少是 PB（1000 TB）、EB（100 万 TB）或 ZB（10 亿 TB）。

（2）数据种类和来源多样化

大数据包括各种类型的数据，包括结构化、半结构化和非结构化数据，具体表现为网络日志、音频、视频、图片、地理位置信息等，多种类型的数据对设备的数据处理能力提出了更高的要求。

（3）数据价值高、价值密度低

随着互联网及物联网的广泛应用，信息无处不在，但价值密度较低，如何结合业务逻辑并通过强大的机器算法来挖掘数据价值，是大数据时代最需要解决的问题。

（4）数据增长和处理速度快

大数据的数据量庞大、类型多样，处理速度需求高，时效性要求高，能够快速地产生和处理数据，满足企业和个人的需求。例如，对于搜索引擎，要求几分钟前的新闻能够被用户查询到，个性化推荐算法尽可能要求实时完成推荐。这是大数据区别于传统数据的显著特征。

6.3.2 大数据关键技术

1. 爬虫技术

爬虫技术是一种通过网络爬虫或网站公开 API 等方式从网站上获取数据信息的技术。该技术可以将非结构化数据从网页中抽取出来，将其存储为统一的本地数据文件，并以结构化方式存储。该技术支持图片、音频、视频等文件或附件的采集，附件与正文可以自动关联。

在互联网时代，爬虫主要用于为搜索引擎提供最全面和最新的数据。在大数据时代，爬虫更是从互联网上采集数据的有力工具。爬虫工具基本可以分为以下 3 类。

（1）分布式爬虫工具，如 Nutch。

（2）Java 爬虫工具，如 Crawler4j、WebMagic、WebCollector。

（3）非 Java 爬虫工具，如 Scrapy（基于 Python 语言开发）。

2. 数据清洗技术

数据清洗通常称为数据净化，是指将数据从源中删除或更正"脏数据"的过程。数据清洗是数据分析过程中的一个重要步骤，尤其是在数据对象包含噪声数据、不完整数据，甚至是不一致数据时，更需要进行数据的清洗，以提高数据对象的质量，最终达到提高数据分析质量的目的。常用的数据清洗工具有以下几种。

（1）IBM InfoSphere 信息服务器：分析、理解、清洗、监视、转换和传输数据。

（2）Oracle 的主数据管理（Master Data Management，MDM）：处理大量数据，并且提供诸如合并、清洗、扩充和同步企业的关键业务数据对象等服务的解决方案。

（3）Equifax：为数据库管理、数据集成和数据分析提供解决方案。

（4）Nneolaki：可用于数据收集、清理、附加和管理。

3. 数据分析与挖掘技术

数据分析与挖掘技术是大数据的核心技术。其主要在现有的数据上进行基于各种预测和分析的计算，从而起到预测的效果，满足一些高端数据分析的需求。数据分析是指对大量有序或无序的数据进行信息的集中整合、运算提取、展示等操作，通过这些操作找出研究对象的内在规律。数据挖掘就是从大量的、不完全的、有噪声的、模糊的、随机的实际数据中，提取人们事先不知道的、有潜在用途的信息和知识的过程。

（1）常用数据分析模型：对比分析、漏斗分析、留存分析、A/B 测试、用户行为路径分析、用户分群、用户画像分析等。

（2）常用数据分析方法：描述统计、假设检验、信度分析、相关分析、回归分析、聚类分析等。

（3）常用数据挖掘方法：神经网络、遗传算法、决策树、模糊集方法等。

4.　数据可视化技术

数据可视化是大数据中的一种重要技术，通过将大型数据库或数据仓库中的数据可视化，人们能够更直观地看到数据及其结构关系，不再局限于关系数据表。数据可视化技术主要通过探索性可视化、叙事可视化、数据建模和属性展示等技术手段来实现数据的可视化分析，它可以突破静态数据的限制，帮助决策者和分析者更好地理解数据，并从中获取更多信息。

（1）常见数据可视化图表：柱状图、折线图、饼图、散点图、雷达图、箱型图、气泡图、词频图、桑基图、热力图、关系图、漏斗图等。

（2）常见数据可视化工具：Excel、BI 工具（PowerBI、Tableau、FineBI）、Matplotlib、Echarts 等。

6.3.3　大数据的主要应用领域和未来发展趋势

1.　大数据的主要应用领域

（1）互联网和营销行业

互联网行业是离消费者距离最近的行业，拥有大量实时产生的数据。业务数据化是其企业运营的基本要素，因此，互联网行业的大数据应用的程度是最高的。与互联网行业相伴的营销行业，是围绕着互联网用户行为分析，为消费者提供个性化营销服务的行业。

（2）信息化水平较高的行业

信息化水平较高的行业包括金融、电信等行业。这类行业比较早地进行了信息化建设，内部业务系统的信息化相对比较完善，对内部数据有大量的历史积累，并且有一些深层次的分析类应用，目前正处于将内部、外部数据结合起来共同为业务服务的阶段。

（3）政府及公用事业行业

这些行业不同部门的信息化程度和数据化程度差异较大，例如，交通行业目前已经有了不少大数据应用案例，但有些行业（如环保、公共安全）还处在数据采集和积累阶段。政府将会是未来整个大数据产业快速发展的关键，通过政府公用数据开放可以使政府数据在线化走得更快，从而推动大数据应用的发展。

（4）制造、物流、医疗、农业等行业

这些行业的大数据应用水平还处在初级阶段，但未来消费者驱动的消费者到企业（Customer to Business，C2B）模式会倒逼着这些行业的大数据应用进程逐步加快。例如，大数据技术将广泛应用于农业领域，通过搜集、存储、分析农业育种、栽培、病虫害、气候、土壤、经济各领域的数据，对农业大环境和经济需求的预测，帮助农业工作者做出具有前瞻性的决策，提高农业工作者的收入，最大限度地规避风险。

2.　大数据的未来发展趋势

（1）物联网的发展

把所有物品通过信息传感设备与互联网连接起来，进行信息交换，即物物相连，实现智能化识别和管理。

（2）智慧城市的建设

智慧城市就是运用信息和通信技术手段监测、分析、整合城市运行核心系统的各项关键信息，对包括民生、环保、公共安全、工商业活动在内的各种需求做出智能响应。

（3）增强现实与虚拟现实的应用

增强现实（Augmented Reality，AR）技术是一种将虚拟信息与真实世界巧妙融合的技术，运用了多媒体、三维建模、实时跟踪、智能交互、传感等多种技术手段，将计算机生成的文字、图像、三维模型、音频、视频等虚拟信息模拟仿真后应用到真实世界中，两种信息互为补充，从而实现对真实世界的"增强"。虚拟现实（Virtual Reality，VR）技术是一种可以创建和体验虚拟世界的计算机仿真技术。它利用计算机生成一种模拟环境，是一种多源信息融合的、交互式的三维动态视景和实体行为的系统仿真，使用户沉浸在该环境中。

（4）区块链的应用

区块链是分布式数据存储、点对点传输、共识机制、加密算法等计算机技术的新型应用模式。其中，共识机制是区块链系统中不同节点之间建立信任、获取权益的数学算法。

（5）语音识别的进步

语音识别将进入工业、家电、通信、汽车电子、医疗、家庭服务等各个领域，它所涉及的技术包括信号处理、模式识别、概率论和信息论、发声机理和听觉机理、人工智能等。

（6）人工智能的应用

人工智能（Artificial Intelligence，AI）是研究人类智能活动的规律，也就是研究如何应用计算机的软硬件来模拟人类某些智能行为的基本理论、方法和技术。人工智能的应用范围很广，包括医疗、金融、交通、教育、智能家居等。

（7）数字汇流

所有的装置都会存取同一个远端资料库，让人们的数字生活可以完全同步，随时、无缝地切换使用情境。数字汇流就是"内容"与"电子商务"的汇流。

6.4　人工智能——模拟人类智能的技术

 项目情境

小 C 上班的公司前台有一位特殊的引导员，它就是机器人小 Q。每天人来人往，它会和同事打招呼，接待第一次到访的客户，在大家需要工作协助的时候，小 Q 还会来帮助大家递送文件。

 学习清单

人工智能的基本概念、主要能力、发展历程，深度学习、自然语言处理、计算机视觉、数据挖掘，国内常用人工智能平台、主要应用领域。

 **具体内容**

6.4.1　人工智能概述

1．人工智能的基本概念

人工智能是一门以计算机科学为基础，在计算机、心理学、哲学等多学科研究的基础上发展起来的综合性交叉学科，是研究、开发用于模拟、延伸和扩展人的智能的理论、方法、技术及应用系统的新的技术科学。

人工智能是智能学科的重要组成部分，是计算机科学的一个分支，它的主要研究方向是了解智能的实质，并生产出一种新的、能以与人类智能相似的方式做出反应的智能机器，该领域的研究包括机器人、语言识别、图像识别、自然语言处理和专家系统等。

2. 人工智能的主要能力

（1）感知能力

人工智能系统能够感知周围的环境、收集数据，并将数据转换为有用的信息。通过使用感知能力，人工智能系统能够对外界的事物进行感知和理解，并自主学习和进化。

（2）行为能力

人工智能系统能够对外界的变化做出反应行为。这种能力使得人工智能可以像人一样感知、理解和处理信息，从而实现自主学习和决策等功能。

（3）学习和自适应性能力

在机器学习算法的指导下，人工智能系统可以通过与环境的作用和挖掘大量数据来自己寻找规律，学习和改进自己的处理方式，提高自身的可执行性。它可以适应现有的模型、信息和行为，根据其所处的环境做出相应的反应和调整。

（4）深度学习能力

通过深度学习，人工智能系统可以模拟人脑的神经网络，获得多层次的抽象特征，解决更加复杂的问题。

（5）自然语言处理能力

自然语言处理能力是指人工智能系统可以读取、理解、解释和生成文本信息，通过与人类进行有效的语言互动，更快地识别和回答人类提出的问题，更好地完成各种语言处理任务。

3. 人工智能的发展历程

人工智能的发展历程如下。

（1）逻辑智能浪潮（第一次浪潮）

1956～1974年是AI发展的第一次浪潮。其中，最核心的就是赫特伯·西蒙（Herbert Simon）和艾伦·纽厄尔（Allen Newell）推崇的自动定理证明方法。在当时的计算条件下，将人类知识表示为符号，进行推理演算，是最可行的方法。

在20世纪70年代后期，随着人工智能需要处理的知识规模不断扩大，自动定理证明方法越来越低效，20世纪70年代兴起的专家系统很快就遭遇严重的知识爆炸瓶颈，理性主义的人工智能方法没落，人工智能的发展进入了低谷期，人工智能进入了第一个寒冬期。

（2）计算智能浪潮（第二次浪潮）

进入20世纪80年代，以机器学习为代表的经验主义方法逐渐复兴，取代了逻辑智能中的理性主义。在这一阶段，人类的知识仍然以符号表示，计算机扮演学习者的角色，通过探索试错自主寻求问题的解答。机器学习方法与状态空间搜索方法配合，成为解决复杂问题的主流方法。由于这些方法大都需要大量的计算过程，因此称为计算智能。在此期间，专家系统和反向传播（Back Propagation，BP）神经网络等重要研究纷纷问世。

专家系统是一个智能计算机程序系统，内部含有大量某个领域专家水平的知识和经验，能够利用这些知识和经验来解决该领域的问题。在20世纪80年代后期，很多专家自己无法清晰、准确地描述出问题和解决过程，知识推理很难实现逻辑化，系统经常发生各种问题，无法达到人们对AI的预期，计算机系统也不能支持庞大的数据集运算，人工智能进入了第二个寒冬期。

（3）认知智能浪潮（第三次浪潮）

2006年，杰弗里·辛顿（Geoffrey Hinton）研究小组提出了深度网络（Deep Network）和深度学习（Deep Learning）的概念，开启了深度学习发展的浪潮。伴随着高性能计算机、因特网、大数据、传感器的普及，迅速产生了认知智能浪潮，连接主义再度兴起。

6.4.2　人工智能关键技术

1. 深度学习

（1）深度学习的概念

深度学习属于机器学习，是一种以人工神经网络为架构，对资料进行表征学习的方法。

人工神经网络从信息处理角度对人脑神经元及其网络进行模拟、简化和抽象，建立某种模型，按照不同的连接方式组成不同的网络。

神经网络包括输入层、隐藏层、输出层，如图6-2所示。通常来说，隐藏层超过3层时就可以称为深度神经网络，深度神经网络通常可以达到上百层。

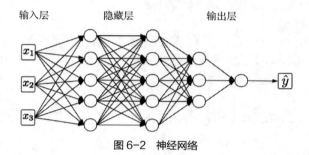

图6-2　神经网络

（2）深度学习的常用算法

① 卷积神经网络（Convolutional Neural Network, CNN）。

这是一种前馈神经网络，对于大型图像处理有出色表现。卷积的本质是两个序列或函数的平移与加权叠加。

② 循环神经网络（Recurrent Neural Network, RNN）。

RNN相比传统的神经网络在处理序列化数据时更有优势，因为RNN能够加入上下文信息进行考虑，上一时刻的状态会传递到下一时刻。这种链式特性决定了RNN能够很好地处理序列化数据，它在语音识别、语言建模、翻译、图片描述等问题上已经取得了成果。

③ 生成对抗网络（Generative Adversarial Networks，GANs）。

GANs包含两个相互竞争的神经网络模型。一个模型称为生成器（Generator），能将噪声作为输入并生成样本；另一个模型称为鉴别器（Discriminator），能接收生成器数据和真实训练数据，训练得到能正确区分数据类型的分类器。GANs已在图像生成和风格迁移等领域获得了巨大的成功。

2. 自然语言处理

自然语言处理主要研究人类与计算机之间进行有效交流的各种理论和方法，是一门融语言学、计算机科学、数学于一体的科学，涉及的领域较多，主要包括语音处理、自然语言理解、机器翻译等。

自然语言处理涉及语音、语法、语义、语用等多维度的操作，基本任务是基于本体词典、词频统计、上下文语义分析等方式对待处理语料进行分词，形成以最小词性为单位且富含语义的词项单元。

自然语言处理既对智能人机接口又对不确定的人工智能的研究具有重大的理论价值。

3. 计算机视觉

（1）计算机视觉的概念

计算机视觉是使用计算机模拟人和生物视觉系统的科学，让计算机拥有类似人类提取、处理、理解和分析图像，以及图像序列的能力。

（2）计算机视觉的任务及流程

计算机视觉的主要任务是通过对采集的图片或视频进行处理以获得相应场景的信息，包括从图像获取到图像解释的全部过程，如图6-3所示。

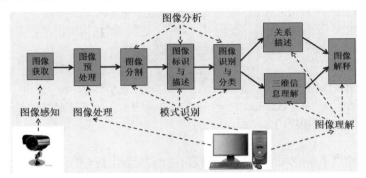

图6-3 计算机视觉的流程

4. 数据挖掘

（1）数据挖掘的概念

数据挖掘是从大量的、不完全的、有噪声的、模糊的、随机的数据中提取隐含在其中的、人们事先不知道但潜在有用的信息和知识的过程。

数据挖掘是一种决策支持过程，其主要基于机器学习、模式识别、统计学、数据库、可视化技术等，高度自动化地分析企业的数据，做出归纳推理，从中挖掘出潜在的模式，帮助决策者调整市场策略，减少风险。

（2）数据挖掘的常用方法

数据挖掘的常用方法如下。

① 神经网络：具有良好的健壮、自适应、并行处理、分布存储和高度容错等特性。

② 遗传算法：一种基于生物自然选择与遗传机理的随机搜索算法，是一种仿生全局优化方法。

③ 决策树：一种常用于预测模型的算法，通过对大量数据进行有目的的分类，找到一些有价值的、潜在的信息。

④ 粗糙集理论：一种研究不精确、不确定知识的数学工具，处理的对象是类似二维关系表的信息表。

⑤ 覆盖正例排斥反例方法：利用覆盖所有正例、排斥所有反例的逻辑来寻找潜在规则。

⑥ 统计分析方法：对数据库字段进行函数关系或相关关系的分析，即利用统计学原理对数据库中的信息进行分析。

⑦ 模糊集合方法：利用模糊集合理论对实际问题进行模糊评判、模糊决策、模糊模式识别和模糊聚类分析。

6.4.3 人工智能的主要应用领域和未来发展趋势

1. 国内常用人工智能平台

（1）腾讯

腾讯是互联网和移动社交领域的大型企业之一，也是人工智能领域的重要推动者。腾讯使用大量数据集和深度学习技术来提高计算机的智能化水平，创建了一个功能强大的人工智能开发平台，让开发者能够快速构建人工智能应用。

（2）阿里云

阿里云是一个强大的人工智能平台。它主要使用深度学习技术，建立了大规模的机器学习和高性能计算平台，提供人工智能集成开发环境和强大的智能推理服务。

（3）百度

百度是我国最大的搜索引擎提供商之一，也是人工智能领域的领军者之一。它通过深度学习技术构建了大规模的人工智能平台，推出了很多基于人工智能技术的产品，包括语音识别、图像识别等，极大地改善了人们的生活和工作环境。

（4）华为云

作为我国领先的云计算提供商，华为在人工智能领域也十分强大。它提供高效的人工智能开发平台，基于图形处理单元（Graphics Processing Unit，GPU）技术和高性能计算能力，让用户能够快速开发和部署人工智能应用。

（5）科大讯飞

科大讯飞是一个以语音技术为核心的高科技企业，也是我国最大的人工智能公司之一。它提供的人工智能技术已经应用于多个领域，如金融、医疗、教育等，在市场上得到了广泛的应用和认可。

2. 人工智能的主要应用领域

（1）智能家居

近年来，随着人工智能相关技术的稳定和成熟，人工智能进入智能家居领域。过去，智能家居需要昂贵的硬件支持，对普通人来说是一种奢侈品，可望而不可即。随着国家科技、经济的发展，人民生活水平日益改善，智能家居不再是奢侈品，开始走进普通家庭。

（2）智能交通

智能交通充分运用了先进的无线通信技术和控制系统，但是在复杂和人口数量较多的城市中，智能交通存在一定的缺陷，需要引进不同的人工智能技术，才能有效提高城市交通效率和交通安全。

（3）智慧停车

针对当前城市停车难、停车位资源缺乏统一管理等问题，基于5G、人工智能技术的智慧停车系统诞生了。该系统通过车牌识别一体机采集出入口车辆图像，设计并运用视频车牌识别技术完成云端车牌识别，借助5G网络实现数据上传、结果反馈和指令下达，并与市政部门协同，实现停车资源发布、停车诱导等，在融合多种技术的前提下，实现停车出入管理智能化，助力城市静态交通资源配置优化。

（4）智能制造

智能制造是基于新一代信息通信技术与先进制造技术深度融合，贯穿设计、生产、管理、服务等制造活动的各个环节，具有自感知、自学习、自决策、自执行、自适应等功能的新型生产方式。智能制造的本质就是工业化与信息化的深度融合，智能是指数字化技术的灵活应用，制造是指将设计变成产品、把虚拟变成现实。

（5）智能医疗

智能医疗是指在现代信息技术的支撑下，利用人工智能的方法和技术提高医疗服务的能力和质量，实现医疗服务的精准化、个性化和智能化。智能医疗中的人工智能技术主要包括机器学习技术、大数据挖掘技术、图像理解技术、知识推理技术、自然语言处理技术、智能机器人技术等。智能医疗的主要内容有智能诊断、智能治疗、智能诊疗设备、智能医疗数据管理等。

（6）智慧金融

智慧金融依托于互联网技术，运用大数据、人工智能、云计算等手段，使金融行业在业务流程、业务开拓和客户服务等方面得到全面的智慧提升，实现金融产品、风控、获客、服务的智慧化。例如，网上银行业务、贷款和信用卡处理等。

（7）智能教育

智能教育是指基于现代教育理念，利用人工智能技术及现代信息技术所形成的智能化、泛在化、个性化、开放性教育模式，可分为硬件环境、支撑条件、教育大脑和智能教育教学活动4个层次。人工智能支撑下的智能教育教学活动主要包括智能教学过程、智能教室构建、智能课堂设计，以及智能教学机器人、智能教育管理系统等。

3. 人工智能的未来发展趋势

（1）人工智能产品将全面进入消费级市场

在商业服务、家庭服务领域的全面应用，正为人工智能的大规模商用开辟一条新的出路。人工智能借由智能手机已经与人们的生活越来越近，未来，人们将会像挑选智能手机一样挑选机器人，商业领域的智能机器人将进入快速发展期。

（2）认知类人工智能产品将赶超人类专家水平

在金融投资领域，人工智能已经有取代人类专家的迹象。人工智能的经验在未来2～5年有望达到人类专家的水平。

（3）人工智能将成为可复用、可购买的智能服务

全球人工智能产业应用层上的大量厂家、机构正在开发和推出各种各样的、专门的人工智能应用，这些应用都可以通过Web服务的方式提供可复用的、免费或可购买的智能服务，用户通过智能终端、移动互联网、智能设备可以方便地使用。例如，远程医疗诊断、健康监控、机器翻译、语音交互、智能导游、智能导购等。

（4）人类的知识、智慧、人性或将重新定义

人工智能的监管技术将快速发展，AI将被更为广泛地接受，人们将学会与人工智能合作，网络安全将用人工智能应对复杂威胁，人工智能行业将解决更复杂的问题。

6.5 区块链——一种互联网共享数据库

 项目情境

小C发现，公司有一个去中心化版权管理系统，当创作者发布新的作品时，就可以在区块链上注册版权。这样，每一次作品的使用、转载或修改都会被记录下来，确保创作者能够获得相应的收益，防止盗版。

学习清单

区块链的基本概念、分类、主要特征，分布式账本、共识机制、非对称加密、智能合约、以太坊、Fabric，主要应用领域、未来发展趋势。

具体内容

6.5.1 区块链概述

1. 区块链的基本概念

区块链（Block Chain）是一种块链式存储、不可篡改、安全可信的去中心化分布式账本，它结合了分布式存储、点对点传输、共识机制、密码学等技术，通过不断增长的数据块链（Blocks）记录交易和信息，确保数据的安全和透明。

从狭义上来说，区块链技术是一种按照时间顺序将数据区块以顺序相连的方式组合成链式数据结构，并以密码学方式保证不可篡改和不可伪造的分布式账本技术。从广义来说，区块链技术是利用块链式数据结构来验证与存储数据，利用分布式节点共识算法来生成和更新数据，利用密码学方式保证数据传输和访问的安全，利用由自动化脚本代码组成的智能合约来编程和操作数据的一种全新的分布式基础架构与计算范式。

2. 区块链的分类

（1）公有区块链

公有区块链上的数据完全对外公开，完全透明，所有人都可以发出交易并等待被写入区块链。公有区块链是完全的分布式数据系统，可靠性强。

（2）私有区块链

私有区块链与公有区块链相反，不对外开放，一般在一个企业内部或者机构内部使用，参与者只有内部用户，数据的访问和使用有严格的权限管理。

（3）联盟区块链

联盟区块链介于公有区块链和私有区块链之间，由若干个机构共同参与管理。联盟区块链的节点是联盟成员商定选择的，节点间可以有很好的网络连接。

3. 区块链的主要特征

（1）去中心化

区块链的去中心化可以帮助点对点交易顺利进行，区块链技术不依赖第三方机构或硬件设施，没有中心管制，除了自成一体的区块链本身，通过分布式核算和存储，各个节点实现信息自我验证、传递和管理。去中心化是区块链最突出、最本质的特征。

（2）开放性

区块链系统是开放的，除了交易各方的私有信息，其他数据对所有人开放，任何人都可以通过公开的接口查询区块链数据和开发相关应用，因此整个系统信息高度透明。

（3）不可篡改性

区块链上的数据都需要采用密码学技术进行加密，只要不能掌控全部数据节点的51%，就无法修改数据，从而使区块链变得相对安全，避免了人为的数据变更。

（4）可追溯性

区块链采用了带时间戳的块链式存储结构，链上的数据依据时间顺序环环相扣，这就使得区块链上任意一条数据都可以通过块链式数据结构追溯。

（5）匿名性

区块链采用了密码学的手段，在数据完全公开的前提下，各区块节点的身份信息不需要公开或验证，信息传递可以匿名进行，保证私人信息的安全。

（6）自治性

区块链采用基于协商一致的规范和协议，整个系统中的所有节点都能够在系统内自由安全地交换数据，不需要任何人为的干预。

6.5.2 区块链关键技术

1. 分布式账本

分布式账本指的是交易记账由分布在不同地方的多个节点共同完成，而且每一个节点记录的是完整的账目，因此它们都可以参与监督交易，也可以共同为其做证，解决了传统数据中可能存在的安全隐患，大大提高了安全性。

区块链分布式存储的独特性主要体现在两个方面：一是区块链的每个节点都按照块链式结构存储完整的数据，二是区块链的每个节点存储都是独立的、地位等同的，依靠共识机制保证存储内容的一致性。

2. 共识机制

区块链系统采用了去中心化的设计，网络节点分散且相互独立，为了使网络中所有节点达成共识，即存储相同的区块链数据，需要一个共识机制来维护数据的一致性。为了达到此目标，需要设置奖励与惩罚机制来激励区块链中的节点。

共识机制是区块链的基础，它是保证区块链网络安全的关键，由于参与共识的节点之间的交集总会存在，因此共识机制能够使参与者在不可信的网络上实现一致的目标，进而实现一种有效的协同方式。

3. 非对称加密

存储在区块链上的交易信息是公开的，但是账户身份信息是高度加密的，只有在数据拥有者授权的情况下才能访问，这种非对称加密保证了数据的安全和个人的隐私。

4. 智能合约

智能合约是指使用区块链技术实现的可编程的预置条件，可以自动完成特定的交易，具有一定的保证和自动执行能力，搭建在分布式网络上，无须中心化机构提供的保证，利用预置条件及数字加密等技术实现可信赖交易，有效消除信任问题。

5. 以太坊

以太坊（Ethereum）是一个开源的、基于区块链技术的、具有智能合约功能的公开式计算平台，通过其专用加密货币以太币（ether，简称 ETH）提供去中心化的以太虚拟机（Ethereum Virtual Machine）来处理点对点合约。

6. Fabric

Fabric 是超级账本项目中的基础核心平台项目，致力于提供一个能够适用于各种应用场景的、内置共识协议可插拔的、可部分中心化（即权限管理）的分布式账本平台，是首个面向联盟链场景的开源项目。

6.5.3 区块链的主要应用领域和未来发展趋势

1. 区块链的主要应用领域

（1）金融服务

区块链技术的可靠性、实时性、容错性、不易出错性、追溯性可以在金融服务领域得到很好的运用，甚至可以重构金融业务秩序，如支付领域、资产数字化、智能证券、清结算、客户识别等。

（2）供应链

传统的供应链上原料采购、生产加工、仓储物流、分销零售等各个节点相互独立，不能够有效地链接在一起，区块链能够将这些相互独立的节点链接起来，形成完整的链条，促进供应链的健康发展，如物流领域、溯源防伪等。

（3）文化娱乐

文化娱乐产业存在多方面的问题，如版权登记、交易流通、侵权公证等。采用区块链技术搭建一个平台，将该产业中的各种角色纳入服务范围，可以有效提升产业发展速率，塑造领域的公平发展环境，并最终让人们受益，如音乐版权、视频版权、文化众筹等。

（4）智能制造

将区块链技术应用到智能制造领域既是领域的需求，又是区块链的特性使然。智能制造是工业互联网的方向，通过区块链技术将智能制造中的各个环节链接起来，从订单、设计到生产、发货等一连串的业务可以很好地链接和优化，从而起到节省成本、提高效率的作用，如物联网、生产过程智能化管理等。

（5）社会公益

由于种种原因，社会公益事业中信息不透明、难以跟踪。采用区块链技术可以将社会公益的资金来源、项目选择、项目实施、效果反馈等情况清楚明白地记录到链上，供社会查询监督。

（6）教育就业

利用分布式账本记录学生信息，方便追踪学生在校园时期所有正面及负面的行为记录，能帮助有良好记录的学生获得更多的激励措施，并构建一个良性的信用生态体系。

2. 区块链的未来发展趋势

（1）区块链行业应用加速推进，从数字货币向非金融领域渗透扩散。

（2）企业应用是区块链的主战场，联盟区块链、私有区块链将成为主流。

（3）应用并催生多样的技术方案，区块链性能将不断得到优化。

（4）区块链与云计算的结合越发紧密，后端即服务（Backend as a Service，BaaS）有望成为公共信任基础设施。

（5）区块链安全问题日益凸显，安全防护技术将快速发展。

（6）区块链的跨链需求增多，互联互通的重要性凸显。

（7）区块链竞争日益激烈，专利争夺成为竞争的主要方向。

（8）区块链投资持续火爆，代币及众筹的风险值得关注。

（9）可信是区块链的核心要求，标准规范的重要性日趋凸显。